Материалы международной научно-практической

конференции

Академическая наука - проблемы и достижения

30-31 января 2013 г.

Москва

УДК 4+37+51+53+54+55+57+91+61+159.9+316+62+101+330

ББК 72

В сборнике представлены материалы докладов международной научно-практической конференции   "Академическая наука - проблемы и достижения " .

Все статьи представлены в авторской редакции.

Содержание

Содержание

Содержание

Содержание

Содержание

Содержание

Пименова Г.И.,
канд. техн. наук, доцент, заведующая кафедрой архитектуры
Ухтинского государственного технического университета;
Коптяев Д.Л.,
старший преподаватель кафедры архитектуры
Ухтинского государственного технического университета

ПРОБЛЕМЫ ФОРМИРОВАНИЯ
ПРИРОДНОГО КАРКАСА ГОРОДА

Устойчивое развитие города предполагает, помимо аспектов производственно-экологического, социально-экономического, решение целого комплекса архитектурно-градостроительных проблем, также лежащих в границах широко трактуемого в настоящее время экологического аспекта жизни города и его обитателей. Среди архитектурно-градостроительных проблем, важных для будущего городов, актуальной является проблема формирования природного, зеленого, каркаса города, уравновешивающего его инженерно-транспортную структуру и обеспечивающего посредством этого равновесное состояние городской системы в целом.

Создание в городе природного каркаса является значимым шагом в направлении реализации востребованного высокого качества городской среды, отвечающего принципу «город в зелени, но не зелень в городе» и означающего как минимум двукратное превышение действующих градостроительных норм по городскому озеленению [1, 76]. В дополнение к указанной экологической рекомендации обязательными являются требования непрерывности и богатой внутренней структуры зеленого растительного потока в пределах города и его прямой контакт с пригородными лесными массивами. Последнее условие, естественно, касается территорий, богатых природными лесами.

Предпосылкой создания природного каркаса города является фактическое состояние городских природных элементов. Оценка состояния городской зелени может выполняться методом картографического анализа, но результаты анализа должны быть сопоставлены с натурным обследованием городских зеленых территорий, поскольку проектное состояние зеленой составляющей города, зафиксированное в генеральных планах городов, как правило, не соответствует их фактическому состоянию в силу нерешенности проблем инженерных и транспортных коммуникаций. Уже привычными стали дворы, сплошь уставленные личными автомобилями, вытеснившими из дворов не только зеленые зоны отдыха для взрослых, но и детские игровые площадки в надлежащем зеленом окружении.

Под руководством авторов статьи были проведены исследования состояния зеленых территорий города Ухта (северный город на территории Республики Коми, насчитывает 103 тыс. жителей) с целью разработки предложений по формированию природного каркаса города как составляющей общей концепции экологической реконструкции городской среды.

Концепция экологической реконструкции города включала пять взаимосвязанных основных позиций:

- интеграция промышленной и жилой зон города на основе реорганизации промышленных территорий и развития пригородного жилья;

- формирование пешеходного каркаса города на основе полного размежевания транспортных и пешеходных городских путей с созданием приоритетных условий для пешеходного и велосипедного движения по городу;

- формирование природного каркаса города;

- экологическая реконструкция городского жилья;

- архитектурный портрет города в его историческом развитии (формирование системы открытых общественных пространств города).

Анализ существующего состояния зеленой среды города выполнен на основе материалов Генерального плана города, принятого в 2008 году, и осуществлялся посредством сопоставления данных картографического исследования и фактического состояния городской зелени, выявляемого визуальным способом. На рис. 1-3 приведены результаты исследований зеленого потенциала города в его проектном и фактическом представлении.

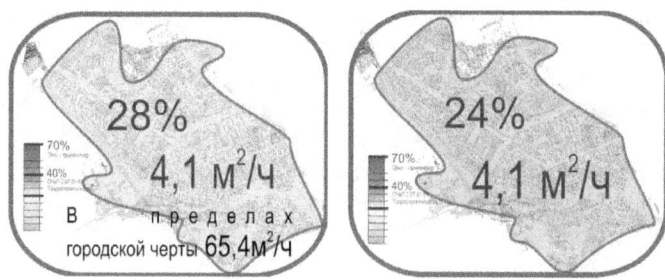

Рис. 1. Процент озеленения городской селитьбы по картографическим данным (слева) и по результатам проведенных исследований (справа)

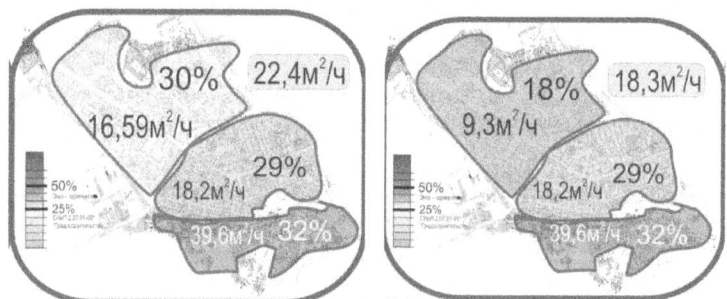

Рис. 2. Процент озеленения городских районов по картографическим данным (слева) и по результатам проведенных исследований (справа)

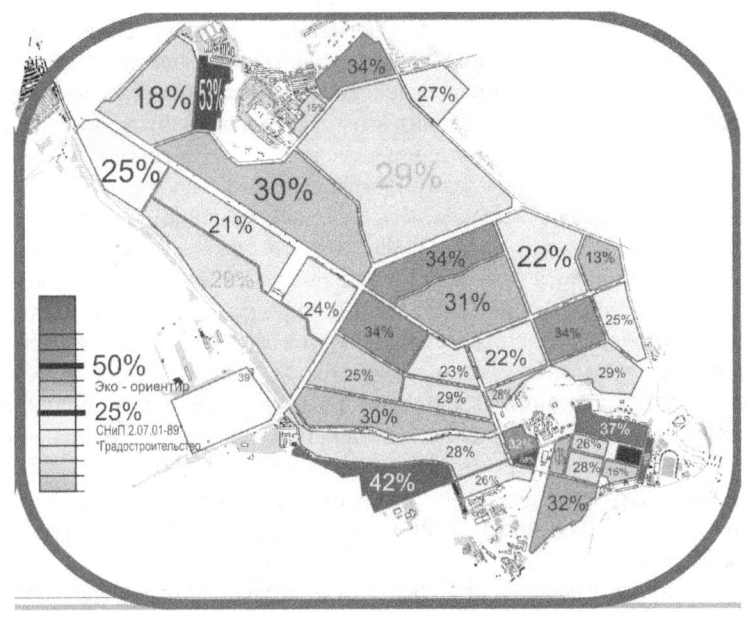

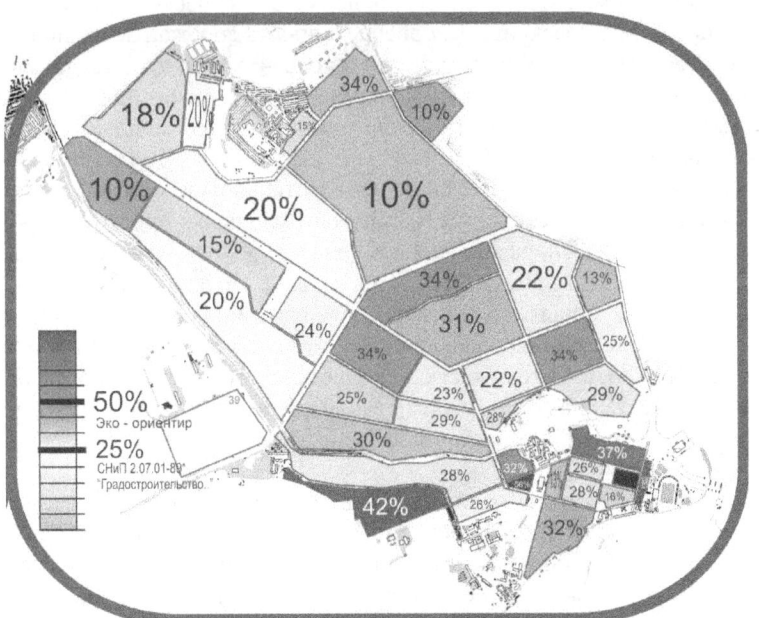

Рис. 3. Процент озеленения городских кварталов по картографическим данным (вверху) и по результатам проведенных исследований (внизу)

Сопоставление проектного потенциала зеленых территорий города и их фактического состояния выявил существенное несоответствие, вызванное тем, что антропогенное воздействие искусственных структур города на городские ландшафты приводит к их скорому и значительному изнашиванию (жилые дворы, превратившиеся в автостоянки; городские парки, которых явно недостаточно для промышленного города такого масштаба; школьные сады и скверы, забытые финансированием в настоящее время, как и сами школьные здания). Часть зеленого благоустройства города не была реализована, и эти участки теперь представлены пустырями. Территории, сопровождающих пешеходные городские пути, не везде соответствуют норме озеленения в силу того, что озеленение на этих территориях либо вытоптано, либо совсем отсутствует.

Анализ ситуации выявил также относительно благополучное состояние зеленой среды города в его исторической части (застройка конца 1940-х – 1950-х годов) и срединной зоне (застройка 1960-1970-х годов), тогда как концентрацией описанного негатива характеризуются в большей степени относительно новый район города – застройка 1980-х годов и более позднего периода.

Оценка фактического состояния зеленого потенциала города, заложенного проектом генерального плана, указывает на его недостаточность по городу в целом, чтобы решить проблему экологического озеленения:

- проектная и фактическая обеспеченность горожан зеленью в пределах селитебной застройки составляет около 4 кв. м/чел., тогда как действующими градостроительными нормами этот показатель установлен равным 7 кв. м/чел., а экологические ориентиры рекомендуют доведение его до уровня 20-25 кв. м/чел. в отношении зеленых территорий общего назначения и 10 кв. м/чел. в отношении квартальной зелени [1, 76];

- проектная обеспеченность горожан зеленью в пределах городской черты (с учетом лесопарковой зоны города и городских лесов за пределами лесопарковой зоны) составляет 65.4 кв. м/чел., что также ниже экологического норматива, ориентирующего на обеспеченность до 100 кв. м/чел.;

- больше половины городской территории жилой застройки покрыто асфальтом (76%), а на тех участках, где есть возможность для озеленения – оно отсутствует; при этом экологический норматив рекомендует площадь озеленения в пределах городской застройки 50-60%, в пределах городской черты – 70%.

Таким образом, на основе проведенного анализа можно сделать вывод о том, что городское озеленение Ухты не соответствует ни показателям, регламентированным действующими нормативными документами, ни тем более установкам и ориентирам концепции экологической реконструкции города. Существует целый перечень рекомендаций по организации городского озеленения, способного к относительно устойчивому существованию в условиях антропогенных воздействий города [2]. Ключевые экологические рекомендации к формированию природного каркаса города приведены на рис. 4.

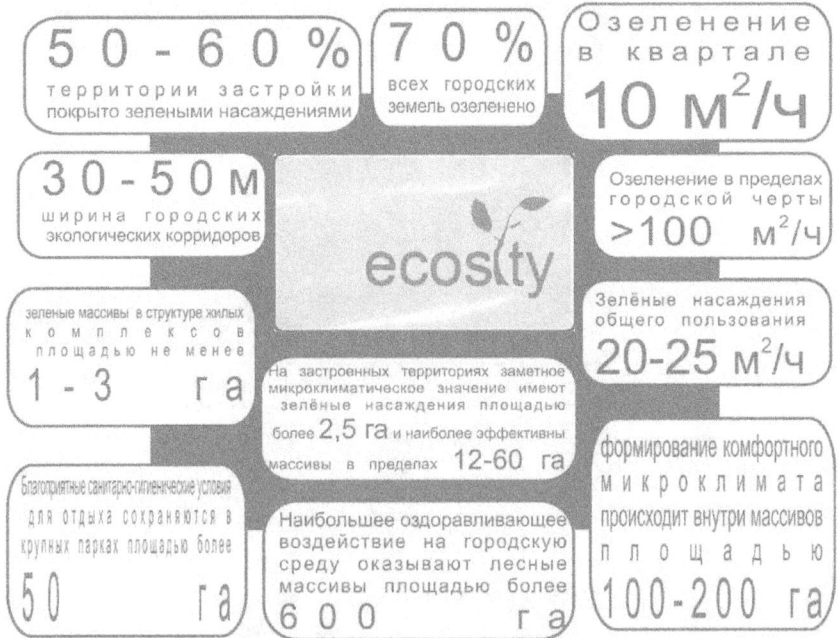

Рис. 4. Основные экологические рекомендации по озеленению

Приведенные на рис. 4 экологические рекомендации по озеленению на дальнейших этапах исследования приняты как установка к проектному формированию зеленого каркаса города, обладающего способностью к саморегуляции в условиях антропогенных воздействий техногенной составляющей индустриального города Ухта.

Устойчивый в своем развитии природный каркас включает естественные ландшафтные образования (леса, реки, водоёмы), дополненные системой благоустройства и озеленения, сформированной человеком (лесопарки, парки, сады, скверы, бульвары, каналы и т. д.).

Природный каркас должен иметь непрерывную структуру в пространстве города и за его пределами, что должно обеспечить беспрепятственное циркулирование энергии и потоков живого и неживого вещества в системе «город-природа», а значит, создаст условия для гармоничного включения города в естественные биогеоценозы.

Природный каркас по определению имеет иерархию в системе своих элементов. Это три группы элементов: площадные, протяженные линейные и точечные элементы. Наличие таких элементов в структуре города представлено на рис. 5.

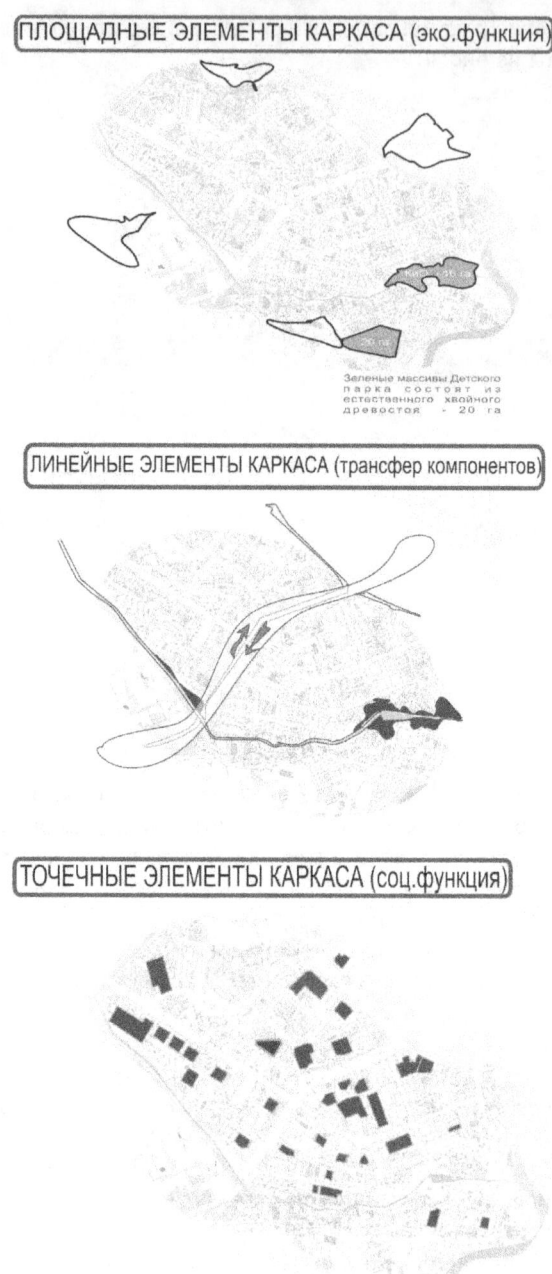

Рис. 5 – Элементы зеленого каркаса города. Существующее положение

Площадные элементы – городские и пригородные парки, от которых зависит экологический потенциал зеленого каркаса города в целом, обеспечивается воспроизводство основных компонентов природной среды, сохранение природных комплексов, выполнение социальных и эстетических задач.

Линейные элементы каркаса – зеленые и водные коридоры, которые поддерживают целостность каркаса, обеспечивают возможность перемещения подвижных компонентов природной среды и выполняют хозяйственные, социальные и эстетические функции. Основная идея зеленых коридоров – это создание возможности свободной миграции животных без пересечения их путей с автодорогами и застройкой, а также обеспечение возможности пеших прогулок людей.

Точечные элементы каркаса, или капилляры экосистемы внутри застройки, тоже обеспечивают целостность структуры. Эта тканевая составляющая выполняет социальные и эстетические функции.

Природный каркас в городе Ухта представлен наличием всех описанных элементов, но их совокупное состояние не позволяет природной системе работать адекватно уровню природного каркаса, способного противостоять антропогенным воздействиям в полной мере, воспроизводить природные ресурсы и сохранять экологический потенциал городской территории.

Городской каркас в существующем виде представляет собой прерывистую систему городского озеленения – систему не связанных между собой участков зеленых насаждений без стабильного и повсеместного непосредственного выхода к городскому лесопарковому поясу и городским и пригородным лесам. Отсутствие взаимосвязи элементов каркаса внутри городской черты и связи с внешними природными элементами не позволяет в существующем виде классифицировать городскую зеленую систему как природный каркас. Следовательно, стоит задача формирования природного каркаса города на основе имеющегося зеленого структурного потенциала в пределах городской черты.

Формируемый зеленый каркас города должен отвечать следующим принципам:

– отмеченная выше непрерывность и взаимосвязанность всех элементов каркаса с выходом городской зелени за пределы города и ее прямым контактом с городскими лесами; это обеспечивает природному каркасу города цельность и гибкость, необходимые для беспрепятственной миграции животных, воспроизводства природных ресурсов и сохранения экологического потенциала городского каркаса;

– мозаичность каркаса, что означает включение в структуру озеленения максимально возможного в природно-климатических условиях города Ухта разнообразия природного, видового, возрастного и функционального состава зеленых насаждений; мозаичность зеленого каркаса способствует усилению мозаичности городского ландшафта, увеличению биопродуктивности и эффективности выполнения системой зеленых насаждений различных хозяйственных, социальных и экологических функций;

– иерархичность построения каркаса, что означает увеличение объема зеленой массы с увеличением площади рассматриваемой территории (квартал, микрорайон, район, город).

При реализации указанных принципов природный каркас города как естественная система его жизнеобеспечения будет обладать устойчивостью и будет способен взаимодействовать с техногенным каркасом города (транспортная и инженерная инфраструктуры) и антропогенной составляющей городской системы – тканью застройки.

Базой формирования структуры природного каркаса города Ухта стала разработанная в рамках одного из этапов настоящих исследований пешеходная система города [3, 88]. Пешеходный каркас города открыт к развитию: просматриваются кольцевые и линейные связи существующей части города с новыми городскими районами и реорганизованной промышленной территорией, кольцевая связь с существующими пригородными посёлками и далее – с новым поселкам пригородной зоны, предложенными также в рамках настоящих исследований (рис. 6).

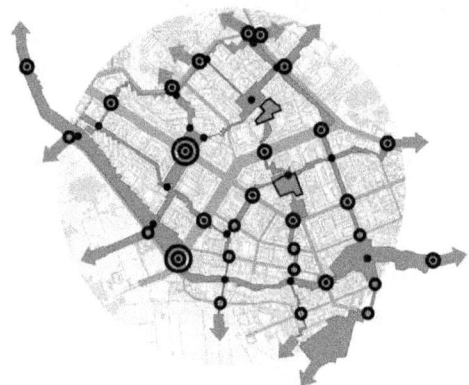

Рис. 6. Пешеходный каркас города. Экологические тропы

Элементы пешеходного каркаса представляют собой экологические тропы, обладающие высоким архитектурно-градостроительным и экологическим потенциалом: русла пешеходного движения закрепляют собой серию зелёных коридоров города; пешеходные пути являются городскими ориентирами; экологические тропы выполняют образовательно-воспитательную функцию (различные территории задают нормы поведения); пешеходная тропа – место общения, средство информации, возможность устройства альтернативного автомобильному велосипедного движения и т. д. Город сам сформировал эту систему пешеходного каркаса, исследование пешеходного движения в городе лишь выявило её и обратило на неё внимание. При выявлении пешеходного каркаса учтены застройка, точки притяжения, рельеф. Пешеходные пути структурируют масштаб крупных жилых массивов. Своим присутствием эти линии доказывают свою жизнеспособность, они пользуемы и требуют быть узаконенными в полноправную систему городских коммуникаций, а при соответствующем «зеленом» оформлении – зеленых коммуникаций.

Основываясь на найденной структуре пешеходных путей и принимая во внимание все принципы создания жизнеспособного зеленого каркаса (непрерывность и взаимосвязанность всех элементов каркаса, мозаичность каркаса, иерархичность построения каркаса), предложена новая структура природного каркаса города Ухты, дополненная новыми элементами, а также учитывающая восстановление уже имеющихся элементов каркаса (рис. 7).

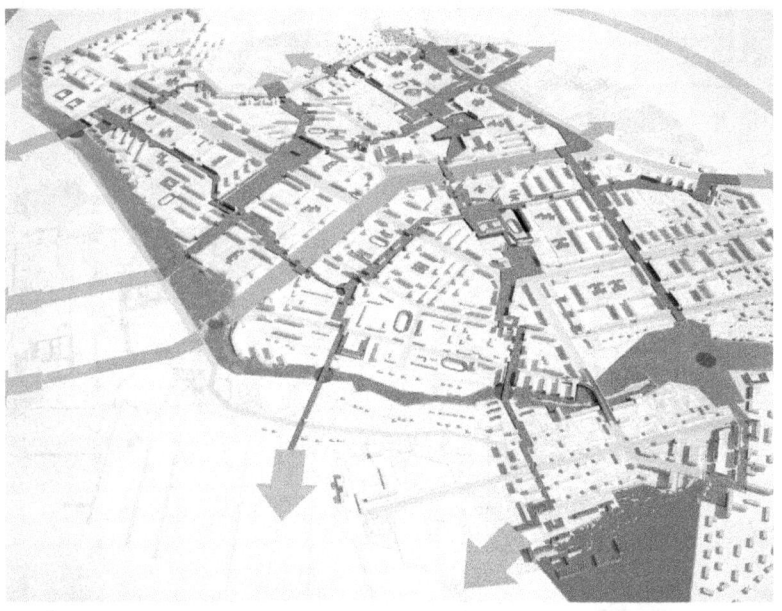

Рис. 7. Структура природного каркаса в сочетании с застройкой.
Проектное предложение

В существующую природную структуру вносятся новые площадные и линейные элементы. Шесть новых парков вдоль берегов рек и озера, а также в структуре застройки нового и существующих районов города. Все пешеходные (экологические) пути получают статус зеленых коридоров новой природной структуры.

Ниже представлены решения по размещению и характеру озеленения в пределах зеленых (экологических) коридоров (рис. 8).

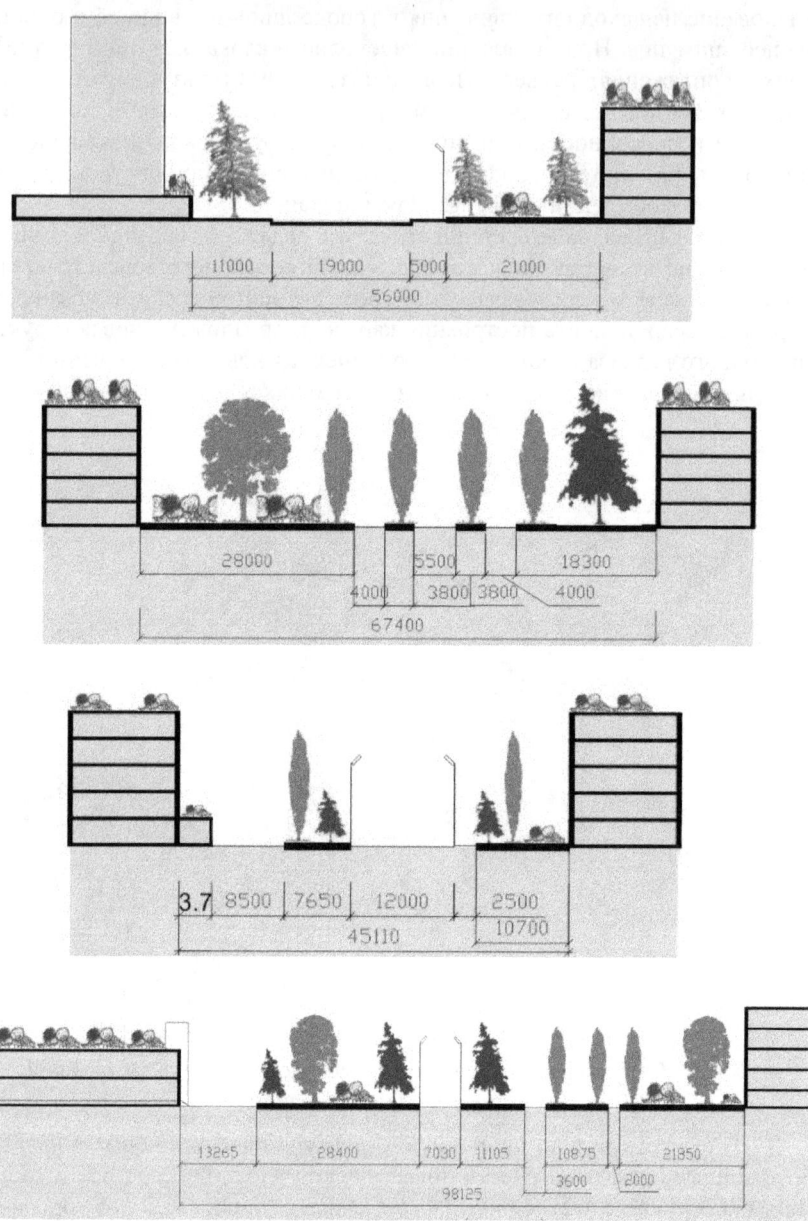

Рис. 8. Проектные предложения по озеленению экологических коридоров

Таким образом, настоящими исследованиями показана возможность формирования природного (зеленого) каркаса города Ухта. Предложения по формированию зеленого каркаса города встроены в комплекс концептуальных предложений по экологической реконструкции Ухты: основные направления зеленых коридоров совпадают с основными направлениями городских пешеходных путей и городскими открытыми общественными пространствами – три каркаса города (зеленый, пешеходный и каркас открытых общественных пространств) слиты в единую систему.

Тема «зеленого города» должна поддерживаться в районах новой застройки и при реконструкции существующих городских кварталов посредством введения таких дополнительных элементов, как визуально открытые зимние сады, сформированные на разных высотных отметках в горизонтальных уровнях, а также вертикальные сады в структуре атриумных пространств. Широкое представление приемов озеленения городской среды призвано формировать у горожан новый взгляд на город как «соседство» нового уровня – содружество человека и природы.

Литература:

1. 4. Григорьев В. А., Огородников И. А. Экологизация городов в мире, России, Сибири: Аналитический обзор, Сер. «Экология», Вып. 63. – ГПНТБ СО РАН. – Новосибирск, 2001. – 152 с.

2. Тетиор А. Н. Устойчивое развитие города [Электронный ресурс] / Сайт Фонда "Развитие и окружающая среда" (LEAD CIS). – URL: http://www.leadnet.ru/tet/index.htm (дата обращения: 20.01.2013).

3. Пименова Г.И., Коптяев Д.Л.. Экологизация городской среды и решение транспортно-пешеходных проблем. – В сб. научных трудов SWorld. Материалы международной научно-практической конференции «Современные проблемы и пути их решения в науке, транспорте, производстве и образовании '2011». – Выпуск 4. Том 28. – Одесса: Черноморье, 2011. – С. 81-89.

Хамраева И.И.
Магистрант 2 курса МПОБО ФГБОУ ВПО «БГПУ им. М. Акмуллы»
(г.Уфа) , научный руководитель Кабиров Р.Р.

ЭКОЛОГИЧЕСКАЯ ОЦЕНКА ПОЧВЫ ОРДЖОНИКИДЗЕВСКОГО РАЙОНА Г. УФЫ РЕСПУБЛИКИ БАШКОРТОСТАН

Орджоникидзевский район г.Уфы Республики Башкортостан сконцентрировал многоотраслевую производственную структуру, перенасыщенную техногенноопасными объектами. На территории исследуемого района располагаются крупнейшие промышленные предприятия химии и нефтехимии, энергетики и машиностроения, строительного комплекса и ряда других.

Также, на сегодняшний день автотранспорт абсолютно доминирует как источник негативных экологических воздействий. Отмечается рост загрязнения земель и вод отходами автотранспортной деятельности, а также увеличение шумового воздействия, вибрационного и электромагнитного воздействия на окружающую среду и живых организмов.

На сегодняшний день в современном мире с прогрессивно возрастающим загрязнением окружающей среды все большую актуальность приобретает изучение влияния тяжелых металлов и газообразных экотоксикантов на состояние пчел и живых организмов в целом. Например, некоторые металлы (свинец, кадмий) аккумулируются в почках, печени и двенадцатиперстной кишке и представляют угрозу для здоровья человека. Дальнейшие исследования, проведенные специалистами, показали, что накопление в организме пчел данных токсикантов нарушает процесс их физиологического старения, что выражается в ускорении возрастной динамики изменения массы разных отделов тела.

Цель исследований — экологическая оценка почв Орджоникидзевского района г.Уфы Республики Башкортостан.

Задачи

1. Исследовать и изучить состояние почв в наиболее антропогенизированных участках Орджоникидзевского района г. Уфы Республики Башкортостан.

2. Оценить экологическое состояние почв Орджоникидзевского района г.Уфы. Республики Башкортостан.

Материалы и методика

В ходе проведения исследований были взяты пробы почв с разных участков Орджоникидзевского района г.Уфы и применены следующие методы: эколого-геохимическая оценка почвенного покрова, исследование морфологических свойств почв, определение механического состава и структуры почвы, определение токсичности почвы с помощью биотестирования, использован метод высокоэффективной жидкостной хроматографии, была применена методика определения всхожести семян

был применен метод математико-статистической обработки эмпирических данных, метод наблюдения, экспериментальный метод [3, 112]

Результаты и обсуждение

В ходе исследования были взяты пробы почв с разных участков Орджоникидзевского района г.Уфы Республики Башкортостан (со двора, с пром. зоны, с обочины оживленной трассы, возле магазина «Матрица», с парка).

В Орджоникидзевском районе г.Уфы с хорошо развитой инфраструктурой особенно остро стоит проблема загрязнения окружающей среды супертоксикантами, к которым относится класс полициклических ароматических углеводородов (ПАУ). Хотя на фоне других загрязняющих органических веществ в окружающей среде, ПАУ присутствуют в достаточно малых концентрациях, но именно они вносят существенный вклад в канцерогенную и мутагенную активность.

Концентрации ПАУ в пробах почвы г.Уфы *определялись методом высокоэффективной жидкостной хроматографии.* В почве присутствуют в основном 12 из 16 приоритетных ПАУ. Ацетнафтен и флуорен не обнаружены, нафталин и ацетнафтилен присутствуют в незначительных количествах по сравнению с другими ПАУ. По количественному составу более 85% приходится на углеводороды с 3-7 бензольными кольцами. Вблизи оживленных транспортных магистралей ПДК бенз(а)пирена (БП) (20 мкг/кг), который считается наиболее опасным из всех 16 приоритетных ПАУ, составляет от 3 ПДК до превышения почти в 10 раз. Кроме БП сильной канцерогенной активностью и токсичностью обладает бенз(b)флуорантен, концентрации которого выше концентрации бенз(а)пирена в 1.5 - 2 раза. Более слабой канцерогенностью обладают такие соединения, как индено(1,2,3-cd)пирен, бенз(k)флуорантен и бенз(g,h,i)перилен, которые в значительных количествах присутствуют в отобранных пробах. Негативное воздействие на уровень загрязнения оказывают не только канцерогенные, но и высокотоксичные флуорантен и бенз(k)флуорантен, концентрации которых выше концентрации бенз(а)пирена (для флуорантена выше в 1.5-2.5 раз, для бенз(k)флуорантена 0.7-1.0).

Значительное влияние на концентрации ПАУ в почве оказывает удаленность от дороги, присутствие насаждений и жилых домов. Концентрации ПАУ в пробах, взятых в парке и дворах снижаются в 5-10 раз.

Далее рассмотрим результаты исследования токсичности почвы с помощью биотестирования. Для этого были взяты пробы, семена какого-либо вида растений (например, зерна сорт «Саратов 29») со всхожестью не менее 70%. При этом по сравнению с контролем всхожесть семян была значительно ниже и колеблется в пределах от 46 до 64%. В контроле она составляет 82%. Такая же тенденция наблюдалась при анализе средней длины проростков семян. Наибольшая длина зарегистрирована в контроле (2,4 см.) наименьшая в вытишках из почвы пром. зоны (1,7 см.) и из почвы взятой возле магазина «Матрица» (1,8 см.).

Заключение

На основании проведенного анализа можно выделить следующие наиболее важные аспекты:

• острота современных экологических проблем требует участия в их решении широких масс населения;

• любые технологические, организационные и экономические меры могут дать должный эффект лишь в том случае, если экологическая идея овладеет массами;

• массовое экологическое образование призвано формировать экологическое мировоззрение, нравственность и экологическую культуру людей, соответствующих экологическому императиву.

Таким образом, для обеспечения охраны и дальнейшего развития природных охраняемых земель в пределах города и прилегающих территорий, учета их при уточнении функционального назначения площадей – необходимо предусмотреть завершение разработки ТЭО, а также разработку технико-экологических обоснований выделения других природоохранных объектов. Что является доказательством того, что почва является не только предметом приложения человеческого труда, но в известной степени и продуктом этого труда.

ЛИТЕРАТУРА

1. Экология : учебное пособие / Н.А. Амирханова, Н.А. Минченкова; УГАТУ .— Уфа : УГАТУ, 2008 .— 294 с.

2. Реймерс Н.Ф. Охрана природы и окружающей человека среды: Словарь-справочник. – М.: Просвещение, 2009. – 170с.

3. Кабиров Р.Р. Оценка качества окружающей среды: Учебно-методическое пособие /Р.Р. Кабиров, Е.В. Сугачкова. – Уфа: Вагант, 2005. – 120 с.

Бехтерева Л.Д.
преподаватель кафедры Биологии и биологического образования
ЕГФ;
Тукумбетова З.Р.
магистрант ЕНО биологии ЕГФ БГПУ им. М. Акмуллы;
E-mail: lbehtereva@gmail.com

К ОРНИТОФАУНЕ ЗИАНЧУРИНСКОГО РАЙОНА РЕСПУБЛИКИ БАШКОРТОСТАН

Птицы - одна из наиболее многочисленных и доступных для наблюдений групп животных.

Именно сезонные преобразования в жизни птиц и связанные с ними закономерности динамики численности, миграций, изменений ареалов являются одной из актуальных и интенсивно изучаемых проблем орнитологии.

Исследование орнитофауны проводилось в Зианчуринском районе в весеннее-летний период в 2010-2012 гг. с целью выяснения видового разнообразия, численности и плотности птиц разных биотопов. Было отобрано 3 биотопа: степь, лесостепь, пойменный лес. Маршрутные учёты проводились на следующих маршрутах: д. Сулейманово – р. Бол. Сурень – с. Кугарчи – д. Мал. Муйнак; д. Новониколаевка – р. Ташла – д. Кузебаково – д. Янги-Юл – окрестности с. Абзаново – д. Бужан. Общий учетный километраж составил 20 км: степь- 5 км, лесостепь- 10 км и пойменный лес -5 км.

Главная особенность ландшафта территории, которая находится в пределах лесостепной зоны – развитие на плакоре двух диаметрально противоположных и в некотором роде антагонистичных типов растительного покрова – неморально-лесного и луго-степного. Растительность степи типична для данного биотопа, с преобладанием ковыля перистого. Растительность лесостепной зоны представлена дубом черешчатым, ясенем, липой сердцевидной, кленом, реже – осиной обыкновенной и березой бородавчатой. В подлеске – орех, ежевика, молодые дубки и клены. В травянистом покрове доминирует сныть обыкновенная, а кроме нее – звездчатка лесная. Растительность пойменного леса образована двумя подъярусами: первый состоит из серой ольхи, второй – из черемухи птичьей. В подросте доминирует черемуха птичья, в подлеске – роза морщинистая. Травостой двухъярусный, доминантами являются крапива двудомная и будра плющевидная.

Исследуемая территория в целом представлена кленово-липово-дубовыми, липово-дубовыми, дубово-сосновыми лесами произрастающих на серых и темно-серых лесных почвах.

Учёт численности птиц проводился по методике Ю.С. Равкина (1967). Кроме того, рядом со значением обилия в скобках приведено число, полученное при использовании понижающего коэффициента В.А. Валуева (2004). Количественная характеристика обилия дана по А.П. Кузякину (1962). Систематический порядок птиц приведён по Л.С. Степаняну (2003).

За время исследования нами зарегистрировано 56 видов птиц, относящиеся к 11 отрядам: Аистообразные (Ciconiiformes), Гусеобразные (Anseriformes), Соколообразные (Falconiformes), Курообразные (Galliformes), Журавлеобразные (Gruiformes), Ржанковые (Charadriidae), Чайковые (Laridae), Голубеобразные (Columbiformes), Кукушкообразные (Cuculiformes), Совообразные (Strigiformes), Дятлообразные (Piciformes), Воробьинообразные (Passeriformes).

При анализе численности и плотности птиц в Зианчуринском районе нами было установлено, что обилие следующих видов птиц в весенне-летний составляет: грач (Corvus frugilegus) (0,15) (0,13), сойка (Garrulus glandarius) (0,11) (0,03), могильник (Aguila heliaca) (0,003), вяхирь (Columba palumbus) (0,04) (0,02), обыкновенная пустельга (Falco tinnunculus) (0,008) (0,005), серая ворона (Corvus cornix) (0,31) (0,2), сизый голубь (Columba livia) (0,10) (0,06), серая славка (Sylvia communis) (0,01) (0,006), обыкновенная овсянка (Emberiza citrinella) (0,006) (0,004), сорока (Pica pica) (0,008) (0,002), кобчик (Falco vespertinus) (0,008) (0,005), полевой жаворонок (Alauda arvensis) (0,002) (0,001), серая куропатка (Perdix perdix) (0,003) (0,002), балобан (Falco cherrug) (0,0006) (0,0001), пеночка-теньковка (Phylloscopus collybita) (0,006) (0,004), белоспинный дятел (Dendrocopos leucotos) (0,014) (0,009), малая чайка (Larusminute) (0,01) (0,006), ворон (Corvuscorax) (0,04) (0,013), обыкновенный канюк (0,05) (0,02), большая синица (Parus major) (0,12) (0,08), беркут (Aguila chrysaetos) (0,01) (0,0003), тетерев (Lyrurustetrix) (0,0003) (0,0001), полевой лунь (Circus cyaneus) (0,002) (0,001), белая трясогузка (Motacilla alba) (0,04) (0,01), обыкновенная чечевица (Carpodacus erythrinus) (0,016) (0,010), перепел (Coturnix coturnix) (0,05) (0,01), соловей восточный (Luscinia luscinia) (0,002) (0,001), тетеревятник (Accipiter gentilis) (0,03) (0,0006), лесная завирушка (Prunella modularis) (0,002) (0,001), малый дятел (Dendrocopos minor) (0,002) (0,001), желна (Dryocopus martius) (0,017) (0,011), черноголовая гаичка (Poecile palustris) (0,0036) (0,0024), дербник (Falco columbarius) (0,005) (0,003), сапсан (Falco peregrinus) (0,0006) (0,0004), речной сверчок (Locustella fluviatilis) (0,007) (0,002), обыкновенная кукушка (Canorus cuculus) (0,008) (0,002), обыкновенная горихвостка (Phoenicurus phoenicurus) (0,005) (0,003), обыкновенный поползень (Sitta europaea) (0,002) (0,001), серая мухоловка (Muscicapa striata) (0,026) (0,017), зяблик (Fringilla coelebs) (0,06) (0,04), большой дятел (Dendrocopos major) (0,008) (0,005), обыкновенная лазоревка (Parus caeruleus) (0,04) (0,02), буроголовая гаичка (Poecile montanus) (0,1) (0,06), деряба (Turdus viscivorus) (0,02) (0,01), зарянка (Erithacus rubecula) (0,03) (0,02), болотный лунь (Circus aeruginosus) (0,005) (0,003), болотная камышевка (Acrocephalus palustris) (0,016) (0,010), серая цапля (Ardea cinerea) (0,002) (0,001), степной орел (Aquila nipalensis) (0,001) (0,0008), галка (Corvus monedula) (0,09) (0,06), кряква (Anas platyrhynchos) (0,016) (0,010), ушастая сова (Asio otus) (0,06) (0,01), садовая овсянка (Emberiza hortulana) (0,016) (0,010), иволга (Oriolus oriolus) (0,016) (0,010), степной лунь (Circus macrourus) (0,05) (0,01), степная пустельга (Falco naumanni) (0,06) (0,01). Из хищных птиц по градации Валуева редкие - степной орел, болотный лунь, полевой лунь, дербник, обыкновенная пустельга, могильник, кобчик, чрезвычайно редкий – балобан.

Литература:

1.   Валуев В.А. Экстраполяционный коэффициент как дополнение к учёту численности птиц по методике Ю.С.Равкина (1967) для территорий со значительной ландшафтной дифференциацией // Вестник охотоведения. М., 2004, Т. 1, №3. С. 291-293.

2.   Кузякин А.П. Зоогеография СССР // Учен. зап. Моск. обл. пед. ин-та им. Н.К. Крупской. М., 1962, Т. 109. С. 3-182.

3.   Равкин Ю.С. К методике учета птиц в лесных ландшафтах // Природа очагов клещевого энцефалита на Алтае. Новосибирск, Наука, 1967. С. 66-75.

4.   Степанян Л.С. Конспект орнитологической фауны России и сопредельных территорий (в границах СССР как исторической области). М., ИКЦ «Академкнига», 2003. 808 с.

Градация обилия птиц
По Кузякину А.П. (1962)
Бальная оценка обилия птиц дана по А.П. Кузякину (1962), где:
весьма многочисленный вид – 100 и более особей/км²;
многочисленный   – 10-99;
обычный   – 1-9;
редкий   – 0,1-0,9;
очень редкий   – 0,01-0,09;
чрезвычайно редкий   – 0,001-0,009.
Кузякин А.П. Зоогеография СССР // Учён. зап. Моск. обл. пед. ин-та им. Н.К. Крупской. Т. 109. М., 1962. С. 3-182.

По хищным птицам (по Валуеву В.А., 2007)
Весьма многочисленный вид .... 1 и более особей/км²
Многочисленный   0,10-0,99

Обычный	0,01-0,09
Редкий	0,001-0,009
Очень редкий	0,0001-0,0009
Чрезвычайно редкий	0,00001 и меньше.

Валуев В.А. Подход к оценке обилия хищных птиц // Сохранение разнообразия животных и охотничье хозяйство России. Материалы 2-й Международной научно-практической конференции. М., МСХА им. К.А. Тимирязева, 2007. С. 350-351.

http://broo.bashkiria.ru/site/Deyatel-nost/Stat-i/Metodiki-uchiota-ptic/Podhod-k-ocenke-obiliya-hischnyh-ptic-Valuev-V.A.

ПОДХОД К ОЦЕНКЕ ОБИЛИЯ ХИЩНЫХ ПТИЦ (ВАЛУЕВ В.А.)
Сохранение разнообразия животных и охотничье хозяйство России. Материалы 2-й Международной научно-практической конференции. М., МСХА им. К.А. Тимирязева, 2007. С. 350-351.

http://broo.bashkiria.ru/site/Deyatel-nost/Stat-i/Metodiki-uchiota-ptic/Ekstrapolyacionnyj-koefficient-kak-dopolnenie-k-uchiotu-chislennosti-po-metodike-YU.S.-Ravkina-1967-dlya-territorij-so-znachitel-noj-landshaftnoj-differenciaciej-Valuev-V.A.

ЭКСТРАПОЛЯЦИОННЫЙ КОЭФФИЦИЕНТ КАК ДОПОЛНЕНИЕ К УЧЁТУ ЧИСЛЕННОСТИ ПО МЕТОДИКЕ Ю.С. РАВКИНА (1967) ДЛЯ ТЕРРИТОРИЙ СО ЗНАЧИТЕЛЬНОЙ ЛАНДШАФТНОЙ ДИФФЕРЕНЦИАЦИЕЙ (ВАЛУЕВ В.А.)
Вестник охотоведения. Том 1, № 3. М., 2004. С. 291-293.

Плотникова Л.Я.[1], профессор, д.б.н., **Пожерукова В.Е.**[1], **Митрофанова О.П.**[2], профессор, д.б.н.,

[1]Омский государственный аграрный университет, г. Омск
[2]Всероссийский институт растениеводства, г. Санкт-Петербург
lplotnikova2010@yandex.ru

РАЗНООБРАЗИЕ МЕХАНИЗМОВ УСТОЙЧИВОСТИ ВИДА *TRITICUM TIMOPHEEVII* К БУРОЙ РЖАВЧИНЕ ПШЕНИЦЫ

Принципы действия иммунной системы растений против микроорганизмов – одна из ключевых проблем биологии. Особый интерес представляют механизмы устойчивости видов-нехозяев, защищающие растения от болезней длительное время. Тетраплоидные пшеницы группы Timopheevi обладают комплексной устойчивостью к ржавчинным болезням. Интрогрессивные линии мягкой пшеницы, созданные на основе *Triticum timopheevii* Zhuk., проявляют иммунитет к бурой ржавчине, вызываемой биотрофным грибом *Puccinia triticina* Erikss. [1, 30; 2, 1656].

В популяциях патогена происходят активные процессы микроэволюции, приводящие к появлению новых вирулентных рас, преодолевающих гены устойчивости растений. Западносибирская популяция *P. triticina* состоит из изолятов вирулентных к большинству генов устойчивости, действующих у пшеницы на стадии проростков. В 2007-2009 гг. в популяции в существенном количестве накопились изоляты, вирулентные к высокоэффективным прежде генам Lr9, Lr24, Lr26, Lr36 [3, 50]. В связи с этим целью работы было изучение механизмов устойчивости образцов *T. timopheevii* к бурой ржавчине, вызываемой западносибирской популяцией *P. triticina*.

Исследования проводили на трех образцах *T. timopheevii* из коллекции Всероссийского института растениеводства (ВИР), происходящих из Грузии (k-30920, k-35914, k-35915). Исследования проводили на стадии проростков, используя 10 растений каждого образца. Листья заражали инокулюмом *P. triticina* собранным с коммерческих сортов мягкой пшеницы в лесостепной зоне Западной Сибири в 2011 г. Инокулюм включал клоны 77 расы, различающиеся генами вирулентности к Lr9, Lr26, Lr36. Тип реакции растений на заражение оценивали по 5-ти балльной шкале Майнса и Джексона (0 – иммунитет, 1-2 – устойчивость, 3-4 – восприимчивость). Затем провели цитологические исследования взаимодействия патогена с растениями на фиксированных листьях.

Оценка реакции растений показала, что образцы *T. timopheevii* представляли собой популяции растений с различными симптомами болезни и отличались по устойчивости. Самым устойчивым был образец k-30920, все его растения были иммунны (балл 0), но на части листьев проявлялись слабые хлоротические пятна. Образец k-35914 представлен смесью иммунных (30%) и устойчивых растений (70%), на листьях которых развивались пустулы разного размера, окруженные зоной некроза (тип реакции 1-2 балла). Наиболее гетерогенным был образец k-35915, в нем выявлены: 1 иммунное растение с некротическими пятнами, семь устойчивых (1-2 балла) и три восприимчивых, на которых развивались небольшие пустулы, окруженные зоной хлороза (3 балла).

Цитологические исследования выявили 5 вариантов взаимодействия гриба с растениями *T. timopheevii*:

I – гибель патогена до внедрения в клетки растений (прегаусториальная устойчивость) на стадиях аппрессориев, подустьичных везикул или одной инфекционной гифы;

II – остановка развития мицелия после внедрения 2-3 гаусторий в мезофилльные клетки, сопровождающаяся быстрой реакцией сверхчувствительности (СВЧ);

III – гибель на стадии карликовых колоний с 1-2 гаусториями или слабо развитого мицелия с 4-5 гаусториями через 3 - 5 сут после инокуляции без реакции СВЧ (абортивные колонии);

IV – в зоне колоний проявлялась реакция СВЧ, но гифы гриба преодолевали зону отмирания клеток, формировались мелкие пустулы, окруженные зоной некроза;

V – совместимое взаимодействие (балл 3), колонии гриба формировали пустулы, площадь которых была в 2,2 раза меньше, чем на листьях восприимчивого сорта мягкой пшеницы. Клетки растений не разрушались, но окраска их цитоплазмы усиливалась.

Описанные варианты взаимодействия выявлены как на листе одного растения, так и в разных растениях. В иммунном образце k-30920 на двух растениях встречались варианты взаимодействия I, II , III; на трех растениях – II и III; на пяти – III. В образце k-35914 на двух растении проявлялось взаимодействие по типу II, III, IV; на трех – II; III; на пяти – IV. В наиболее полиморфном образце k-35915 на двух растениях наблюдалось взаимодействие по типу II и III; на пяти растениях – II, IV и V; на трех растениях – V.

Таким образом, выявлены как общие, так и редкие проявления механизмов устойчивости у трех образцов *T. timopheevii*. Остановка развития гриба на прегаусториальной стадии установлена только на растениях иммунного образца k-30920. Наиболее распространенными проявлениями несовместимости *P. triticina* с растениями были отмирание небольших колоний, сопровождающееся реакцией СВЧ, и абортация мицелия с малым числом гаусторий. Отмирание гриба на прегаусториальной стадии или после внедрения в единичные клетки растений, отмирающие в результате реакции СВЧ, считается типичными проявлениями устойчивости видов-нехозя-ев [4, 317]. Основным защитным механизмом при этом является интенсивный окислительный взрыв, который может развиваться при контакте аппрессория с замыкающими клетками устьиц или при внедрении гаустории в мезофилльную клетку [5, 65]. Длительную защиту растений может также обеспечивать механизм устойчивости, проявляющийся в форме подавления образования гаусторий, необходимых для питания биотрофного гриба, в результате колонии погибают от голодания [6, 61]. Интенсивное проявление реакции СВЧ в зоне колоний, считается проявлением расоспеци-фической устойчивости [4, 317].

Очевидно, описанные результаты взаимодействия связаны с распределением общих неспецифических и расоспецифических генов в образцах *T. timopheevii*, а также полиморфизмом растений по механизмам устойчивости. Разные варианты взаимоотношений *P. triticina* с растениями внутри образцов и выявление восприимчивых растений показывают, что клоны западносибирской популяции гриба способны преодолевать часть механизмов устойчивости *T. timopheevii*. Полученная информация имеет не только теоретическое, но и практическое значение, поскольку демонстрирует набор механизмов, который способен обеспечить длительную устойчивость растений к ржавчинным болезням.

Список литературы

1. Скурыгина Н.А. Интрогрессия генов устойчивости к грибным болезням и генетическая структура *Triticum timopheevii* Zhuk. // Сб. науч. тр. по прикладной ботанике, генетике и селекции. – ВИР, 1989. – Т. 128. – С. 21–33.

2. Леонова И. Н., Родер М. С., Калинина Н. П., Будашкина Е. Б. Генетический анализ и локализация локусов, контролирующих устойчивость интрогрессивных линий *Triticum aestivum* × *Triticum timopheevii* к листовой ржавчине // Генетика, 2008. – Т. 44. – №12. – С. 1652–1659.

3. Мешкова Л.В., Плотникова Л.Я., Штубей Т.Ю. и др. Перспективные гены и генные комбинации для защиты мягкой пшеницы от бурой ржавчины в Западной Сибири // Вестник РАСХН, 2011. – № 2. – С. 50–52.

4. Heath M. C. Non-host resistance and nonspecific plant defenses // Current Opin. Plant Biol., 2000. – V. 3. – P. 315–319.

5. Плотникова Л.Я., Мешкова Л.В. Эволюция цитофизиологических взаимоотношений возбудителя бурой ржавчины и пшеницы при преодолении устойчивости, детерминированной геном Lr19 // Микология и фитопатология, 2009. – Т. 43. – Вып. 4. – С. 63–77.

6. Плотникова Л.Я. Иммунологические особенности действия гена устойчивости пшеницы к бурой ржавчине Lr23. II. Цитофизиологические аспекты взаимодействия *Puccinia triticina* с растениями // Микология и фитопатология, 2013. –Т. 47. – Вып. 1 – С. 58–63.

Сыртланова Л.А.
магистрант ФГБОУ ВПО БГПУ им. М.Акмуллы, г. Уфа, *SLian4ik@mail.ru*
Удалов М.Б.
кандидат биол. наук, Институт биохимии и генетики УНЦ РАН, г. Уфа
Мигранов М.Г.
профессор, доктор биол. наук, ФГБОУ ВПО БГПУ им. М.Акмуллы, г. Уфа

ПОЛИМОРФИЗМ КОЛОРАДСКОГО ЖУКА НА ЕВРОПЕЙСКОЙ ЧАСТИ ВТОРИЧНОГО АРЕАЛА

Введение. Колорадский жук *Leptinotarsa decemlineata* Say относительно молодой вид, характеризующийся высокой экологической пластичностью и значительным внутривидовым полиморфизмом [1, 7; 2, 205], что позволяет ему успешно адаптироваться, в частности, к инсектицидам. В настоящее время он приобрел устойчивость практически ко всем ныне используемым в борьбе с ним препаратам. В связи с этим очевидна необходимость изучения этого вида на популяционном уровне.

Изменения структуры популяций колорадского жука вызывают необходимость их регулярного анализа с использованием большого количества фенотипов. Разработанные в последние десятилетия молекулярно-биологические методы генетического анализа позволяют оценить степень внутривидового полиморфизма на уровне первичной структуры ДНК [3, 325; 4, 577]. Сочетание классических и современных методов может дать наиболее адекватную оценку уровня полиморфизма и популяционной структуры вида. Целью работы является изучение особенностей формирования популяционной структуры колорадского жука на территории вторичного (евразийского) ареала.

Методы. Имаго колорадского жука были собраны в 9 локальных популяциях с территории России, Украины и Казахстана. До начала использования образцы хранились в пластиковых баночках в 96% этаноле в холодильнике.

Анализ фенетического полиморфизма. Для анализа фенетического полиморфизма использовались фены рисунка темени, 5 вариаций [5, 111; – 7, 638], затылка, 3 вариации [6,23; 7, 638], пронотума, 9 вариаций [8, 50] и элитр, 5 вариаций [5, 115].

Оценку внутрипопуляционного разнообразия проводили с использованием среднего числа вариаций μ [9, 38]. Расчеты проводили с использованием компьютерной программы Microsoft Excel 2002, (1985-2001, Microsoft Corporation). Изолинии, отображающие распределение рассматриваемых показателей в популяциях, строили при помощи компьютерной программы 3D Field 3.0.8.0 (1998 – 2008, Vladimir Galouchko). Анализ частот RR, SR и RR генотипов *AChE* и *LdVssc*1 проводился с помощью программы Genepop 4.0 [10, 248].

Анализ генетического полиморфизма. Для генетического анализа из выборки было взято по 30 особей для каждой популяции. ДНК выделяли из трёх простерилизованных в этаноле лапок от каждого жука с использованием набора реактивов для выделения ДНК Qiagen Blood DNA kit и протокола выделения King Fisher согласно протоколу производителя для выделения ДНК из тканей животных.

Амплификация и анализ генов LdVssc1 и AChE. Для оценки ДНК полиморфизма изучался полиморфизм фрагментов электрон-чувствительного натриевого канала (*LdVssc1*) и ацетилхолинэстеразы (*AChE*). Двунаправленная ПЦР амплификация (bi-PASA) проводилась, как описано в [11, 968]. ПЦР проводили в смеси объёмом 25 μl и содержащей: 11,05 μl бидистиллированной воды, 2,5 μl 10×PCR буфера (Biotools), 0,75 μl MgCl$_2$ (50mM), 2,5 μl dNTPs (2 mM), 1 μl каждого из 3-х праймеров (5μM) (использовалсь только один аллель-специфичный праймер на смесь), 0,2 μl Taq-плимеразы (0,5 U) (Biotools) и 1 μl геномной ДНК-матрицы.

ПЦР-амплификация аллель специфичных фрагментов проводилась при режиме: один цикл при 95 °C в течении 2 мин; два цикла при 94 °C в течении 30 сек, 58 °C в течении 30 сек и 72 °C в течении 1 мин; 16 циклов при 94 °C в течении 30 сек, 57 °C в течении 30 сек и 72 °C в течении 1 мин; 17 циклов при 94°C в течении 30 сек, 56 °C в течении 30 сек и 72 °C в течении 1 мин. Амплификация ДНК проводилась в 96-ти луночных плашках для ПЦР «Axygen», в приборе Bio-Rad C1000 Thermal Cycler (Bio-Rad Laboratories). После проведения ПЦР полученный продукт визуализировался в ультрафиолетовом свете.

Результаты и их обсуждения. На основе полученных частот вариаций фенов был рассчитан уровень разнообразия (среднее число вариаций μ) и построены изолинии его распределения. Наиболее интересные результаты при этом были получены для вариаций фена рисунка темени (прослеживается клинальный полиморфизм в юго-западном направлении) и фена рисунка переднеспинки (клина в широтном направлении).

Известно, что однонуклеотидный полиморфизм C\T в гене *LdVssc1* характеризует устойчивые\чувствительные к перметрину генотипы колорадского жука соответственно [12, 63]. Мутация A\G в гене *AChE* приводит к резистентности колорадского жука к фосфорорганическим инсектицидам. Наибольшая частота резистентного генотипа RR гена *AChE* была отмечена для Белгородской и Янаульской популяций (частота 1.00), наименьшая для Новосибирской (частота 0.033). Для гена *LdVssc1* наибольшая частота резистентного генотипа RR была отмечена для Харьковской (0.793), наименьшая – для Белгородской (0.414).

Исследования показали, что распределение частот рассматриваемых генов отражает закономерность как исторического хода расселения вида на территории евразийской части ареала, так и современную резистентность колорадского жука к инсектицидам.

Литература

1. Ушатинская Р.С. Колорадский картофельный жук. Филогения, морфология, физиология, экология, адаптация, естественные враги. М.: Наука, 1981. 377 с.

2. Фасулати С.Р. Территориальное расселение колорадского жука в северных районах картофелеводства. // Экологические аспекты интенсификации сельскохозяйственного производства. Материалы международной научно-практической конференции. Пенза. 2002. С. 205 – 207.

3. Roderick G.K. Geographic structure of insect populations: gene flow, phylogeography, and their uses // Annual Rev. Entomology 1996. № 41. P. 325-352.

4. Loxdale H.D., Lushai G. Molecular markers in entomology // Bulletin of Entomological Research. 1998. № 88. P. 577 – 600.

5. Климец Е.П. Выявление чувствительности колорадского жука к действию инсектицидов с помощью фенов // Фенетика природных популяций. М. 1988. С. 111 – 117.

6. Беньковская Г.В., Удалов М.Б., Поскряков А.В., Николенко А.Г. Феногенетический полиморфизм колорадского жука *Leptinotarsa decemlineata* Say и его чувствительность к инсектицидам на территории Башкирии // Агрохимия. 2004. №12. С. 23 – 28.

7. Беньковская Г.В., Удалов М.Б., Хуснутдинова Э.К. Генетическая основа и фенотипические проявления резистентности колорадского жука к фосфорорганическим инсектицидам // Генетика. 2008. Т. 44. № 5. С. 638 – 644.

8. Фасулати С.Р. Полиморфизм и популяционная структура колорадского жука *Leptinotarsa decemlineata* Say в Европейской части СССР // Экология. 1985. № 6. С. 50 – 56.

9. Животовский Л.А. Показатели популяционной изменчивости по полиморфным признакам // Фенетика популяций. М. 1982. С. 38 – 44.

10. Raymond M, Rousset F. GENEPOP (version 1.2): population genetics software for exact tests and ecumenicism. Journal of Heredity. 1995. №86. P. 248–249.

11. Clark J.M., Lee S.H., Kim H.J., Yoon K.S., Zhang A. DNA-based genotyping techniques for the detection of point mutation associated with insecticide resistance in Colorado potato beetle *Leptinotarsa decemlineata*. // Pest Management Science. 2001. № 57. P. 968-974.

12. Lee S.H., Dunn J.B., Clark J.M., and Soderlund, D.M. Molecular analysis of kdr-like resistance in a permetrin-resistant strain of Colorado potato beetle. // Pesticide biochemistry and physiology. 1999. № 63. P. 63 – 75.

Егоренкова Е.Н.
магистр истории, Восточно-Казахстанский
государственный университет им.С.Аманжолова
egorenkova@nur.kz

К ВОПРОСУ О СОДЕРЖАНИИ ПОНЯТИЯ «МЕНТАЛЬНОСТЬ» КАК ПРЕДМЕТА ИСТОРИЧЕСКОГО ИССЛЕДОВАНИЯ

Понятие «ментальность», получившее широкое распространение в отечественной историографии в последние десятилетия, в современном его значении впервые было разработано именно в исторической науке. Значительную роль в этом сыграла «Новая историческая наука» во Франции или «школа Анналов». Её основоположники, Л.Февр и М.Блок, заимствовали понятие «ментальность» у этнографа и психолога Д.Леви-Брюля, который определял ее как «особое пралогическое мышление «дикарей» [2,56]. Медиевисты М.Блок и Л. Февр прилагали это понятие к умонастроениям, складу ума, коллективной психологии людей цивилизованных («горячих») обществ: «...это своеобразные установки сознания, невербализованные его структуры» [5,159], совокупность духовных или «базовых» представлений о человеке, окружающем мире.

Вообще понятие «ментальность» («менталитет») давно вошло в научную терминологию Запада. «Менталитет» - слово латинского происхождения и в переводе имеет более девяти значений (ум, мышление, дух, рассудок, образ мыслей и т.д.), что дает возможность его самого широкого толкования и применения. Во французском языке mentalite - это направление мыслей, умонастроение, склад ума. В немецком – die Mentalität - образ мыслей и т.п. Это понятие получило широкое распространение в XXв., причем чем шире оно употреблялось, тем разнообразней его толкования: психический склад человека, образ мышления, структура сознания и др. В один и тот же термин различными специалистами вкладывается близкое, но все же неодинаковое значение.

Одним из первых развернул дефиницию ментальности Г.Бутуль, который в монографии «Менталитет» (1952г.) писал: «Менталитет - это совокупность идей и интеллектуальных установок, присущих индивиду и соединенных друг с другом логическими связями или же отношениями веры. Наш менталитет находится между нами и мирам, как призма. Она пользуясь выражением Канта, является априорной формой нашего познания» [5,159-160]. Сразу следует заметить, что большинство западных ученых подчеркивают значение веры в менталитете: она является его важной составной частью и всегда изначально присутствует в сознании. Сам же менталитет становится исходной формой восприятия мира.

Во Французском словаре Философских терминов о менталитете говорится: «...это склад мышления, комплекс мнений или предрассудков, которые создают базу и управляют мышлением индивида или группы» [5,160[. В данной трактовке признается активная роль ментальныхустановок, которые управляют не только поведением, но и мыслительными процессами как одного человека, так и группы,

В «Большом энциклопедическом Парусе» менталитет характеризуется как: «совокупность умственных привычек, верований, психологических установок» присущих какой - либо общности, «состояние ума» [5,160]. Для французской литературы вообще характерно представление о ментальности как о комплексе явлений духовной жизни, а не как о единой, цельной системе.

В коллективной работе германских ученых «Европейская история менталитета» понятие «ментальность» включает в себя около двадцати более узких тем, которые, по их мнению, и составляют в сумме ментальную картину каждой социальной группы в ту или иную эпоху. Видный немецкий специалист в области средневековой мистики П.Динцельбахер сказал, что «менталитет как историческую дисциплину проще описать, чем определить» [5,162]. Ментальность не просто история идей, религии, представлений, культуры, быта и т.д. Это более обобщенное, ёмкое понятие.

Ведущим специалистом в области изучения ментальности в советской и постсоветской историографии выступает А.Я.Гуревич. По его определению ментальность - это «мироощущение, мировидение рядового человека», духовная культура «безмолвствующего большинства» [3,7-16]; это своеобразная глобальная среда, в которую погружено человеческое сознание. Ментальные установки постоянно (хотя и неосознанно) присутствуют в жизнедеятельности людей, определяют их отношение к окружающему миру.

Хотелось бы коснуться еще одного аспекта проблемы: соотношение понятий «ментальность» и «менталитет». Большинство исследователей воспринимают их как синонимы: по сути, ментальность – это «обрусевший» менталитет, пришедший к нам с Запада. Однако ряд ученых, в частности Л.Н.Пушкарев, разграничивает эти понятия: «...менталитет имеет всеобщее, общечеловеческое значение, В то же время «ментальность» может относиться к самым различным социальным стратам и историческим временам» [5,163]. По - нашему мнению, данное различие очень неопределенно. Сразу возникает вопрос - какие критерии лежат в основе разделения, каков масштаб охвата в первом и во втором случае. Автор данной работы основывается на принципе равнозначности «менталитета» и «ментальности». Деление понятий на таком шатком основании может внести путаницу в исследования.

Из всей массы определений можно выделить два способа употребления понятия «ментальность». Первый связан с использованием ментальности в качестве синонима культуры определенной эпохи или социальной среды. Исследования ментальных установок приравниваются к анализу материальной и духовной культуры (экономики, искусства, быта, морали и т.д.) Ментальность выступает как компонент общественного сознания, позволяющий «раскрыть смысл всякой деятельности, коллективной или индивидуальной» [1,44].

Другое понимание ментальности можно было бы определить как «приравнивание ее к самотождественности данной культуры» [1,44]. Ментальность здесь является выражением ядра, основы культуры, того, что составляет человеческую мысль независимо от того, осознает это человек или нет. Она образуется господствующими стереотипами, представлениями, через которые можно определить характерные черты данной культуры. Чаще их используют в обыденней сознании или, как еще говорят, в сфере народной культуры. Анализ понимаемой таким образом ментальности не приравнивается к анализу всей культуры как целостности, ментальные установки рассматриваются как самостоятельный предмет исследования. И нам более точной кажется эта вторая точка зрения.

Ментальность - это «социально-психологическая установка, способы восприятия, манера чувствовать и думать» [4,115]. Ментальность обща для всего социума: и для каждого индивида в отдельности, и для состоящих из таких индивидов социальных групп. Главными цементирующими ментальность силами служат язык и господствующая идеология (или религия - в зависимости от уровня развития общества). Вместе с тем, менталитет одновременно дифференцируется в связи с социальной структурой, половозрастными и региональными особенностями общественных групп и т.д. В данном случае уместнее говорить не о ментальности, а о ментальностях (во множественном числе) различных историко-социальных образований. Можно говорить о ментальности одного человека, коллектива, населенного пункта, географического района, страны, класса и т.д. Но несмотря на различия в масштабах, ментальности групп, принадлежащих к одной культурной среде, исторической эпохе, будут иметь общие черты.

Литература

1. Вжозек В. Ментальность: макрокосм в микрокосме? // Споры о главном, - М., 1993. - С.44-45.
2. Гуревич А.Я. Историческая наука и историческая антропология. // Вопросы философии. - 1988. - № 1. - С.56-70.
3. Гуревич А.Я. Средневековый мир: мир безмолвствующего большинства. - М.,1989. - 320 с.
4. Гуревич А.Я. Смерть как проблема исторической антропологии: о новом направлении в буржуазной историографии. // Одиссей - 1989. - М., 1989. - С.114-136.
5. Пушкарев Л.Н. Что такое менталитет ? Историографические заметки. // Отечественная история. - 1995. - № 3. - С. 158-165.

М.А.Чукреева
аспирант БГПУ им.М.Акмуллы
matrika90@mail.ru
С.Е.Чушкина
аспирант БГПУ им.М.Акмуллы
cvetaaaa09@rambler.ru

СОВРЕМЕННАЯ ЧИТАТЕЛЬСКАЯ КУЛЬТУРА: ТРАДИЦИОННАЯ И ЭЛЕКРОННАЯ ФОРМА

Проблема чтения находится сегодня в зоне пристального внимания. Диапазон мнений варьируется от констатации кризиса читательской культуры до утверждения новой модели чтения в условиях информационного общества. В настоящее время все большее влияние приобретают «некнижные» средства массовой информации. Наряду с традиционными – книгой и периодикой - используются аудиовизуальные («экранные») СМИ.

Экранная культура системно и синхронно объединяет звук и изображение, интонации и движения, форму и цвет. Поэтому ее воздействие на чувственную сторону человека близко к непосредственно переживаемой реальности. Основным материальным носителем текстов является не письменная речь, а "электронная книга", "экранная речь". Она обеспечивает принципиально новый способ коммуникации и трансляции информации, социально значимых норм и стандартов. В целом распространение экранной культуры компьютера привело к изменению картины мира и видения самого человека.

Фактически произошла смена эпох: после тысячелетнего господства книга оказалась в ситуации конкурентной борьбы с экраном. Пришел новый тип культурно-информационного пространства, где нейтральное место принадлежит визуальному образу. Процесс его внедрения в повседневную жизнь усиливается благодаря появлению компьютеров, сенсорных планшетов, iPod, iPhone, BookReader, смартфонов и коммуникаторов, поддерживающих возможность комплексного использования. Всемирная сеть становится значимой частью жизни, заменяя другие каналы распространения информации.

Одним из источников получения знаний становятся электронные библиотеки, которые представляют собой упорядоченную коллекцию разнородных электронных документов, снабженных средствами навигации и поиска. В них накапливаются различные тексты (художественные, научные, универсальные) и медиафайлы, каждый из которых в любой момент может быть востребован читателем. При этом система является интерактивной, то есть обеспечивает возможность общения пользователей друг с другом и администраторами.

Первой русскоязычной электронной коллекцией художественной литературы в сети интернет стала Библиотека Максима Мошкова [2]. Среди научных можно выделить Библиотеку Гумер - гуманитарные науки насчитывающую более 5000 книг и статей [1]. Всемирную цифровую библиотеку, в которой собраны оцифрованные версии материалов по истории и культуре можно отнести к универсальным электронным ресурсам [3].

Для удобства чтения созданы специальные устройства, цифровые книги (ebook; Book reader), которые обеспечивают мобильность электронного произведения. С 2007 года рынок электронных книг в Российской Федерации переживает подъем в связи с появлением экранов с технологией электронной бумаги. Под "электронной книгой" понимается узкоспециализированное компактное планшетное компьютерное устройство, предназначенное для отображения текстовой информации [7].

Такие книги имеют ряд достоинств и недостатков по сравнению с традиционной её формой. Преимущества: компактность и портативность; низкая стоимость текста; возможность настройки текста (яркость, размер шрифта и др.). Недостатки: высокая начальная стоимость; необходимость подзарядки; чувствительность к физическому воздействию (повреждению).

Использование данного устройства по назначению и следование инструкции по использованию помогут сохранить его на максимально возможный срок.

Противоречия, возникающие между книжной и экранной культурой, приводят к появлению «кликающего» поколения, которое основную часть времени проводит в виртуальном мире. Киберпространство (от кибернетика и пространство) - популярный термин для обозначения воспринимаемого пользователем «виртуального» пространства, содержащегося в памяти компьютера и изображенного графически. Оно впервые было введено канадским писателем-фантастом Уильямом Гибсоном, в трилогии «Киберпостранство», где оно трактуется как прямое общение между мозгом и компьютером [4]. С одной стороны, жизнь в виртуальной реальности – это в высшей мере индивидуализированный опыт, доступ к безграничным информационным ресурсам, мобильному общению и использованию средств мультимедиа. С другой стороны, разъединяющий эффект, усугубление индивидуализма сочетается с антисоциальными возможностями управления субъектами.

Тем не менее, чтение вслух не является чем-то новым. Например, в пушкинскую эпоху была распространена практика коллективного чтения в кругу семьи или дружеской компании, наедине с другом или возлюбленной. В советское время получили распространение избычитальни, которые служили средством повышения уровня образованности населения и к началу 1960 гг. преобразовались в дома культуры и библиотеки.

В XXI веке альтернативой чтения вслух можно назвать прослушивание аудиокниг. Оно позволяет расширить представление о произведении, переосмыслить его содержание, ощутить себя участником происходящих событий, а так же развивает художественный вкус, способность воспринимать и анализировать информацию, стимулирует к самостоятельному чтению печатной продукции.

Чтение отличается от других форм художественного восприятия своей прямой связью с художественным первотворчеством, так как чтению приходится брать на себя функции, которые в других искусствах выполняют посредники между драматургом и зрителем, композитором и слушателем – функции интерпретации замысла сочинителя и воплощение его образов в своем сознании. Главной особенностью вербального языка, в отличие от всех других, является его прямая связь с процессом и продуктом человеческого мышления» [5,706].

Не пренебрегая традиционной книгой, которая несомненно является достоянием культуры и остается востребованной и сегодня, необходимо совершенствовать навыки использования информационно-коммуникационных технологий.

Литература:

1. Библиотека Гумер - гуманитарные науки [Электронный ресурс]. – Режим доступа: http://www.gumer.info/. - (Дата обращения:29.01.2013).
2. Библиотека Максима Мошкова [Электронный ресурс]. – Режим доступа: http://lib.ru/. - (Дата обращения:29.01.2013).
3. Всемирная цифровая библиотека [Электронный ресурс]. – Режим доступа: http://www.wdl.org/ru/.-(Дата обращения:29.01.2013).
4. Гибсон, У. Сожжение Хром [Электронный ресурс] / Библиотека Максима Мошкова. – Режим доступа: http://lib.ru/GIBSON/brnchrom.tx/.-(Дата обращения:29.01.2013).
5. Каган, М.С. Избранные труды в VII томах [Текст] : Т. 3 . Труды по проблемам теории культуры/ М.С Каган. – СПб.: Петрополис, 2007. – 720с.
6. Киберпространство [Электронный ресурс] / Словари и энциклопедии на Академике; Научно-технический энциклопедический словарь. – Режим доступа: http://dic.academic.ru/dic.nsf/ntes/2017/%D0%9A%D0%98%D0%91%D0%95%D0%A0%D0%9F%D0%A0%D0%9E%D0%A1%D0%A2%D0%A0%D0%90%D0%9D%D0%A1%D0%A2%D0%92%D0%9E. .- (Дата обращения:29.01.2013).
7. Электронная книга (устройство) [Электронный ресурс] / Википедия.– Режим доступа: http://ru.wikipedia.org/wiki/%D0%AD%D0%BB%D0%B5%D0%BA%D1%82%D1%80%D0%BE%D0%BD%D0%BD%D0%B0%D1%8F_%D0%BA%D0%BD%D0%B8%D0%B3%D0%B0_%28%D1%83%D1%81%D1%82%D1%80%D0%BE%D0%B9%D1%81%D1%82%D0%B2%D0%BE%29. -(Дата обращения:29.01.2013).

Сидельников П. В.
доцент, к.мед.наук, Институт стоматологии
Национальной медицинской академии последипломного
образования

ВЫБОР ОСТЕОТРОПНОГО МАТЕРИАЛА
ДЛЯ ЗАМЕЩЕНИЯ КОСТНОГО ДЕФЕКТА ПОСЛЕ УДАЛЕНИЯ
ЗУБОВ

Цель исследования

На основании гистоморфологических и клинических методов исследования обосновать выбор остеотропного материала для возмещения дефектов костной ткани после удаления зубов.

Объекты и методы исследования

Гистоморфологические исследования проводились на 6 беспородных кроликах посредством нанесения трепанационной раны свода черепа глубиной 3-5 мм с последующим заполнением раны остеотропными материалами. Контрольную группу составили 3 кролика, которым в трепанационную рану не вносился ни один из представленных материалов. Забор материала производился в периоды 7-8 дней, 3 месяца и 6 месяцев.

Клинические исследования проводились на базе кафедры стоматологии ИС НМАПО и включали в себя предоперационную диагностику, оперативное вмешательство (удаление зубов), послеоперационное наблюдение с рентгенологическим и клиническим контролем в течение 6 месяцев.

Результаты исследования

На сегодняшний день на стоматологическом рынке Украины наиболее представленными являются два класса остеотропных остеокондуктивных материалов на синтетической и биологической основе. К материалам на биологической основе относятся пористый гидроксиапатит (BioOss, Остеографт N, Алгипрол), а к синтетическим — β-трикальций фосфат (Root Replica, Easy Graft) [1, 34; 2, 366; 3,62; 4,45].

При гистоморфологических исследованиях были задействованы беспородные кролики, которые были разделены на 2 группы: в 1 группе применялся остеотропный материал на основе β-трикальций фосфат, а во 2 — материал на основе БГАП (биологического гидроксиапатита).

На первой неделе после нанесения трепанационной раны в костной ткани возникают стереотипические местные расстройства кровообращения (тромбоз внутрикостных пазух и кровоизлияния), деструктивные изменения в виде некроза костной ткани с образованием секвестров, а также воспалительные процессы вокруг секвестров.

В первый месяц после нанесения трепанационной раны в костной ткани черепа кроликов возникают различные гистотопографические морфологические изменения в первой (материал на основе БГАП) группе, а также второй группе (материал на основе (β-трикальций фосфат). В первой группе в первый месяц эксперимента после введения БГАП зоны деструктивных изменений, а также местные нарушения уменьшаются, также, как и размеры операционной раны. В свою очередь во 2 группе на второй месяц после введения (β-трикальций фосфат операционная рана полностью замещается регенерационной тканью с образованием на поверхности фибринозной ткани, а в глубине раны сохраняются единичные остеогенные островки.

На третий месяц после ввода в трепанационную рану БГАП происходит частичная репаративная регенерация с замещением её остеоидной костной тканью. После введения в операционную рану (β-трикальций фосфат на третий месяц области раны замещаются частью регенерации, где наблюдается полное заполнение раны вторичной губчатой костью.

Проведенное нами более детальное микроскопическое исследование разных стадий регенерации в экспериментальных группах свидетельствует, что они соответствуют различным стадиям эмбриогистогенеза при формировании пластинчатой кости черепа. Так микроскопически наблюдаются в первый месяц в первой группе в областях кровоизлияний в костную ткань образования остеогенных мезенхимальных клеточных островков. Как в первой, так и во второй группе остеомукоид, замещающий остеогенные островки, остается, в то время, как во второй группе эксперимента на третий месяц происходит полное замещение остеомукоида первичной, а затем вторичной губчатой костью.

Выводы

Материалы, применяемые при исследовании, показали полную биологическую совместимость и позитивную динамику регенерации костной ткани, при этом наблюдалось почти полное восстановление первоначального объема костной ткани. Единственное различие, которое мы выявили при исследовании, это скорость резорбции материалов, что может повлиять на показания к применению и окончательный выбор материала в конкретной клинической ситуации.

Учитывая полученные данные скорости резорбции остеотропных материалов при гистоморфологических исследованиях, можно порекомендовать применение материалов на основе синтетического (β-трикальций фосфата при удалениях зубов на нижней челюсти в связи с быстротекущей резорбцией этого материала. В свою очередь остеотропные материалы на основе БГАП (биологического гидроксиапатита) целесообразней применять на верхней челюсти, так как в этой области регенерация костной ткани протекает в более замедленном темпе.

СПИСОК ЛИТЕРАТУРЫ

1. Сідельніков П.В., Угрин. М.М. Патоморфологічне та клінічне обгрунтування застосування комплексу Bio-Oss®-Bio-Gide® при субантральній аугментації. Частина 1. — Імплантологія Пародонтологія Остеологія, №2(2), 2005.
2. Лясникова А.В., Воложин Г.А. Повышение остеоинтегративных свойств дентальных имплантатов путем электроплазменного напыления биокомпозиционных покрытий на основе (3-трикальций фосфата). Стоматология — 2007. — С.366-367.
3. Rolf Semmler. Клинические аспекты применения имплантатов Pitt-Easy Bio-Oss (Oraltronics, Германия) с двойным покрытием FBR Дентал Маркет. — 2005. — №3. — С.62-67.
4. Хайке Ваннер. Лунки видалених зубів. Концепція лікування. Збереження лунок за допомогою Geistlich Bio-Oss® для забезпечення кращого естетичного і функціонального результату 17 конгрес Європейської асоціації остеоінтеграції. — Імплантологія Пародонтологія Остеологія, №2(14), 2009.

Коленко Ю.Г.
Доцент, к. мед. наук, Национальный медицинский университет
имени А.А. Богомольца
kolenko@i.ua

НОВЫЙ ПОДХОД К ИНДИВИДУАЛЬНОЙ ГИГИЕНЕ ПАЦИЕНТОВ СО ЗЛОКАЧЕСТВЕННЫМИ ОБРАЗОВАНИЯМИ ЧЕЛЮСТНО-ЛИЦЕВОЙ ОБЛАСТИ

Лечение больных со злокачественными опухолями челюстно-лицевой области остается достаточно сложной проблемой, о чем свидетельствуют неудовлетворительные отдаленные результаты. Наилучший эффект достигается путем комбинированного воздействия на опухоль: рациональное сочетание хирургических методов с лучевой и лечебной терапией. Осложнения, возникающие после проведения данных методов лечения, нередко нивелируют достигнутые результаты лечения, отдаляют возможность проведения последующего этапа хирургического лечения, создают риск развития послеоперационных осложнений, ухудшают психическое состояние пациентов и снижают качество их жизни в этот период [2, 51].

После проведенного комплексного лечения у этих пациентов часто развиваются эрозивно-язвенные поражения слизистой оболочки полости рта (радиомукозиты, язвенные гингивостоматиты и др.) под совместным влиянием общих и местных факторов [1, 366]. Такие заболевания очень часто рецидивируют и трудно поддаются лечению. Они сопровождаются общими нарушениями в организме и нередко частичной потерей трудоспособности [3, 863]. При этом характер радиомукозита слизистой оболочки полости рта напрямую зависит от состояния полости рта пациента [4, 554].

Цель исследования – изучить состояние полости рта пациентов со злокачественными опухолями челюстно-лицевой области и разработать алгоритм индивидуальной гигиены полости рта на этапах комплексного лечения.

Материалы и методы. Под нашим наблюдением находилось 50 больных, получающих лучевое лечение по поводу злокачественных новообразований области головы и шеи. В этой группе рак слизистой дна ротовой полости был диагностирован у 34,8%, рак языка - у 32,7%, рак ротовой полости - у 25,8%, рак верхней челюсти – у 6,7% пациентов. Мужчин было 83,1%, женщин соответственно 16,9%. 74,2% больных находились в работоспособном и общественно-активном возрасте.

Для оценки гигиенического состояния полости рта нами применялся индекс Green-Vermillion (OHI-S). У всех пациентов определялась нуждаемость в терапевтической, хирургической и ортопедической стоматологической помощи.

Результаты исследования. Факторами, усиливающими тяжесть течения радиомукозита слизистой оболочки полости рта, являются: курение, несанированная полость рта, неудовлетворительные гигиенические навыки. При проведении исследования курили 30 человек, что составляло 61,7%, причем в процессе лучевого лечения благодаря проведенным беседам с пациентами основных групп доля пациентов-курильщиков снизилась на 6%. Гигиенические навыки у пациентов были следующие: два раза в день чистили зубы - 41,3% больных, один раз в день - 53,8% и вовсе не чистили зубы-4,9%.

Известно, что воспалительные процессы в полости рта, нелеченные зубы, корни, а также металлические пломбы и протезы увеличивают степень выраженности лучевых радиомукозитов слизистой оболочки полости рта и ухудшают восприимчивость пациента к лучевому лечению. Металлические протезы в полости рта, а также амальгамовые пломбы, по данным ряда авторов, способствуют вторичной ионизации тканей полости рта. 10,9% пациентов имели в полости рта металлокерамические мостовидные протезы и одиночные коронки, 42,8% пациентов носили металлические (паяные и цельнолитые, в том числе и комбинированные) мостовидные протезы и одиночные коронки, съемные протезы были у 13,7% больных и не было протезов у 32,6% (этот процент составили пациенты, которым протезы не требовались, а также те пациенты, которым протезы были нужны, но по какой-то причине они не были сделаны, либо пациенты ими не пользовались, или протезы были изъяты стоматологами).

При оценке гигиенического состояния полости рта по индексу Green-Vermillion (OHI-S) обращает на себя внимание неудовлетворительное гигиеническое состояние полости рта больных злокачественными новообразованиями области головы и шеи, так ГИ до проведения санации составил $1,96 \pm 0,16$ ($p<0,05$), нуждаемость в пародонтологической помощи проанализирована по индексу CPITN, он составил $1,24 \pm 0,17$ ($p<0,05$).

Приведенные выше данные показывают низкий уровень стоматологической подготовки пациентов к лечению по поводу злокачественных новообразований, а также соответствующий уровень стоматологического образования пациентов. Это вызывает необходимость создать алгоритмы лечения и профилактики осложнений лучевой терапии.

Исходя из этого, мы предлагаем следующий алгоритм индивидуальной гигиены полости рта на этапах лечения: 1) чистить зубы мягкой зубной щеткой не менее двух раз в день, используя зубную пасту с фитодобавками, 2) применять ополаскиватели полости рта с фитодобавками и витаминами А, Е, группы В, 3) избегать ополаскивателей на спиртовой основе, 4) обрабатывать флоссом все зубы, осторожно размещая зубную нить между зубами и двигаясь флоссом вверх и вниз с каждой стороны всех зубов; 5) использовать хлоргексидин, но только в умеренном количестве; 6) не пользоваться зубочистками, 7) избегать употребления абразивной пищи; 8) пациенты, имеющие съемные протезы, должны хотя бы раз в день снимать частичный или полный съемный протез, 9) далее необходимо с помощью зубной щетки, питьевой соды и воды почистить съемные протезы; 10) замочить съемные протезы на 30 минут в противогрибковом и антибактериальном растворе а затем тщательно промыть водой; 11) нельзя оставлять протезы в полости рта во время сна, или когда появляются раздражения на слизистой оболочке.

Литература

1. Борисенко А.В., Сидельникова Л.Ф., Несин А.Ф. и др. Терапевтическя стоматология. Заболевания слизистой оболочки полости рта. – Т. 4. — К., Медицина. — 2013. — 632 с.

2. Кижаев Е.В. Клиника и лечение местных лучевых поражений // Военно-медицинский журнал. — 1993. — № 6. — С. 51—61.

3. Duncan M., Grant G. Oral and intestinal mucositis -- causes and possible treatments//Aliment. Pharmacol. Ther. — 2003. — Vol. 18, № 9. P. 853— 874.

4. Harrison J.S. Oral complications in radiation therapy / J.S.Harrison, R.A.Dale, C.W.Haveman et al. // Gen. Dent. - 2003. - Vol.51, № 6. - P.552-560.

Гороть И.В.
ст. лаборант, соискатель кафедры радиологии и радиационной медицины
Национального медицинского университета имени А.А. Богомольца;
Ткаченко М.Н.
заведующий кафедрой радиологии и радиационной медицины
Национального медицинского университета имени А.А. Богомольца,
д.мед.н. профессор.
sirinagas@ukr.net

КАРДИОТОКСИЧЕСКОЕ ДЕЙСТВИЕ НИЗКИХ ДОЗ РАДИАЦИИ В УСЛОВИЯХ ЧЕРНОБЫЛЬСКОЙ ЗОНЫ ОТЧУЖДЕНИЯ

Проблема влияния низких доз радиации (НДР) на организм чрезвычайно сложна и остается актуальной и недостаточно изученной. Патологические процессы, которые являются следствием облучения, часто сопровождаются нарушением сосудистого тонуса, микроциркуляции и трофики тканей, что приводит к развитию сердечно-сосудистых заболеваний [2, 296; 5, 319-328; 6, 873-880]. Вазорелаксация опосредствуется через оксид азота (NO), который образуется в эндотелии кровеносных сосудов и с помощью диффузии попадает в гладкомышечные клетки сосудистой стенки и вызывает их расслабление. После открытия системы NO стало понятно, что не только реактивные формы кислорода (РФК), но и реактивные формы азота (РФА) могут оказывать вазоактивное (вазопротекторное, вазотоксическое, вазоконстрикторное или вазодилаторное) действие на сердечно-сосудистую систему [3, 989-998; 4, 1620-1624; 5, 319-328; 6, 873-880; 7, 1616-1620; 8, 224-236]. Ранее нами было показано влияние НДР на сосудистую реактивность и окислительный метаболизм РФК и РФА в аорте мышей линии BALB/c [9, 55-68; 10, 107-121].

Цель работы – исследование содержания РФК и РФА, а также ультраструктурной организации тканей сердца при действии НДР в условиях постоянного пребывания в Чернобыльской зоне отчуждения мышей линии BALB/c.

Методика

Исследования проводились на мышах радиочувствительной линии BALB/c [1, 180] массой тела 20-22 г, которые были распределены на две группы: 1 группа (контроль) – 6 мес животные, которые родились и прожили свою жизнь в киевском виварии в условиях естественного радиоактивного фона; 2 группа – животные, которые родились и на протяжении всей жизни находились в зоне отчуждения (виварий Института проблем безопасности атомных электростанций НАН Украины, лаборатория экспериментальной радиобиологии и средств радиозащиты, г. Чернобыль).

В гомогенате сердца взрослых мышей линии BALB/c определяли скорость генерации активных метаболитов кислорода: супероксидного радикала (O_2^-) и гидроксильного радикала (OH^-), содержание пероксида водорода (H_2O_2), стабильных метаболитов оксида азота [нитрит - (NO_2^-) и нитрат - (NO_3^-) - анионов], низкомолекулярных (НМНТ) и высокомолекулярных (ВМНТ) нитрозотиолов, низькомолекулярных антиоксидантов (мочевая кислота - МК, мочевина), продуктов неферментативного (диеновые коньюгаты - ДК, малоновый диальдегид - МДА) и ферментативного окисления липидов (тромбоксан B_2, лейкотриен C_4). Проводили электронномикроскопические исследования: на ультратомах *"Reichard" (Австрия)* и *LKB-III (Швеция)* изготовляли ультратонкие срезы миокарда правого предсердия и изучали их под электронным микроскопом *ПЕМ-125К ("Selmi", Украина),* а также морфометрические исследования на полуавтоматическом устройстве обработки графических изображений с помощью программы *"Органелла"*, разработанной в лаборатории электронной микроскопии Института проблем патологии НМУ имени А.А. Богомольца. Полученные данные обрабатывали методом вариационной статистики с помощью программного обеспечения *Statistica for Windows 6.0 (Microsoft Corporation, USA).* Достоверность полученных результатов оценивали с помощью параметрического коэффициента Стьюдента.

Результаты исследования

В условиях действия НДР повышаются уровни генерации РФК – супероксидного (O_2^-) и гидроксильного (OH^-) радикалов, а также пулы стабильного H_2O_2. В этих условиях значительно повышаются уровни МК и содержание лейкотриена C_4, что указывает на активацию как нуклеотидного (ксантиноксидаза), так и на липидного (липоксигеназа) генератора O_2^-. Подтверждением активной генерации OH^- и NO_2^- (образуется при распаде пероксинитрита - $ONOO^-$) в условиях действия НДР является значительное повышение продуктов перекисного окисления липидов – ДК и МДА в тканях сердца. Наблюдаются изменения в системе синтеза NO – повышаются пулы NO_3^-. Это свидетельствует об увеличении образования $ONOO^-$ и его распаде уже в условиях непродолжительного действия НДР. Значительное снижение уровня NO_2^- и нитрозотиолов в этих условиях может быть причиной оксидативного стресса, особенно высокие уровни генерации O_2^-, которые при связывании с NO образуют $ONOO^-$. Доказательством этого являются низкие уровни NO_2^-, который образуется спонтанно при наличии молекулярного кислорода на фоне повышенного или контрольного уровня NO_3^-.

Проведенный электронномикроскопический анализ показал, что после постоянного пребывания мышей линии BALB/c в условиях действия НДР в Чернобыльской зоне отчуждения в миокарде правого предсердия и в кардиомиоцитах (КМЦ), и кровеносных микрососудах, возникают изменения, выраженность которых варьирует. На фоне дистрофически-деструктивных процессов отмечаются и компенсаторно-приспособительные процессы. Наиболее выраженным признаком дистрофических процессов является отек в КМЦ и эндотелиоцитах более крупных микрососудов. К деструктивным можно отнести разрушение части миофибрилл и уменьшения количества митохондрий. В результате гибели некоторых из клеточных компонентов активизируются аутолитические процессы. В качестве компенсации происходят процессы новообразования митохондрий в КМЦ и усиления биосинтеза и трансэндотелиального переноса веществ в обменных гемомикрососудах. Перестройка цитоархитектоники вставных дисков ухудшает сократительные свойства миокарда правого предсердия.

Таким образом, полученные данные свидетельствуют о том, что постоянное действие НДР в условиях Чернобыльской зоны отчуждения вызывает в тканях сердца оксидативный стресс, который сопровождается стимуляцией генерации РФК и, по всей видимости, ONOO⁻ в митохондриях, которые являются индукторами открытия митохондриальной поры и инициаторами апоптоза, а, с другой стороны, угнетением образования NO, являющегося ингибитором открытия поры. Наблюдаются изменения цитоархитектоники КМЦ и микрососудистого русла по типу дистрофически-деструктивных и компенсаторно-приспособительных процессов. Возникают изменения, которые ухудшают сократительные свойства миокарда, что может способствовать развитию заболеваний сердечно-сосудистой системы.

Литература

1. Бландова З.К., Душкин В.А., Малашенко А.Н. и др. Линии лабораторных животных для медико-биологических исследований. - М.: Наука, 1983. – 180 с.
2. Воробьёв Е.И., Степанов Р.П. Ионизирующие излучения и кровеносные сосуды. – М.: Энергоатомиздат, 1985. – 296 с.
3. Basaga H.S. Biochemical aspects of free radicals // Cell. Biol. – 1990. – 68, № 5. – P. 989- 998.
4. Beckman J.S., Beckman J.W., Chen J., Marshall P.A., Freeman B.A. Apparent hydroxyl radical production by peroxinitrite: implications for endothelial injury from nitric oxide and superoxide // Proc. Natl. Acad. Sci. USA. – 1990. – 87, № 7. – P. 1620-1624.
5. Kantak S.S., Diglio C.A., Onoda J.M. Low dose radiation-induced endothelial cell retraction // Int. J. Radiat. Biol. – 1993. - 64, № 3. - P. 319-328.
6. Korge P., Ping P., Weiss J.N. Reactive oxygen species production in energized cardiac mitochondria during hypoxia/reoxygenation: Modulation by nitric oxide // Circ. Res. -2008. - 103. - P. 873-880.

7. Mori M. Regulation of nitric oxide synthesis and apoptosis by arginase and arginine recycling // J. Nutr. – 2007, June. - 137. - P. 1616S- 1620S.

8. Tarpey M.M., Fridovich I. Methods of detection of vascular reactive species: nitric oxide, superoxide, hydrogen peroxide, and peroxynitrite // Circ. Res. – 2001. – 89. – P. 224-236.

9. Tkachenko M.N., Kotsjuruba A.V., Bazilyuk O.V., Gorot I.V., Sagach V.F. Peculiarities of changes of vascular reactivity and reactive form of oxygen in conditions of varying duration of permanent stay in the Alienation zone // International Journal of Physiology and Pathophysiology. – 2011. – 2, № 1. - P. 55-68.

10. Tkachenko M.N., Kotsjuruba A.V., Bazilyuk O.V., Gorot I.V., Remennik O.I., Sagach V.F. Vascular reactivity and metabolism of the reactive form of oxygen and nitrogen; effects of low doses of radiation // International Journal of Low Radiation. – 2011. – 8, № 2 - P. 107-121.

Сундетов Ж.
к.м.н., и.о.профессора
кафедры патологической физиологии;
Кошмаганбетова Г.К.
Магистрант;
Жексенова А.Н.
к.м.н. старший преподователь
кафедры патологической физиологии;
Кандыгулова Г.Ж.
к.м.н. старший преподователь кафедры гигиены
ЗКГМУ им. М. Оспанова, Актобе, Республика Казахстан

ИММУНОМОРФОЛОГИЧЕСКИЕ ИЗМЕНЕНИЯ КЛЕТОЧНЫХ ЭЛЕМЕНТОВ В ОЧАГЕ АСЕПТИЧЕСКОГО ВОСПАЛЕНИЯ НА ФОНЕ ХРОМОВОЙ ИНТОКСИКАЦИИ

Аннотация. Асептическое воспаление на фоне хромовой интоксикации протекает с выраженным генерализованным нарушением кровообращения в капиллярах: стазом, тромбозом, плазморрагией и массовой ранней дегрануляцией тучных клеток. с повторными реакциями, продолжающего распада тучных клеток, сосудистой реакцией в виде васкулитов и накоплением вокруг сосудов гистоплазмоцитарной инфильтрации. Количество тучных клеток зрелой формы содержащих гепарин сульфат выявляются лишь в поздние сроки. , они малочисленные, и в основном представлены мелкими молодыми формами, большинство из которых Шик – позитивны.
Ключевые слова: хромовая интоксикация, асептическое воспаление, тучные клетки.

Актуальность. Соединительная ткань богата макрофагами и тучными клетками, выполняющими защитную функцию, определяет иммунный статус организма [1, 2]. Доказано, что введенный в организм животных бихромат калия вызывает М-холиномиметическое действие подобно действию гистамина. Тучные клетки различных животных повреждаются при аллергических реакциях, с освобождением содержащихся в них гистамина, серотонина и гепарина [3]. По современным представлениям главным местом синтеза биогенных аминов являются тучные клетки. Макрофаги соединительной ткани, осуществляя фагоцитоз, защищают от чужеродных веществ [4,]. С этой точки зрения реакция тучных клеток и других элементов соединительной ткани при хромовой интоксикации представляет практический интерес.

Цель исследования - изучение реакции клеточных элементов соединительной ткани в очаге асептического воспаления на фоне острой хромовой интоксикации

Материалы и методы исследования. Исследование проводилось на белых беспородных крысах весом 170-200 гр., содержавшихся на обычном пищевом режиме в стандартных условиях вивария университета. Для моделирования хромовой интоксикации опытной группе количеством 30 белых крыс вводили в область бедра 3 мг (LD$_{50}$) бихромата калия подкожно. Через 2 часа после отравления, у этих животных, и у контрольной группы количеством 20 крыс вызывалось асептическое воспаление по Селье введением 0,25 мл. скипидара, наполовину разбавленного вазелиновым маслом, в межлопаточную область. Для наблюдения картины асептического воспаления животных забивали с соблюдением правил эвтаназии в сроки: в 3 часа, в 6 часов, и на 1,3,7,10,15 сутки. Материал фиксировали в 10% растворе нейтрального формалина. Парафиновые срезы   окрашивали для выявления тучных клеток гемотоксилинэозином, азур 3- эозином, тионином при различных pH от 2; 2,8; 3; 4. Проводили гистохимические реакции 0,1% раствором альцианового синего и реактивом Хейла. Гликоген и нейтральные полисахариды выявляли Шик-реакцией под контролем амилазой по Мак-Манусу, кислую фосфотазу по Гомори. Подсчет тучных клеток производили по формуле Флодеруса.

Результаты исследования и их обсуждение. Через 3 часа в контрольной группе наблюдалась выраженная локальная реакция, расширение мелких капилляров, полнокровие, отек рыхлой клетчатки, отдельные эмигрировавшие лейкоциты. Возле сосудов скопление тучных клеток, они набухшие, отдельные клетки в состоянии дегрануляции, видны метахроматические гранулы тучных клеток. В опытной группе животных к этому сроку совершенно другая картина: в обширной зоне резкий отек рыхлой клетчатки, острое сосудистое расстройство, полнокровие, резкое расширение мелких капилляров, плазморрагия с примесью разрушенных эритроцитов, диффузная эмиграция лейкоцитов, масса дегранулирующих, разрушенных остатков тучных клеток. В поле зрения рассыпаны мелкие красные гранулы тучных клеток, отек, разрыхление коллагеновых волокон, среди эмигрировавших лейкоцитов, увеличение числа эозинофилов, чего не наблюдалось в контроле. Отмечается стаз и тромбирование сосудов.

Через 6 часов в контрольной группе животных реакция воспаления более ограничена, выраженная эмиграция лейкоцитов, явления резкого расстройства сосудов- стаза и тромбоза отсутствовали, в центре очага воспаления масса метахроматичных мелких гранул тучных клеток. А в опытной группе в обширной зоне острое нарушение кровообращения: полнокровие, кровоизлияние, стаз, тромбоз многих сосудов. В поле зрения масса эмигрировавших лейкоцитов с большой примесью количества эозинофилов, отмечается   массовый распад тучных клеток. Особенно быстро снижалось их количество в центре очага воспаления и окружающей его обширной зоне.   В цитоплазме тучных клеток обнаруживались Шик–положительные вещества. Окрашивание срезов тионином при различных рН выявляло резкое снижение кислых полисахаридов, хондроитин- сульфатов и гепарина.

Через сутки у животных контрольной группы очаговый некроз в центре воспаления, выраженный лейкоцитарный вал вокруг очага некроза, дегранулирующие тучные клетки вблизи расширенных полнокровных капилляров. В очаге воспаления при хромовой интоксикации наблюдался массовый распад тучных клеток, тромбоз большинства сосудов. В зоне очага и далеко за его пределами отмечается картина некроза и дистрофических изменений. Сравнительная гистохимическая картина в опытной группе животных показывает выраженное снижение активности кислой гидролазы в лейкоцитах. В отдельных клетках на первые сутки в связи с обширным процессом дистрофии и некроза отмечается диффузное отложение соли свинца. На обширной зоне и за его пределами, особенно ярко выражена Шик-реакция в стенках мелких капилляров и в стенках более крупных сосудов. Реакция несколько ослабевает, но не снимается амилазой. Кислые гликозамингликаны при значениях рН 1,2 совершенно не обнаруживаются, только при рН 4 отмечается диффузная, слабая окраска в стенках отдельных сосудов. Состояние тучных клеток при гистохимическом исследовании: Шик-реакция показывает массовое выявление дегранулирующих тучных клеток разных размеров и форм, наряду с ними разрушенные с обрывками цитоплазмы тучные клетки, которые в основном обнаруживаются возле сосудов..

На 3 сутки в опыте в очаге на значительном расстоянии от центрального фокуса обширный некроз, формирующийся из двух рядов лейкоцитарный вал, среди которых много эозинифилов, количество тучных клеток резко уменьшено, часть продолжает дегранулировать. И среди картины дегрануляции появление более мелких молодых форм тучных клеток вокруг грануляции, с разным содержанием гранул. Они Шик-позитивные, содержат гепарин-моносульфат Видны отдельные расширенные полнокровные сосуды, вокруг которых мелкие гомогенные тучные клетки в состоянии слабо выраженной дегрануляции. Активность кислой фосфотазы отмечается в лейкоцитарном вале. Кислые полисахариды почти не выявляются в очаге. В контрольной группе животных к этому сроку формируется выраженная грануляционная ткань, состоящая из макрофагов с выраженной активностью кислой фосфотазы, накоплением в них гликогена и высокополимерных кислых полисахаридов. Тучные клетки крупных размеров, округлые, картина дегрануляции не отмечается, они зрелые с накоплением гепарина.

Дальнейшая картина на 7-10 сутки опыта показывает: полость очага воспаления широкая, содержит жидкий экссудат и некротические массы, за ней следует слой демаркации, состоящий из некротизированных лейкоцитов и макрофагов. Макрофаги в большом количестве в состоянии дегенерации распада и в состоянии незавершенного фагоцитоза. Грануляция бедна клеточными элементами, слабая активность кислой фосфотазы, почти отсутствуют кислые полисахариды, но резко Шик-положительны не снижающиеся амилазой. Вокруг формирующейся слабой грануляции продолжается картина сосудистого расстройства, полнокровие, резкое утолщение их стенок, многие из которых с облитерацией их просвета. Вокруг сосудов в большом количестве скопление эозинофилов, лимфоидных клеток. Сосуды окружены в виде муфт плазмоцитарными, лимфоидными, эозинофильными и многочисленными слабо дегранулирующими тучными клетками.

В эти же сроки в контрольной группе, идет созревание грануляции, исчезновение некроза с уменьшением макрофагов и образованием волокнистой ткани. Гистохимически исчезновение кислой гидролазы с накоплением гликогена и высокополимерных кислых полисахаридов. В окружающей ткани картина вторичного повторного васкулита со скоплением лимфогистицитарных клеток и эозинофильной инфильтрации не отмечается. Шик-реакция и реакция на кислые фосфотазы отрицательна. В большом количестве вокруг грануляции тучные клетки, выявляющиеся азуром и тионином, что свидетельствует о созревании и дифференцировке тучных клеток и других элементов в окружающей зоне грануляционной ткани.

В ранние сроки задержка эмиграции лейкоцитов, в связи с массовой ранней дегрануляцией тучных клеток, их полный распад с накоплением гистамина и других вазоактивных веществ, которые парализовали стенки сосудов, вызвал стаз и тромбоз. В последующем в поздние 7-10 сутки повторные реакции с образованием вокруг грануляции продолжающегося распада тучных клеток, сосудистой реакции в виде васкулитов и накоплении вокруг сосудов гистоплазмоцитарной инфильтрации, утолщением стенок сосудов, облитерацией их просвета и присутствием большого количества эозинофилов и лимфоидных клеток. В грануляционной ткани гистохимические реакции в опыте показывают угнетение активности кислой гидролазы на завершенность фагоцитоза, резкое обеднение гликогена, накопление Шик-позитивных веществ, полное угнетение накопления высокополимерных кислых полисахаридов, в том числе, с образованием гепарина в тучных клетках для их созревания. Количество тучных клеток зрелой формы, содержащих гепарин сульфат, выявляются лишь в поздние сроки, на 10-14 сутки они малочисленны. Хотя общее количество тучных клеток увеличивается, но они в основном мелкие, молодых форм, большинство которых Шик-позитивно.

Заключение. Поражения сосудистого русла в виде стаза, с образованием микротромбозов, развитием продуктивного токсико-аллергического васкулита с облитерацией просвета сосудов, дегрануляцией тучных клеток и формированием вокруг сосудов клеточного инфильтрата из лимфоплазмоцитарных клеток и эозинофилов являются морфологическим выражением нарушения иммунного статуса при хромовой интоксикации.

Литература:

1. Ройт А., Бростофф Дж., Мейл Д. Иммунология. Пер. с англ. – М.: Мир, 2000. – Стр. 405-416

2. Popper H.H., woldrich A., Grygar E., Comprison of chromate and vanadate toxicity and its relationship to oxygen radical formation: Abstr. Pap//3 rd. Eur Meet. Environ. Hyg. Dusseldorf, June, 25-27-1991: Zentrabl. Hyg. Und Umweltmed.-1991.-Vol. 194, № 4. – P.373.

3.Жексенова А.Н., Омарова К.П., Сундетов Ж., Кошмаганбетова Г.К. Морфо-функциональной особенности местной воспалительной реакции на фоне острой хромовой интоксикации. VI Национальный конгресс патофизиологов Украины с международным участием. Таврический медико-биологический вестник. 2012 г. Том 15 №3,ч 1(59) с 124-126

4. Гистология 2т. А.ХЭМ, Д. Кормак 1983, с.88-95. Тучные клетки: синтез гепарина, гистомина и связь с анафилаксией и аллергией.

Дущанова Г.А.
Доктор медицинских наук, профессор, заведующи кафедрой
ЮКГФА неврологии, психиатрии и психологии;
Эгембердиева А.Х
Магистрант 2 года обучения Южно-Казахстанская Государственная
Фармацевтическая Академия
E-mail a-egeberdyeva@mail.ru

СОЦИАЛЬНАЯ АДАПТАЦИЯ И КАЧЕСТВО ЖИЗНИ БОЛЬНЫХ С ЭПИЛЕПСИЕЙ

Эпилепсия является заболеванием, ассоциированным с широким спектром социальных и психологических проблем, стоящих перед пациентом, его родственниками и коллегами. Проведенные сравнительные популяционные исследования показали, что качество жизни у пациентов с эпилепсией ниже, чем в популяции, оно сравнимо или хуже, чем у пациентов с другими хроническими заболеваниями, такими как сахарный диабет, рассеянный склероз, бронхиальная астма и др. Пациенты с эпилепсией чаще нуждаются в медицинской и социальной поддержке, включая необходимость госпитализации, проведения реанимационных мероприятий, помощь психологов, социальных работников и медсестер [1].

Согласно всемирным данным заболеваемости 5 миллионов человек страдают в настоящее время эпилепсией, 500 миллионов человек тем или иным образом участвуют в решении проблем своих больных родственников и коллег [2,31-33]. В своей повседневной жизни пациенты с эпилепсией регулярно испытывают сложности, связанные с заболеванием. В основном это проблемы семейной жизни, снижение социальных и персональных амбиций, повышение уровня тревожности и депрессии, низкое самомнение по сравнению со здоровыми людьми. Больные эпилепсией реже вступают в браки, имеют сложности в формировании круга общения, чаще являются безработными [3,14-16].

Современная оценка эффективности медицинской и социальной реабилитации в обязательном порядке включает в себя оценку качества жизни. Согласно определению Всемирной Организации Здравоохранения, качество жизни - состояние полного физического, психического и социального благополучия [4,51-57].

Качество жизни является одним из обязательных критериев состояния здоровья и включает 3 основных аспекта [5,61]:

-физическое здоровье (например; ежедневная активность, общее самочувствие, приступы, интоксикации, боль, сила);

-психическое здоровье (например, восприятие своего самочувствия, самооценка, беспокойство, депрессия);

-социальное здоровье (например, социальная активность и взаимоотношения с семьей и друзьями

Качество жизни - это динамическое состояние, функция, изменяющаяся во времени, поэтому и оцениваться оно должно на определенном протяжении как меняющийся параметр, зависящий от вида и течения заболевания, процесса лечения и системы оказания медицинской помощи.

Несмотря на развитие фармацевтических и медицинских технологий, позволяющих добиваться ремиссии у 60-75% пациентов, данные современных популяционных исследований показывают, что 85% больных получает неправильное лечение. [6,656]

В течение с 2010 по 2011 годы, нами проводятся исследования посвященные изучению социальной адаптации и качества жизни больных эпилепсией. Использовались материалы регистра эпилепсии проводимые на кафедре с 2009 года. Для более тщательного изучения проблемы применялись анкеты, опросники как для больных так и для респондентов.

Опросники по следующим четырем аспектам; 1) «представление респондента о болезни эпилепсия» где были представлены 33 вопроса, к примеру: является ли эпилепсия результатом безволия, слабого характера, от эпилепсии не застрахован никто, эпилепсия вызывает страдания пациентов... 2) «Отношение респондента к терапии больных эпилепсией», где 13 вопросов, например: больных эпилепсией необходимо изолировать, как правило больные с эпилепсией не хотят лечиться... 3) Отношение респондентов к больным эпилепсией», где 39 вопросов отражают следующее: больные эпилепсией опасные, общение с больным эпилепсией вряд ли будет полезным или приятным, больной эпилепсией не может быть хорошим человеком, раньше были правы, когда больных эпилепсией считали «божьими людьми»... 4) «Социально-правовые аспекты больных эпилепсией», где 34 вопроса, некоторые из них: больные эпилепсией не должны иметь детей, больные с эпилепсией-обуза для общества, поэтому их надо уничтожать, врач, страдающий эпилепсией, не должен работать с больным.

Спонтанность и непредсказуемость появления эпилептических припадков, отсутствие самоконтроля во время приступа, спутанность сознания в постприступном периоде являются причиной негативного отношения общества к пациентам с эпилепсией.

В проведенном нами, социологическом опросе для выяснения представления респондентов о болезни эпилепсия выявлено, что 65% считают эпилепсию не излечимым заболеванием и эта болезнь значительно ограничивает возможности пациента. 65% респондентов, считают больных эпилепсией опасными и поведение их может быть непредсказуемым, 45% опрошенных ответили, что у больных эпилепсией низкие умственные способности. 50% респондентов считают, что пациент с эпилепсией не может работать на руководящем посту.

В результате проведенного нами опроса 120 больных идиопатической эпилепсией 70% из них оценили состояние своего здоровья как плохое. 60% опрошенных больных считают, что физическое и эмоциональное состояние мешает им проводить время с семьей, друзьями, соседями или в коллективе, не позволяет им активно общаться с людьми (навещать друзей, родственников и т. п.). 100% больных эпилепсией ответили, что эмоциональное состояние вызывало затруднения в работе или другой обычной повседневной деятельности, вследствие чего пришлось сократить количество времени, затрачиваемого на работу или другие дела, выполнили меньше, чем хотели, или выполняли свою работу не так аккуратно, как обычно.

Для большинства пациентов иметь диагноз эпилепсия означает быть подверженным дискриминации. Окружение людей негативно настроено по отношению к их проблемам.

Следствием такого отношения являются результаты социологического опроса, проведенного в разных странах. 72% опрошенных категорически возражали, если их ребенок собирался жениться на больной с эпилепсией. Опрос родителей в США показал, что они более негативно настроены наличию пациента с эпилепсией в классе их ребенка, чем к наличию больного астмой [7,48-161].

Пациенты с наличием неврологического и психиатрического дефицита были выделены в отдельную группу, уровень безработицы в которой составил 79%. Пациенты с эпилепсией реже, чем их сверстники, имели законченное среднее образование и оканчивали курсы профессиональной специализации, были чаще востребованы на неквалифицированных ручных работах. По мнению авторов, высокий уровень безработицы среди пациентов с эпилепсией является одной из причин социальной и экономической дезадаптации. [8,31-33]. Другой проблемой, связанной с занятостью, являются социальные ограничения во время работы, торможение карьерного роста, индуцированное коллегами, понижение статуса при возникновении заболевания. На степень адаптации на работе влияет наличие припадков. Отмечено, что пациенты в ремиссии приступов чаще находят работу и реже испытывают дискомфорт со стороны коллег. Уровень производственной стигматизации составляет 35%. Среди пациентов с продолжающимися приступами, 50% имеют проблемы на работе, однако 22% считают, что их текущие проблемы имеют и другие причины, не связанные с эпилепсией. В многочисленных исследованиях показано, что пациенты с эпилепсией реже вступают в браки и чаще находятся в социальной изоляции по сравнению с генеральной популяцией или пациентами, имеющими другие хронические заболевания. [9,54]. Популяционное европейское исследование больных эпилепсией выявило, что только 33% мужчин старше 20 лет имеют семью, по сравнению с 65% в генеральной популяции. Среди женщин так же отмечается снижение возможности обрести семью. Только 46% больных эпилепсией вступили в брак, по сравнению с 73% общей популяции. [10,17].

Семейное неблагополучие больных эпилепсией имеет несколько причин. Это причины, связанные с экономической неустроенностью, психологические причины, связанные с пониженным уровнем самооценки, сексуальные дисфункции неврологической и ятрогенной природы, собственно наличие припадков.

Комплексный психосоциальный подход в оценке уровня и структурно-содержательных характеристик качества жизни существенно дополнит общую клиническую оценку больных эпилепсией и может служить объективизацией реабилитационных мероприятий и программ вторичной и третичной психопрофилактики. Только комплексное изучение клинических, социальных и психологических показателей позволит дифференцированно подходить к решению психологических проблем больных эпилепсией, к тактике психокоррекционных мероприятий, выработке реабилитационных мероприятий и повышению качества жизни и социальную адаптацию страдающих эпилепсией.

Литература:

1. Burden of epilepsy:[2] the Ontario Health Survey.Can J Neurol Sci. 1999 Nov;26(4):263-70.
2. Kale R. The treatment gap. Epilepsia 2002 vol 43, supll.6 p 31-33.
3. Дущанова Г.А, Жаркинбекова Н.А, Зульфикарова Э.Т, Когнитивные, социальные и терапевтические аспекты эпилепсии. Вестник КазНму. 2012 г. стр. 14-16.
4. Тюменкова Г.В. и др.,Стигматизация и дискриминация больных эпилепсией. Российский психиатрический журнал, 2005, стр.51-57.
5. Михайлов В.А., Стигматизация, качество жизни и реабилитация больных эпилепсией. Эпилептология в медицине XXI века М.:ЗАО «светлица», 2009.-61 стр.
6. Бегги Э.,. Монтичелли М.Л. Социальные аспекты эпилепсии. В кн. Диагностика и лечение эпилепсий у детей - М.: Можайск-Терра 1997.-656 с.
7. Jakoby A., Baker GA, Steen N et al. The clinical course of epilepsy and psychological correlates: finding from a UK community study. Epilepsia 1996, 37: 148-61.
8. Kale R. The treatment gap. Epilepsia 2002 vol 43, supll.6 p 31-33.

9. Elwes RD, Marshall J, Beattie A, Newman PK. Epilepsy and employment. A community based survey in an area of high unemployment. J Neurol Neurosurg Psychiatry. 1991 Mar;54(3):200-3. Related Articles, Links

10. Callaghan N, Crowley M, Goggin T. Epilepsy and employment, marital, education and social status. Ir Med J. 1992 Mar;85(1):17-9.

Борисенко А. В.
доктор медицинских наук, профессор, заведующий кафедрой терапевтической стоматологии Национального медицинского университета имени А. А. Богомольца
Савичук А. А.
аспирант кафедры терапевтической стоматологии Национального медицинского университета имени А.А. Богомольца
anatolii.savychuk@gmail.com

ВЛИЯНИЕ КОНСТРУКЦИИ И МАТЕРИАЛА ИНТРАКАНАЛЬНОГО ШТИФТА НА МЕХАНИЧЕСКИЕ ХАРАКТЕРИСТИКИ ЭНДОДОНТИЧЕСКИ ЛЕЧЕННЫХ РЕЗЦОВ НИЖНЕЙ ЧЕЛЮСТИ

Введение

Несмотря на существование общих принципов и рекомендаций по восстановлению зубов с использованием интраканальних штифтовых конструкций, полученных в результате экспериментов на зубах других анатомических групп, реставрационная стратегия при восстановлении резцов нижней челюсти является более сложной клинической ситуацией и требует детального рассмотрения [1]. Потеря большого количества твердых тканей зубов, влияние лечебных манипуляций, нарушение трофики и минерального обмена в условиях наличия наименьшего объема биологических тканей относительно других групп зубов, создает комплексную задачу при стремлении обеспечить высокую выносливость реставрационной конструкции [2;3;4].

Тип штифта, степень сохранности коронковой части зуба и групповая принадлежность зуба являются основными факторами, влияющими на механические свойства и клиническую устойчивость комплекса "ткани зуба - реставрационная конструкция" [5].

Считалось, что штфт и искусственная культя из более жесткого материала должны лучше укреплять восстанавливаемый зуб и обеспечивать равномерное распределение напряжений во всей конструкции [6]. Однако позже было доказано, что при высоких нагрузках, которые могут возникать в зубочелюстной системе, штифты с высокой жесткостью вызывают катастрофические осложнения в виде вертикальных и косых переломов корня зуба, локализующиеся ниже цементно-эмалевой линии [7]. Благоприятная механическая совместимость стекловолоконных штифтов с тканями зуба позволяет предупреждать катастрофические осложнения, такие как разлом корня, даже в случае, когда зуб значительной степени разрушен [2]. В противоположность этому, по результатам некоторых исследований, при использовании стекловолоконных штифтов с восстановлением культи композитным материалом, геометрия перелома корня не отличается или может быть даже более тяжелой [4].

Значение сохранения 2 мм высоты коронковой части зуба для создания так называемого «ферул эффекта», когда искусственная коронка выполняет функции упрочняющего обода, одновременно охватывая остатки дентина коронковой части зуба и искусственную культю, была определена в ряде исследований [5;9]. «Ферул эффект» повышает способность комплекса «реставрационная конструкция - остаточные ткани зуба» противостоять высоким механическим нагрузкам, предотвращая образование трещин и переломов корня зуба при нагрузках, возникающих при сокращении жевательных мышц [9;11].

Следует отметить, что только в единичных исследованиях в качестве объекта использовали резцы нижней челюсти [8]. Ограниченный объем тканей резцов нижней челюсти по сравнению с остальными зубами составляет дополнительные сложности при их восстановлении и попытке обеспечить долговременный успешный терапевтический эффект.

Материалы и методы

Для исследования были использованы интактные зубы, удаленные вследствии тяжелых парадонтологических патологий в хирургическом отделении стоматологического центра НМУ имени А.А.Богомольца. Резцы нижней челюсти хранили в растворе искусственной слюны по методике T. Fusayama [10] в автоклаве при температуре 37 ° С. Промежуток времени от удаления зубов до момента проведения исследования не превышал 2 недели. После исключения наличия трещин и дефектов, 48 зуба были привлечены для исследования. Образцы распределяли на группы:

1-я группа (контрольная, Int) - интактные зубы (без эндодонтического лечения);

2-я группа (Endo) - эндодонтически леченные зубы;

3-я группа (Crn Fib F +) - эндодонтически леченные зубы, в которых сохранены 2 мм высоты коронковой части зуба, со стекловолоконным штифтом, композитной культей и литой металлической коронкой (с ферул эффектом);

4-я группа (Crn Fib F-) - эндодонтически леченные зубы, в которых отсутствуют 2 мм высоты коронковой части зуба, со стекловолоконным штифтом, композитной культей и литой металлической коронкой;

5-я группа (Crn Cst F +) - эндодонтически леченные зубы, в которых сохранены 2 мм высоты коронковой части зуба, с литым металлическим штифтом с искусственной культей и литой металлической коронкой (с ферул эффектом);

6-я группа (Crn Cst F-) - эндодонтически леченные зубы, в которых отсутствуют 2 мм высоты коронковой части зуба, с литым металлическим штифтом с искусственной культей и литой металлической коронкой;

7-я группа (Res Fib F +) - эндодонтически леченные зубы, в которых сохранены 2 мм высоты коронковой части зуба, со стекловолоконным штифтом, коронка реставрирована композитом;

8-я группа (Res Fib F-) - эндодонтически леченные зубы, в которых отсутствуют 2 мм высоты коронковой части зуба, со стекловолоконным штифтом, коронка реставрирована композитом.

Эндодонтическая обработка и препарирование зубов проводилось по стандартизированной методике. При использовании стекловолоконных штифтов Glassix glass fibre composite posts (NORDIN), их фиксировали композитным цементом LuxaCore Z Dual (DMG), с использованием LuxaBond-Total Etch (DMG) и Silane (DMG) и последующим созданием искусственной культи зуба. Литые металлические штифты с культей фиксировали с использованием цемента Fuji Plus (GC). На созданную культю фиксировали металлическую литую коронку, которую фиксировали стеклоиономерным цементом Fuji Plus (GC).

Готовый образец помещали в основу из самотвердеющей пластмассой Редонт-03, 2 мм не доходя до цементно-емалевого соединения так, чтобы нагрузка передавалось под углом 135 ° по отношению к вертикальной оси зуба. Для записи диаграмм деформации зубов применяли универсальную испытательную машину TIRA-test 2151.

Результаты

В процессе нагрузки образцов были записаны их диаграммы деформирования, которые отражали зависимость между напряжением и деформацией материала в координатах "нагрузки Р (Н) - общая деформация системы (мм)". Для удобства анализа результатов были рассчитаны жесткости (удельные нагрузки) С (Н/мм) как отношение нагрузок к общей деформации системы.

Проведенный анализ показал, что для интактных зубов контрольной группы (Int) характерна наиболее выраженная линейность диаграмм деформации. Линии диаграммы собраны в пучок с наименьшим расхождением величин разрушающей силы.

В эндодонтически леченных зубах 2-й (Endo) группы (без внутриканальных штифтов), пучок диаграмм продемонстрировал меньшую податливость к деформации при меньших разрушающих силах, чем в контрольной группе. В этой группе образцы зубов показали меньшую прочность и более высокую жесткость чем в контрольной группе. Отмечено значительное увеличение нелинейности в диаграммах деформации. Это свидетельствует о меньшей стабильности данной конструкции по сравнению с интактными зубами. Повышенная жесткость образцов этой группы может быть следствием влияния материала, которым был запломбирован корневой канал зуба.

В группе резцов со стекловолоконным штифтом и сохраненными 2 мм высоты коронковой части зуба (3-я группа, Crn Fib F +, с ферул эффектом), наблюдалось незначительное увеличение деформаций при одинаковом уровне разрушающих сил с резцами с литыми металлическими штифтами.

В группе зубов с полностью разрушенной коронковой частью и отсутствием 2 мм высоты коронковой части зуба (4-я группа, Crn Fib F-), диаграммы деформирования имели разнообразный характер с широкими рамками показателей разрушающих сил и деформации. Графики, после потери пропорциональной зависимости между действующей силой и деформацией, еще долгое время продолжались. Это свидетельствовало о значительной деформации образцов зубов до момента разрушения.

В группе резцов с литым металлическим штифтом и сохраненными 2 мм высоты коронковой части зуба (5-я группа, Crn Cst F +, с ферул эффектом) наблюдалось уменьшение величины разрушающих сил. Для зубов этой группы характерна наибольшая линейность диаграмм и низкие показатели деформации.

В группе зубов с литыми металлическими штифтами и полностью разрушенной коронковой частью (6-я группа (Crn Cst F-) наблюдалась меньшая деформация образцов и высокие показатели разрушающей силы, по сравнению с резцами 4-й группы (со стекловолоконными штифтами).

В 7-й группе (Res Fib F +) резцов со скловолоконнимими штифтами и композитной реставрацией вместо искусственной коронки, наблюдалось аналогичное стабилизирующее влияние сохраненных 2 мм высоты коронковой части зуба.

В 8-й группе (Res Fib F-) зубов с полностью разрушенной коронковой частью, исследуемые образцы зубов подвергались наибольшей деформации, по сравнению с зубами других групп, при низких величинах разрушающей силы.

Таким образом, во всех группах зубов с сохранившимися 2 мм высоты коронковой части зуба (ферул эффектом) для графиков деформации было характерно небольшое расхождение показателей деформирования и разрушающей силы. Пучок диаграмм начинался в точке пересечения осей координат и постепенно разъединялся перед моментом разрушения или внезапного спада действующей силы (дельты).

Обсуждение

В группе зубов с ферул эффектом (Crn Fib F + и Crn Cst F +) значительной разницы в характере диаграмм по сравнению с контрольной группой не было обнаружено, независимо от типа штифта. Несмотря на приблизительно одинаковые величины разрушающих сил в вышеприведенных группах при анализе параметров жесткости в группе Crn Cst F + отмечены самые высокие показатели среди всех исследуемых групп (на 76% выше чем в контрольной группе и на 59% выше чем в группе Crn Fib F +). Учитывая особенности механических свойств биологических тканей и зубного дентина в частности, повышенная жесткость реставрационного материала может негативно влиять на выносливость и целостность зуба. В случае ферул эффекта, упругие свойства стекловолоконных штифтов обеспечивают наивысшую стабильность конструкции.

В группах резцов без ферул эффекта (Crn Fib F-и Crn Cst F-), деформации были выше, чем в контрольной группе, особенно в группе со стекловолоконными штифтами. При почти одинаковых величинах разрушительных сил, наблюдается понижение жесткости в группе со стекловолоконными штифтами. В случае, когда стабилизирующий ферул эффект отсутствует, высокая эластичность стекловолоконного штифта (как у модели Crn Fib F-) является причиной неравномерного распределения напряжений в образцах, значительно снижая способность противостоять разрушению и жесткости восстановленных зубов. В этом случае высокая жесткость литого металлического штифта с искусственной культей стала причиной более равномерного распределения напряжений, поддерживая жесткость всей конструкции на уровне образцов зубов в контрольной группе с незначительным снижением величин разрушающей силы.

Анализируя графики деформирования, можно отметить положительное влияние на стабильность восстановленных образцов при использовании искусственной коронки и ферул эффекта.

Выводы

1) ферул эффект, при восстановлении зуба с использованием искусственной коронки, повышает показатели разрушающих сил резцов нижней челюсти, независимо от типа штифтовой системы.

2) Учитывая величины разрушающих сил и параметры жесткости, резцы нижней челюсти восстановлены с использованием стекловолоконных штифтов при наличии 2 мм коронковой части и литых металлических штифтов в случае полностью разрушенной коронковой части, продемонстрировали параметры наиболее близкие к аналогичным в интактных резцах (контрольная группа), что может свидетельствовать в пользу вероятного долговременного клинического успеха данных конструкции.

Библиография:
1. Cheung W (1 May 2005). "A review of the management of endodontically treated teeth: Post, core and the final restoration". JADA 136 (5): 611–619

2. Bergenholtz G, Hørsted-Bindslev P, Reit C, Textbook of Endodontology 2-nd ed,; 2010; p. 95-110.

3. Ferrari M, Fiber Posts and Endodontically Treated Teeth: A Compendium of Scientific and Clinical Perspectives, 2008, p. 121-135.

4. Peroz I, Lange K, Restoring endodontically treated teeth with posts and cores - A rewiew, Quintessence international 2005;36:737-746

5. Stankiewicz NR, Wilson PR. The ferrule effect: a literature review. International Endodontic Journal, 35, 575^581, 2002

6. Ng CC, al-Bayat MI, Dumbrigue HB, Griggs JA, Wakefield CW.Effect of no ferrule on failure of teeth restored with bonded posts and cores. General Dentistry 2004;52:143–6.

7. Ukon S, Moroi H, Okimoto K, Fujita M, Ishikawa M, Terada Y,et al. Influence of different elastic moduli of dowel and coreon stress distribution in root. Dental Materials Journal2000;19:50–64.

8. Hu Y.H., Pang I.C., Hsu C.C., Lau Y.H. Fracture resistance ofendodontically treated anterior teeth restored with fourpost and core systems. Quintessence International2003;34:349–53.

9. Wylie S.G., Tan H.-K., Brooke K., Restoring the vertical dimension of mandibular incisors with bonded ceramic restorations, Australian Dental Journal 2000;45:(2):91-96.

10. Ogushi K & Fusayama T (1975) Electron microscopic structure of two layers of carious dentin Journal of Dental Research 54(5) 1019-1026

11. Carey JP., Determining a Relationship Between Applied Occlusal Load and Articulating, The Open Dentistry Journal, 2007, 1, 1-7.

Дущанова Г.А.
заведующий кафедрой неврологии, психиатрии и
психологии ЮКГФА, доктор медицинских наук, профессор.
E-mail: duchshanova@rambler.ru
Толебаева Г.Е.
магистрант 2-го года обучения кафедры неврологии,
психиатрии и психологии ЮКГФА.
E -mail: tolebaeva79@mail.ru

ФАКТОРЫ ФОРМИРОВАНИЯ ФАРМАКОРЕЗИСТЕНТНОСТИ ЭПИЛЕПСИИ

Эпилепсия - весьма распространенное заболевание, в то же время установлены значительные отличия распространенности, заболеваемости, типов приступов и этиологии эпилепсии в разных странах[1,45]. По данным литературы от 7% до 11% всего населения планеты однократно переносили эпилептический приступ, а 20% однократно имели приступ, подозрительный на эпилепсию и требующий дифференциальной диагностики [2]. Считаясь болезнью детского возраста, эпилепсия имеет второй пик заболеваемости в старшей возрастной группе, являясь третьим по частоте неврологическим диагнозом у пожилых [3,199-204]. Однако актуальность проблемы определяется не только и не столько распространенностью, сколько тяжестью заболевания, преимущественным началом в детском возрасте, прогредиентностью течения большинства ее форм, неблагоприятным влиянием припадков на мозг, частотой изменения психики [4,46-470]. Высокие показатели заболеваемости, неуклонное увеличение количества больных преимущественно за счет симптоматических форм, этиологическая и клиническая гетерогенность эпилепсии, когнитивные и психологические нарушения, существенная доля резистентных форм, инвалидизация и социальная дезадаптация больных, длительная, непрерывная и дорогостоящая терапия определяют медицинскую и социальную значимость проблемы. Сложность диагностики эпилепсии, недостаточные знания о полиморфизме приступов, трансформация одних эпилепсий в другие, влекут за собой неправильную тактику лечения [5, 56-61]. Известно, что 70-80% эпилепсий при правильном лечении имеют благоприятный прогноз [6, 1132-1138]. Адекватная терапия позволяет не только снизить частоту приступов, но и обеспечить нормальное качество жизни этой категории пациентов, адаптировать их к жизни в обществе. Несмотря на развитие фармацевтических и медицинских технологий, позволяющих добиваться ремиссии у 60-75% пациентов, данные современных популяционных исследований показывают, что 85% больных получает неправильное лечение [8,31-33; 9,83-85].

Современные методы диагностики – ЭЭГ, видео-ЭЭГ-мониторинг, методы компьютерного анализа, функциональная МРТ, МР-трактография,

МРТ в ангиографическом режиме позволяют проводить адекватную диагностику и дифференциальную диагностику эпилепсий, однако эти методики не всегда общедоступны, за исключением рутинной ЭЭГ. Помимо диагностических сложностей, актуальными остаются и проблемы лечения. Больные эпилепсией вынуждены принимать антиэпилептические препараты долгие годы, а порой и пожизненно. В связи с этим для обеспечения нормального качества жизни больных эпилепсией необходимо учитывать все возможные осложнения, нежелательные побочные эффекты проводимой терапии. Резистентность может быть относительной, условной и абсолютной. Под относительной (псевдорезистентность) понимают резистентность, связанную с неудачным подбором препарата, нарушением режима лечения, воздействием неблагоприятных факторов. Об условной резистентности говорят, когда применение двух препаратов первого выбора для данной формы эпилепсии в моно- или комбинированной терапии неэффективно. Условной границей некурабельности чаще всего принимают наличие 4 и более приступа в месяц. В этой ситуации адекватно назначение новейших препаратов или дополнительной терапии. Абсолютная резистентность предполагает неэффективность любых комбинаций препаратов, включая «новые», в максимальных дозировках. Около 30% из неподдающихся лечению эпилепсий резистентны к любым медикаментам [7, 601-608].

Принимая во внимание все актуальные проблемы эпилепсии нами в течение последних четырех лет проведена оценка типов резистентности к терапии АЭП. С этой целью анализировались данные анкетного опроса больных эпилепсией выявленных методом регистра. Составлена электронная база данных, которая включает все данные о конкретном больном эпилепсии. Кроме того особое внимание обращалось на вопросы лечения, включающие время назначения терапии антиэпилептическими средствами, соблюдение режима приема, смена препаратов, количество и дозы АЭП. Регистрировались динамика приступов, трансформация их, эффект проводимой лекарственной терапии. Всего под наблюдением находится 892 больных эпилепсией, из них 354 женщин (39,68%) фертильного возраста. По возрасту распределение женщин выглядит следующим образом: 14-29 лет – 165 (46,6%), 30-39 лет – 70 (19,7%), 40-49 лет – 65 (18,4%), 50-59 лет – 38 (10,7%). Всем больным проводится коррекция диагноза и проводимой лекарственной терапии на основе тщательного обследования, включающего изучение изучения анамнестических данных, соматических заболеваний, нейрофизиологического исследования, при необходимости электроэнцефалографическое и видео-мониторирование, МРТ и нейропсихологическое исследования. Учитывались наследственность, возраст к началу заболевания, проводилась оценка влияния лекарственных препаратов на течение заболевания и когнитивные функции. Идиопатические формы диагностированы в 17%, симптоматические в 83%.

Выявлены следующие возможные этиологические факторы развития эпилепсии у наблюдавшихся больных: перинатальная патология (гипоксия, родовая травма) – у 37,5% больных, перенесенные нейроинфекции в виде менингита, менингоэнцефалита, арахноидита вирусного или отогенного генеза в постнатальном периоде у 20,5% человек, постнатальные черепно-мозговые травмы, часто повторные – у 14,2% больных, неблагоприятная наследственность в виде хронического алкоголизма у родителей, мигрени отмечены у 13,5% человек; у 7,8% пациентов родители страдали эпилепсией, у 6,4% больных указывали на предполагаемую эпилепсию у родственников. Наиболее эффективными препаратами для преодоления условной и относительной резистентности стали препараты вальпроевой кислоты (в 68,7% случаев), ламотриджин (24,3% случаев) и топирамат (в 7% случаев). При симптоматических эпилепсиях, несмотря на адекватное и длительное лечение с использованием ламотриджина, топирамата зарегистрирован самый высокий процент абсолютной резистентности. Это связанно с наличием морфологического очага повреждения и формированием эпилептического очага в зоне повреждения. Вероятно, наиболее эффективным методом лечения для этой группы больных явилось бы хирургическое.

Значимыми изменениями ЭЭГ во время лечения больных идиопатической эпилепсией были: уменьшение количества пациентов с патологическим типом ЭЭГ с 56,7% до 26,1% и увеличение с нормальным типом с 26,6% до 43,2%, что свидетельствует о доброкачественном течении идиопатических эпилепсий, их высокой курабельности при правильно подобранной терапии. Обращает на себя внимание тот факт, что проведение ЭЭГ-обследования в 1-е сутки после любого приступа с генерализацией при идиопатических и криптогенных эпилепсиях малоинформативно в отношении обнаружения специфических изменений. В первые сутки выявлены признаки дезорганизации и десинхронизации, как компенсаторные постприступные реакции головного мозга. Выполнение ЭЭГ после генерализованных приступов при любых эпилепсиях для достоверного выявления патологической активности, вероятнее всего, должно быть отсрочено. Согласно полученным нами результатов исследования наиболее частыми факторами риска развития фармакорезистентности были высокая частота приступов и некомплаентность. Для адекватного прогноза фармакорезистентности необходимо четкое определение конкретного эпилептического синдрома и детальное изучение каждого отдельного случая заболевания. Различные причины могут лежать в основе формирования резистентности. Нетипичное течение заболевания или небрежное отношение к своему здоровью со стороны пациента может являться причиной позднего обращения к специалисту. Организационными причинами являются низкое качество медицинской помощи, недостаточная организация обеспечения антиэпилептическими препаратами, отсутствие преемственности, необоснованное нарушение тактики лечения и режима приема препаратов. Социальными факторами являются боязнь стигматизации после установления диагноза. Кроме того факторами ассоциирующими с фармакорезистентностью являются ранний возраст дебюта эпилепсии, высокая частота приступов, неудачи предшествующей терапии.

Литература

1.Гехт А.Б. «Эпидемиология и течение эпилепсии.» Эпилептология в медицине XXI века / Под. Ред. Е. И. Гусева, А.Б. Гехт.- М.: ЗАО «Светлица», 2009. с 45-50.

2.Хабибова А.О. Качество жизни взрослых больных парциальной эпилепсией: Дис.канд.мед.наук. М 1998.

3.Влияние противоэпилептических препаратов на когнитивные функции и поведение при эпилепсии. Эпилептология в медицине XXI века под. Ред. Е.И. Гусева, А.Б. Гехт. Москва 2009, 199-204с.

4.Fisher RS, van Emde Boas W, Blume W, Elger C, Genton P, et al. Epileptic seizures and epilepsy: definitions proposed by the International League Against Epilepsy (ILAE) and the International Bureau for Epilepsy (IBE).Epilepsia. 2005;46:470

5.Holmes L.B., Harvey E.A., Coull B.A. et al. The teratogenicity of anticonvulsant drugs. N Engl J Med 2001; 344: 1132-1138

6. Карлов В.А. Современная концепция лечения эпилепсии. Журн. Неврол. и психиатр; 1999, Т. 99. №1. 56-61.

7. Berg AT, Shinnar S. Relapse following discontinuation of antiepileptic drugs: a meta-analysis. Neurology 1994; 44: 601–608.

8. Kale R. The treatment gap. Epilepsia 2002vol 43 supll. 6p 31-33.

9. Дущанова Г.А., Жаркинбекова Н.А., Рустемова Н.А., «Лечение резистентных форм эпилепсии» Вестник ЮКГМА, №5(31), 2006г. Г. Шымкент, с83-85.

Орманов Н.Ж.
д.м.н.,профессор-ЮКГФА
ormanov48@mail.ru
Мустапаева А.А.
магистрант кафедры клинической фармакологии ЮКГФА
Садырханова У.Ж.
к.м.н., и.о. доцента кафедры терапии МКТУ им. Х.А.Ясави

СОСТОЯНИЕ АНТИОКСИДАНТНОЙ СИСТЕМЫ КРОВИ У БОЛЬНЫХ С ИШЕМИЧЕСКОЙ БОЛЕЗНЬЮ СЕРДЦА В ЗАВИСИМОСТИ ОТ ЧУВСТВИТЕЛЬНОСТИ К УЛЬТРАВИСТУ

Установлено, что несмотря на чрезвычайно значимую диагностическую ценность клинического использования современных рентгеноконтрастных средств (РКС) сохраняется риск развития жизнеопасных осложнений, обусловленных развитием немедленных системных реакций (НСР)[1,120].

Определенное значение в механизмах рентгеноконтрастных осложнений имеют клетки крови. Поскольку у конкретного пациента возможны значительные колебания степени индивидуальной фармакочувствительности [2,120], сделано допущение, что функциональное состояние клеток крови имеют важное значение для прогнозирования развития осложнений при внутрисосудистых рентгенодиагностических исследованиях.

При коронароангиографии иногда возникают нежелательные реакции организма. Увеличение накопления продуктов переоксидации липидов в крови при воздействии ультрависта зависит от чувствительности организма [3,225].

Цель исследования. Изучение антиоксидантной системы крови у больных с ишемической болезнью сердца в зависимости от чувствительности к ультрависту.

Материалы и методы. Обследованы 54 больных с ИБС, которым показана коронароангиография.

Для определения резистентности и чувствительности организма к ультрависту использовали метод, основанный на накоплении гидроперекиси липидов (ГПЛ) после инициации водного раствора ультрависта[3,225].

Методом Спектора Е.Б. и др. [4,26] осуществлялось определение общей антиоксидантной активности крови (АОА). Определение активности супероксиддисмутазы (СОД) проводили по методу Чумакова В.Н. и Осинского Л.Ф. [5,712]. Активность СОД выражали в условных единицах на один мл эритроцитарной массы. Активность каталазы определяли в крови [6]. Антирадикальную активность и интегральный коэффициент определяли по методу Н.Ж.Орманова [7,220].

Результаты исследования. Распределение больных с ИБС в зависимости от чувствительности организма к ультрависту представлены в таблице 1. Как видно из таблицы-1, у «резистентных» больных ИБС значение коэффициента чувствительности равнялась -1,92±0,23 отн. ед. и составляет – 74,1%, у больных «чувствительных» групп значение коэффициента превышает показатель «резистентных» групп – 1,8 раза (182,2%) - и составляет - 16,66 %. Наибольшее значение установлено у «очень чувствительных» групп, коэффициент чувствительности превышает резистентную группу более 2,5 раз (279,1) и составляет - 9,26%.

Таблица 1- Распределение больных с ИБС в зависимости от чувствительности организма к ультрависту

	Абс/ число	%	Коэффициент чувствительности (отн.ед)	Предел колебании
2 Больные ИБС 2.1 Резистентные 2.2 Чувствительные 2.3 Очень чувствительные	40 9 5	74,1 16,66 9,26	1,92±0,23 3,50±0,37 5,36±0,49	1,3÷2,5 0 5 2 2,51÷4, 4,52÷6,
Всего	54	100	3,64±0,51	1,3÷6,2

Результаты исследования показали снижение активности супероксидисмутазы и каталазы в эритроцитах крови у больных ИБС на 22,7%, и 22,9% соответственно, по сравнению с контрольной группой, что представлено в таблице 1. Как видно, из таблицы активность АРА и АОА крови снизилась на 22,0%, и 17,3% соответственно, по сравнению с контрольной группой. Однако, колебания показателей антиоксидантной системы были очень широкими, в связи с этим нами анализировались эти показатели в зависимости от индивидуальной чувствительности организма к ультрависту.

Результаты исследования представлены в таблице-2. Как видно из табличного материала активность СОД-ключевого энзима свободнорадикаль-ного процесса в эритроцитах у «резистентных» больных ИБС выше на 10,6 %, по сравнению с общей группой, ниже на 21,2%, по сравнению с контрольной группой, у «чувствительных» больных ниже на 22,4 %, по сравнению с общей группой и на 29,9 %, по сравнению с «резистентной» группой. у «очень чувствительных» больных ниже на 32,3 %, по сравнению с общей группой и на 39,8 %, по сравнению с «резистентной» группой.

Как видно, из табличного материала активность каталазы в эритроцитах у «резистентных» больных ИБС выше на 20,0 %, по сравнению с общей группой, ниже на 14,3%, по сравнению с контрольной группой, у « чувствительных» больных ниже на 12,9 %, по сравнению с общей группой и на 27,5 %, по сравнению с «резистентной» группой. у «очень чувствительных» больных ниже на 35,6 %, по сравнению с общей группой и на 46,5 %, по сравнению с «резистентной» группой.

Таблица 2 - Состояние антиоксидантной системы крови у больных ИБС в зависимости от индивидуальной чувствительности к ксенобиотику

Группы Показатели	Контроль-ная группа	Больные ИБС			
		Общая группа	Резистен-тные	Чувстви-тельные	Очень чувст-вительные
СОД (10^3 ед 1,0 мм ЭМ	69,2±2,01	50,5±1,3	55,9±0,72*	39,2±0,85	34,2±1,2*
КТ(нмольH$_2$O$_2$/мл. мин.мг.	72,1±1,9	51,4±2,4	61,8±1,64*	44,8±0,66	33,1±0,72*
АРА (усл.ед)	57,3±0,03	44,7±1,2	49,9±1,1	34,6±1,3	26,0±0,72
АОА (усл.ед)	37,7±1,21	31,2±1,1	34,7±0,7	23,4±1,3	17,3±0,7
ИК СРОЛ-АОС	1,0±0,05	2,17±0,05	1,67±0,05	3,17±0,05	6,33±0,05
Примечание- * p<0,05 коэффициент достоверности по сравнению с общей группой.					

Как видно из табличного материала АРА и АОА - ингибиторы свободно-радикального процесса в плазме крови - у «резистентных» больных ИБС выше на 11,6% и 11,2%, по сравнению с общей группой, при этом ниже на 13% и 8%, по сравнению с контрольной группой. АРА и АОА у «очень чувствительных» к ксенобиотику больных ИБС ниже на 41,9% и 44,6%, по сравнению с общей группой и на 48% и 44,6%, по сравнению с «резистентной» группой. АРА и АОА у «чувствительных» к ксенобиотику больных ИБС занимают промежуточное положение между «резистентной» и «очень чувствительной группой». Однако, по сравнению с контрольной группой, ниже на 39,6% и 39,5%.

Изучение ИК СРОЛ -АОС показали, что у больных ИБС эти показатели повысились на 117%, по сравнению с показателями здоровых лиц. В зависимости от чувствительности к ультрависту интегральный коэффициент СРОЛ -АОС крови у больных с ИБС колеблется в пределах 1,67 до 6,33 усл. ед. При этом по сравнению с общей группой у «резистентных» больных снизилось 20,1%, а у «чувствительных» н «очень чувствительных» групп увеличилось на 46% и 191% соответсвенно.

Интегральный коэффициент СРОЛ-АОС крови увеличивается у «резисттентных» групп на 46%, а у «чувствительных» и «очень чувствительных» групп более двух(317%)- и пятикратно(633%), по сравнению с показателями у здоровых лиц .

Таким образом, проведенные исследования показали, что при ИБС имеет место недостаточность антиоксидантных механизмов защиты и есть зависимость от индивидуальной чувствительности организма к ультрависту. У «резистентных» групп колебания были невысокими, а у больных «очень чувствительных групп» депрессия антиоксидантных систем была более выраженной, об этом свидетельствует более пятикратное повышение ИК СРОЛ-АОС, это необходимо учитывать при назначении антиоксидантной терапии больных ИБС.

Выводы

1. В зависимости от индивидуальной чувствительности к ультрависту больные с ИБС делятся «очень чувствительные» (9,26%), «чувствительные»(16,6%), на «резистентную» группу (74,1%).
2. Активность СОД, каталазы, АРА и АОА в крови у больных с ИБС «резистентным» к ультрависту повышается на 10,6%, 20%, 11,6% и 11,2%, а у «очень чувствительных» групп снижается на 32,3%, 35,6%, 48% и 44,6% по сравнению с общей группой.
3. Интегральный коэффициент СРОЛ-АОС крови увеличивается у «чувствительных» и у «очень чувствительных» более трех- и пятикратно, по сравнению показателей здоровых лиц .

Литература

1. Шимановский Н.Л., Наполов Ю.К., Свиридов Н.К. Замедленные аллергоподобные реакции на рентгеноконтрастные средства и механизмы их развития // Медицинская визуализация. 2002. 3. 120-124.

2. Shimanovski N/L/, Napolov Yu.K., Sviridov N.K. Delayed similar to allergy reactions to X-ray contrast agents and mechanism of their development // Medical visualization. 2002. 3. 120-124.

3. Орманов Н.Ж., Мустапаева А.А., Садырханова У.Ж. Состояние показателей окислительного метаболизма липидов крови у больных с ишемической болезнью сердца в зависимости от чувствительности к рентгеноконтрастным средствам (РКС). Вестник ЮКГФА, Шымкент, 2013, №4(61), стр. 225-229.

4. Спектор Е.Б., Аненко А.А., Политова Л.Р. Определение общей АОА плазмы крови и ликвора // Лабораторное дело. – 1984.- № 1. – С. 26-28.

5. Чумаков В.Н., Осинская Л.Ф. Количественный метод определения активности цинк-медь-зависимой супероксиддисмутазы в

биологическом материале// Вопросы мед.химии.-1977.-№5.-С.712-716.

6. Кашулина А.П. патент №2068562 Способ определения активности каталазы крови,27.10.1996 Заявитель(и): Московский научно-исследовательский онкологический институт им.П.А.Герцена

7. Жумашов С.Н., Орманов Н.Ж., Орманов Т.Н. и др. Динамика интегрального коэффициента свободнорадикального окисления липидов и антиоксидантных систем в лимфоцитах у больных хронической интоксикацией соединениями фосфора под влиянием кобавита и иммуномодулина // Вестн. ЮКГМА. – Шымкент, 2005. – № 4 (24). – С. 220–223.

Баймуханбетова Э.З.
магистрант, врач кардиолог
Шымкентская городская поликлиника №1;
Кушекбаева А.Е.
к.м.н., доцент
Южно – Казахстанская государственная фармацевтическая академия,
г.Шымкент, ЮКО, Республика Казахстан

К ВОПРОСУ О РЕАБИЛИТАЦИИ БОЛЬНЫХ С ИБС ПОСЛЕ РЕВАСКУЛЯРИЗАЦИИ МИОКАРДА НА УРОВНЕ ПМСП

Несмотря на достижения современной медицины, коронарная болезнь сердца (КБС) продолжает оставаться основной причиной преждевременной смерти населения в экономически развитых странах. Кроме того, сегодня по инвалидизирующим последствиям она занимает пятое место среди всех заболеваний и может выйти на первое место к 2020 году [1]. В связи с этим актуальность разработки, совершенствования и внедрения в практическое здравоохранение программ реабилитации и мер профилактики КБС имеют большое медико-социальное значение и оцениваются как приоритетные задачи современной кардиологии и общества в целом.

За последние десятилетия появились новые методы лечения КБС, такие как коронарное шунтирование (КШ), транслюминальная баллонная коронарная ангиопластика (ТБКА) и стентирование коронарных артерий. Повышение их безопасности и клинической эффективности, совершенствование хирургической техники позволило значительно расширить показания к этим вмешательствам и существенно увеличить количество больных, подвергаемых данным процедурам. В РФ число оперированных больных КБС увеличилось на 78,6%, количество учреждений, в которых выполняется КШ - на 26% [2]. Использование эндоваскулярной хирургии при поражении коронарных артерий (КА) с 1995 по 2004 год выросло в 12,7 раз и продолжает расти [3].

Однако, даже успешная реваскуляризация миокарда при КШ или эндоваскулярных процедурах не устраняет лежащий в основе КБС атеросклеротический процесс, который продолжает прогрессировать, вовлекая новые участки сосудистого русла и увеличивая стенозирование ранее пораженных сосудов. Международный опыт показывает - чтобы улучшить прогноз заболевания и качество жизни (КЖ) пациенты, перенесшие вмешательства на сосудах сердца, должны участвовать в комплексных программах реабилитации и вторичной профилактики, которые приобретают решающее значение в предупреждении прогрессирования атеросклероза и КБС у этой категории больных. В связи с тем, что в настоящее время санаторный этап реабилитации для многих коронарных больных остается еще малодоступным, а в стационарах появилась тенденция к сокращению сроков лечения больных, перенесших инфаркт миокарда (ИМ), нестабильную стенокардию (НС), операции по реваскуляризации миокарда, - важную роль приобретают постстационарные программы реабилитации и вторичной профилактики на уровне первичного звена здравоохранения. Тем более, что даже те пациенты, которые прошли курс кардиореабилитации в санатории, по возвращении домой нуждаются в его продолжении в условиях кардиодиспансера или территориальной поликлиники.

Между тем, многие аспекты реабилитации, в частности физический, требуют дальнейших исследований, особенно в группах больных, перенесших ТБКА/стентирование или операцию КШ. Особый интерес вызывает изучение результатов применения курса физических тренировок у пациентов после эндоваскулярных вмешательств (ЭВВ) на коронарных артериях по поводу острого коронарного синдрома (ОКС). Для вышеупомянутых групп не решены вопросы, касающиеся продолжительности и улучшения структуры физических тренировок, возможности и безопасности применения физического метода реабилитации на ранних сроках после вмешательства. Существует необходимость оценки эффективности образовательных «Школ здоровья», в которых больные КБС обучаются навыкам поведения и мерам вторичной профилактики. К сожалению, этим аспектам на поликлиническом этапе уделяется недостаточное внимание, и имеется недооценка их важности в улучшении качества жизни и сохранении эффекта операции по реваскуляризации миокарда в отдаленном периоде.

Известно, что большая часть исследований в области кардиореабилитации была направлена на больных острым ИМ, причем длительность участия последних в программах реабилитации составляла 6-12 мес. Что касается пациентов после эндоваскулярных вмешательств (ЭВВ), то они быстрее возвращаются к работе. В исследовании Afbrecht D, et al. (1995) показано, что среднее время пребывания на больничном листе этих пациентов составило 14 дней [4]. Причем, через 4 месяца после вмешательств, к труду вернулись 78% больных. Столь ранняя выписка из стационара и, в большинстве своем, быстрое возвращение к труду пациентов после ЭВВ заставляют применять короткие реабилитационные программы, клиническая эффективность которых требует изучения.

К настоящему времени накоплен достаточный опыт по результатам применения ПР у пациентов с КБС перенесших КШ. Например, участие в физических тренировках и медицинское обучение 3 раза в неделю в течение 3 мес больных через 4-8 нед после КШ ведет к росту толерантности к ФН, повышению уровня ХС ЛВП в крови, снижению веса [5]. В другом исследовании установлено, что пациенты после КШ, участвовавшие в реабилитации, по сравнению с пациентами стандартного послеоперационного ведения через 5 лет наблюдения отмечают большую свободу физической мобильности, лучше ориентируются в вопросах собственного здоровья и в общей жизненной ситуации [6]. При этом большее число пациентов возвращается к работе в течение 3 лет.

Отмечено что после серьезных сердечных событий, к которым относится и КШ, у 18% пациентов диагностируется состояние депрессии. Применение курса трехмесячной реабилитации достоверно снижало (с 57% до 20%) степень депрессии, тревоги, враждебности и улучшало общее самочувствие и КЖ пациента [7].

В то же время процент возврата больных, перенесших КШ, к трудовой деятельности остается низким. По данным исследования PERISCOP (Prognosis and evaluation of risk in the Coronary Operated Patient) благодаря программам реабилитации только 67,5% ее участников удалось вернуться к работе через год после операции [8]. Это указывает на необходимость дальнейшей разработки и оптимизации программ постстационарной реабилитации и вторичной профилактики после КШ. Как указывает Аронов Д.М. *целью диспансерно-поликлинического этапа реабилитации* является: 1) восстановление функции сердечно-сосудистой системы с помощью включения механизмов компенсации кардиального и экстракардиального характера, что ведет в свою очередь к повышению толерантности к ФН; 2) вторичная профилактика КБС; 3) восстановление трудоспособности; 4) возврат к профессиональной деятельности; 5) улучшение психологического статуса больного и повышение КЖ пациентов [9].

Диспансерно-поликлинический этап реабилитации имеет такие преимущества как удобство для пациента, минимальные материальные затраты, возможность сочетания реабилитации с трудовой деятельностью и проведение комплексной программ реабилитации в обычных, стандартных условиях.

Цель работы. Оценить эффективность ранней постстационарной реабилитации больных КБС, перенесших КШ или ЭВВ на коронарных артериях, на диспансерно-поликлиническом этапе.

Материал и методы. В исследовании участвовали 24 пациентов обоего пола в возрасте от 39 до 67 лет (средний возраст 55,0±5,7), соответствующих критериям включения/ невключения и подписавших информированное согласие на участие в исследовании.

Критерии включения в исследование: пациенты КБС обоего пола, перенесшие операции реваскуляризации миокарда;

1. ТБКА/стентирование - спустя 1 нед и не позднее 8 нед с момента операции - 16 пациентов (группа 1);

2. КШ - спустя 3 нед и не позднее 8 нед с момента операции - 8 пациентов (группа II). У 4 больных перенесших КШ, при наличии санаторного этапа реабилитации срок включения в исследование был увеличен до 10 недель с момента операции.

.

Критерии прекращения участия пациента в исследовании:

1. Развитие ССО (ИМ. мозгового инсульта, тромбоэмболии легочной артерии и др.).

2. Невыполнение требований настоящего исследования (прекращение занятий физических тренировок по любой причине, несоблюдение сроков обследования, отказ от лекарственной терапии).

При прекращении участия больного в исследовании, результаты обследования на предыдущих визитах засчитывались и участвовали в статистической обработке. В случае повторных ЭВВ на коронарных артериях в ходе исследования пациент своего участия в исследовании не прекращал. Выбывшие из исследования по медицинским показаниям сохранялись в соответствующих подгруппах для окончательного анализа конечных клинических точек.

После исходного клинико-инструментального обследования, больные каждой группы (I и II) были рандомизированы методом конвертов в 2 подгруппы:

- основную «О» - больные занимались по программе "физическая тренировка + «Школа»,

- контрольную «К» - больные занимались по программе "Школа".

Все больные, включенные в исследование» находились на стандартной терапии, рекомендованной дня лечения больных КБС и продолжающейся до окончания исследования. Основные показания дня назначения лекарственных препаратов: нитраты – при симптомах стенокардии напряжения; бета-адреноблокаторы - во всех случаях с учетом противопоказаний; ингибиторы АПФ; липидснижающий препарат из группы статинов - во всех случаях согласно Европейским и Российским рекомендациям [10]; ацетилсалициловая кислота (аспирин) - во всех случаях с учетом противопоказаний в суточной дозе 100 мг; клопидогрель/тиклид - после выписки из стационара [11].

Характеристика больных КБС, перенесших ЭВВ (ТБКА/стентнровапне) -1группа: основная «О» подгруппа (*n*=16 человек), средний возраст 54,9±5>2 лет, из них 14 мужчин (96%).

- Контрольная «К» подгруппа (*n*=8 человек), средний возраст 53,5±5,9 лет, из них 7 мужчин (98%).

В обе подгруппы вошли больные КБС, которым было выполнено ЭВВ по поводу острого ИМ (*n*=19), или нестабильной стенокардии (*n*=1), или стенокардии напряжения (*n*=4) в последнем случае в плановом порядке.

Обращало на себя внимание выраженная распространенность сердечно - сосудистых факторов риска у больных КБС, подвергнутых ЭВВ на коронарных артериях. Из 100 таких больных (общая группа I) АГ имелась у 86%, гиперлипидемия - у 64%, избыточный вес - у 51%, ожирение - у 24%, сахарный диабет 2 типа - у 9%. Продолжало курить 23%

больных.

Контролируемые ФТ проводились по методике, разработанной отделом реабилитации и вторичной профилактики ССЗ Государственного научно - исследовательского центра профилактической медицины (руководитель - проф. Аронов Д.М.), на базе городской поликлиники – врачом кардиологом и методистом по лечебной физкультуре под врачебным контролем 3 раза в нед на протяжении 6 мес для больных КБС после ТБКА/стентирования и на протяжении 8 мес для больных КБС после КШ.

Перед началом, по ходу и в конце каждого занятия проводился врачебный контроль жалоб и клинического состояния больного. При этом измерялись АД и пульс. Контроль пульса во время занятия периодически осуществлялся пациентами самостоятельно.

ФТ в домашних условиях рекомендовались к выполнению как в период активных занятий больных в группах (в условиях диспансера), так и в дальнейшем. Количество пациентов занимавшихся ФТ дома, в течение года наблюдения постепенно уменьшалось и к 12 мес составило 61%.

Для формирования у больных мотивации к изменению образа жизни и активному участию в программе реабилитации и вторичной профилактики КБС применялась образовательная «Школа». Основу методики составили рекомендации по организации школ здоровья для больных ишемической болезнью сердца, разработанные Оптовым Р.Г., Калининой А.М. с соавт, [15]. Программа этой школы была модифицирована для больных КБС, перенесших ЭВВ на КА или КШ . Занятия в «Школе» под руководством врача кардиолога были групповыми (по 6-10 человек), продолжительностью 60-30 мин, всего 7 занятий в течение 5 нед. Занятия посвящались наиболее актуальным для данных групп больных темам. Все пациенты получали рекомендации по оздоровлению образа жизни на плановых осмотрах у врача.

У всех больных I и II групп, вошедших как в основную, так и в контрольную подгруппы проводились клинические, инструментальные, лабораторные исследования, а также тестирование с помощью опросников и шкал в начале исследования, через 4, 6 и 12 мес. Кроме того, у больных после ТБКА/стентирования оценивались данные ВЭМ-пробы и опросника по физической активности, через 1,5 мес от начала исследования (период окончания контролируемых физических тренировок).

Статистическую обработку данных проводили с использованием стандартных методов вариационной статистики с помощью пакета прикладных программ SAS (Statistical Analysis Systems, SAS Institute. USA). Данные представлены в вилле средних арифметических значений и стандартного отклонения (М± σ). Для оценки внутри групповых и межгрупповых различий применяли парный и непарный t-критерий Стьюдента, а также критерия χ^2 Критический уровень достоверности (p) нулевой статистической гипотезы (отсутствие значимых различий или факторных влияний) был принят равным 0,05.

Результаты. Обсуждение.

После окончания курса ФТ (через 6 - 8 мес) в «О» подгруппе продолжительность выполняемой ФН возросла с 9,7+12.5 до 11,6+2*6 мин» т.е. на 20,3% (р<0,05). В подгруппе «К» при отсутствии ФТ у больных после ЭВВ также отмечалось увеличение данного показателя, но в меньшей степени – на 10,9% (р<0.05).

Наиболее заметные достоверные различия между подгруппами выявлялись к концу года наблюдения: продолжительность выполняемой ФН была выше у пациентов, прошедших физический этап реабилитации (на 13.3%, р<0.05). чем у нетренировавшихся.

Для оценки изменений реакции сердечно-сосудистой системы на ФН после окончания курса ФТ в работе были проанализированы величины ЧСС, АД и ДП, а также скорости их прироста на 3-й минуте нагрузки мощностью 50 Вт. У больных, перенесших ЭВВ на КЛ, по окончании курса ФТ при данной ступени ФН отмечалось развитие тренировочного эффекта: достоверное (р<0,05) снижение ЧСС, уровней АД» величины ДП и скорости прироста величин ДП и ДАД в ответ на ФН. Этот эффект сохранялся и через 12 мес, т.е, в период, когда пациенты уже прекратили тренироваться в группах. У нетренированных больных при выполнении ступени ФН мощностью 50 Вт через 2 мес от момента включения в исследование отмечено только снижение уровня ДАД, которое нивелировалось к 12 мес и некоторое уменьшение ЧСС (-4,5%, р<0,05) к этому же сроку, но оно было меньшим, чем у тренировавшихся (-8,1%, р<0,05). Изучаемые скоростные показатели гемодинамики в подгруппе «К» на указанной ступени ФН на визитах пациента в поликлинику в течение года наблюдения не улучшались.

Таким образом, включение в программу реабилитации больных КБС, перенесших ЭВВ по КА, даже короткого курса (2 мес) ФТ позитивно повлияло на основные показатели ФРС и привело к развитию достаточно выраженного адаптивно-тренировочного эффекта.

Под влиянием ФТ положительная динамика в виде повышения толерантности к ФН, ее продолжительности и объема физической работы при росте экономичности работы сердца была обнаружена через 2 мес, а главное, через 12 мес у всех пациентов, которым ЭВВ на КА выполнялось как при остром ИМ, так и при отсутствии такового. Важно подчеркнуть, что достигнутая под воздействием ФТ позитивная динамика основных показателей ФРС не только сохранилась к 12 мес наблюдения, но даже стала еще более выраженной. В то же время тренировавшиеся больные, которым ЭВВ на КА выполнялось при отсутствии ИМ, к 12 мес наблюдения имели более заметные благоприятные изменения в повышении экономичности работы сердца и снижении скорости прироста ЧСС, уровней ЛД и величины ДП в ответ на ФН.

У 76% больных, перенесших ТБКА/стентирование, течение КБС осложнялось наличием АГ. Под влиянием ФТ у них более заметно увеличивались продолжительность ФН, ее мощность и объем физической работы, чем у нетренировавшихся. Причем позитивное влияние ФТ на основные показатели ФРС сохранялось до 12 мес наблюдения.

При разделении тренировавшихся в течение 2 мес пациентов на подгруппы в зависимости от исходной ФВ ЛЖ≥50% (*n*=13) и ≥40≤ 50% (*n*=11) - показателя, характеризующего систолическую функцию ЛЖ, оказалось, что позитивный эффект ФТ по влиянию на показатели ФРС более выражен у пациентов с ФВ ЛЖ≥50% . У этих пациентов в отличие от других с ФВ ЛЖ≤50% через 6 мес и 12 мес достоверно выше были продолжительность ФН, объем выполненной физической работы, экономичность работы сердца и ниже скорость прироста ЧСС в ответ на ФН. Очевидно, что краткосрочная программа ФТ после ЭВВ на КА оказалась более эффективной у больных КБС с ФВ ЛЖ более 50%. С другой стороны, полученные данные говорят о важности и полезности участия в физической реабилитации более тяжелых пациентов, например, с ФВ ЛЖ≥40≤50%.

Известно, что достаточная ФА имеет важное значение в профилактике КБС как первичной, так и вторичной. Анализ уровня ФА у пациентов, перенесших ЭВВ на КА и участвовавших в ПР, позволил сделать следующее заключение: добавление к образовательной «Школе» короткого курса ФТ приводит к более значительному повышению ежедневной ФЛ больных. Так, у тренировавшихся удалось увеличить ежедневную ФА до высокого уровня сразу по завершению курса ФТ и через 4 мес (соответственно, на 31 и 22%, p<0,05). В то время как не тренировавшиеся, несмотря на некоторое увеличение ФА (через 2 мес на 17% и через 4 мес на 18%), сохраняли средний уровень ФА. К 12 мес уровень ежедневной ФА уменьшился в обеих подгруппах пациентов, хотя и превышал исходный на 17% (p<0,05) у ранее тренировавшихся и на 17% (p<0,05) у не тренировавшихся.

Подобные изменения ежедневной ФА у пациентов как после ЭВВ на КА, так и после КШ можно объяснить снижением приверженности пациентов к поддержанию достигнутого в ходе контролируемых ФТ высокого уровня ФА. Опрос пациентов, прошедших курс контролируемых ФТ, например, после ЭВВ на КА, показал, что количество пациентов, прекративших тренироваться и домашних условиях, составило через 4 мес 18%, через 6мес - 33% и через 12 мес -40%, т.е. прогрессивно увеличивалось.

Пациенты после ЭВВ на КА в ходе исследования изменили характер своего питания в сторону более правильного здорового независимо от того участвовали они в ФТ или нет. Положительная динамика по данному показателю, скорее всего, связана с влиянием обучения в «Школе» как тренировавшихся, так и нетренировавшихся больных.

У пациентов после КШ характер питания достоверно не изменился, что скорее всего связано с тем, что изначально он был максимально приближен к правильному, требовавшему минимальной коррекции.

У пациентов после КШ наблюдалась такая же динамика: достоверное увеличение ИМТ (через 6 и 12 мес, на 2,6% и 4%, соответственно, p<0,05) только у не тренировавшихся пациентов. В настоящее время ожирение рассматривается как предиктор развития неблагоприятных событий после реваскуляризации миокарда. В 2004 году в рекомендациях американского колледжа кардиологов к проведению КШ, ожирение было обозначено как независимый предиктор увеличения послеоперационной смертности у больных, направляемых на КШ [91]. Таким образом, участие в ФТ позволяет больным после ЭВВ или КШ, лучше контролировать свой вес.

Что касается среднего уровня офисного АД больных КБС, то за период наблюдения он соответствовал целевому значению независимо от того участвовали больные в ФТ или обучались только в «Школе». Это можно объяснить влиянием адекватной антигипертензивной терапии и хорошей приверженности к ней пациентов как после ЭВВ на КА, так и после КШ.

У тренировавшихся больных после КШ положительная динамика отмечалась по показателю ЧСС - урежение от исходной через 4 и 6 мес на 8,8% и 9,2%, соответственно (p<0,05), что было следствием тренировочного эффекта после 4-месячного курса ФТ. В то же время у нетренировавшихся ЧСС не изменилась.

Таким образом, настоящее исследование, изучающее влияние комплексной постстационарной ПР на некоторые коронарные ФР подтвердило важную роль именно физической реабилитации больных после ЭВВ на КА или КШ и определила целесообразность включения в программы кардиореабилитации для данной категории больных курса ФТ, даже короткого.

В работе была проанализирована приверженность пациентов медикаментозной базовой терапии. Высокими в процессе наблюдения (в течение 12 мес) за больными КБС как после ЭВВ, так и КШ оставались показатели приверженности к В-адреноблокаторам, ацетилсалициловой кислоте, ингибиторам АПФ, статинам.

Систематические ФТ позволили улучшить КЖ пациентов после ЭВВ на КА. Так, повышение среднего балла КЖ в сравнении с исходным составило 28,7% (p<0,05) и оставалось на достигнутом уровне в течение 12 мес наблюдения. Важно подчеркнуть, что у натренировавшихся пациентов, которые посещали образовательную «Школу» достоверных сдвигов в улучшении показателей, характеризующих КЖ, не произошло, у пациентов после КШ по окончании 4-месячного курса ФТ средний балл КЖ также повысился на 23,2% (p<0,05), а через 6 мес - на 30,4% (p<0,05).

То, что участие пациентов после ЭВВ или КШ в ПР существенно уменьшает количество нежелательных событий подтверждается рядом других исследований. [17,18]. Результаты настоящего исследования показали, что ранняя комплексная ПР с включением помимо образовательной «Школы» сокращенного курса ФТ (до 1*5 мес после ЭВВ на КА и до 4 мес после КШ) способна оказывать благоприятное влияние на показатели ФРС, ЭхоКГ, липидного спектра крови пациентов, перенесших ЭВВ на КА или КШ, Очень важно, что ФТ улучшают КЖ данных больных, положительно влияют на клиническое течение КБС н некоторые модифицируемые ФР, Таким образом, исследуемая программа реабилитации диспансерно- поликлинического этапа достаточно эффективна, безопасна и доступна для больных КБС, перенесших операции реваскуляризации миокарда; кроме того, ФТ из этой программы могут применяться в домашних условиях.

Выводы. Применение у больных КБС после операций реваскуляризации миокарда комплексной программы реабилитации на уровне ПМСП, состоящей из образовательной «Школы» и ранних физических тренировок, даже сокращенного курса, ведет к улучшению их клинического состояния, благоприятному течению КБС, позитивным изменениям инструментально-биохимических параметров, увеличению функциональной работы сердца, коррекции показателей эхокардиографии и липидного спектра крови, а также повышает КЖ и приверженность пациентов к лечению после разных видов ЭВВ на коронарных артериях или коронарного шунтирования. Это дает основание для дальнейшего внедрения и широкого использования в клинической практике врача терапевта и кардиолога ПМСП комплексной программы реабилитации больных после ЭВВ.

Литературы

1. Sessuys PW, Feyter P, Macaya C, et al. (LIPS) Fluvastatin for prevention of Cardial events following Successful first percutaneos coronary intervention. A Randomized Controlled Trial. JAMA 2002;287(24):3215-3220.

2. Горбаченков А.А. Физические тренировки больных ишемической болезнью сердца. Кардиология 1989;10:64-67.

3. Бубнова М.Г., Аронов Д.М., Перова Н.В. и др. Физические нагрузки и атеросклероз: динамические физические нагрузки высокой интенсивности как фактор, индуцирующий эндогенную дислипидемию. Кардиология 2003;3:43-49.

4. Д.М. Аронова. Реабилитация больных ишемической болезнью сердца после эндоваскулярных вмешательств на постстационарном (диспансерно-поликлиническом) этапе»Москва – 2010; 7:63-72.

5. С.Г. Суджаева. Реабилитация больных кардиологического и кардиохирургического профиля (кардиологическая реабилитация) национальн.рекомендации подготовлены сотрудниками лаборатории реабилитации больных кардиологического и кардиохирургического профиля РНЦП «Кардиология» МЗ РБ. Москва 2010; 23:56-97.

6. И.Н. Макарова. Реабилитация при заболеваниях сердечно – сосудистой системы». Москва 2010; 15:27-65.

7. Р.Г. Оганов. «Школа здоровья» Ишемическая болезнь сердца. Руководство для врачей. Москва 2011; 6:33-45.

8. Belardinelli R, Paolini I, Cianci G, et al. Exercise training intervention after coronary angioplasty: the ETICA trial. J Am Coll Cardiol 2001;37:1891-1900.

9. Scott SM, Deupree RH, Sharma GV, et al. VA Study of Unstable Angina: 10-year results show duration of surgical advantage for patients with impaired ejection fraction. Circulation 1994;90(II): 120-3.

10. Gokce N, Vita JA, Bader DS, et al. Effect of exercise on upper and lower extremity endothelial function in patients with coronary artery disease. Am J Cardiol 2002;90:124-127.

11. Wong JB, Sonnenberg FA, Salem DN, et al. Myocardial revascularization for chronic stable angina: analysis of the role of percutaneous transluminal coronary angioplasty based on data available in 1989. Ann Intern Med 1990;113:852-71.

12. Coronary Artery Bypass Graft Surgery Study (CASS): a randomized trial of coronary artery bypass surgery: quality of life in patients randomly assigned to treatment groups. Circulation 1983;68:951-60.

13. Guidelines for coronary artery bypass graft surgery. ACC/AHA. Am J Coll Cardiol 2004;44:213-310.

14. Howard B, Van Horn L, Hsia J, et al. Low-fat dietary pattern and risk of cardiovascular disease: the Womens Health Initiative Randomized Controlled Dietary Modification Trial. JAMA 2006;295:655-666.

15. Аронов Д.М., Зайцев В.П. Методика оценки качества жизни больных с сердечно-сосудистыми заболеваниями. Кардиология 2002;5:92-95.

16.. Аронов Д.М., Лупанов В.П. Функциональные пробы в кардиологии. - М.: МЕДпресс-информ, 2003. 2-е изд. - 296 с.

17. Watts GF, Lewis B, Brunt JN, et al. Effects on coronary arterydisease of lipid-lowering diet. Lancet 1992;339:563-9.

18. The Acute Infarction Ramipril Efficasy (AIRE) Study Investigators. Effect of ramipril on mortality and morbidity of survivors of acute myocardial infarction with clinical evidence heart failure. Lancet 1993;342:821-828.

19. Friedwald W.T., Levy R.I., Fredrickson D.S. Estimation of concentration of low-density lipoprotein cholesterol in plasma, without use of preparative ultracentrifuge. Clin Chem 1972;18:499-502.

20. Plach S, Wierenga ME, Heidrich SM. Effect of a postdischarge education class on coronary artery disease knowledge and self-reported health-promotion behaviors. Heart Lung 1996;25:367-72.

21. LaMonte MJ, Durstine JL, Yanowitz FG, et al. Cardiorespiratory fitness and C-reactive protein among a tri-ethnic sample of women. Circulation 2002; 106:403-406.

Иванов А.Е.

Ассистент кафедры стоматологии, терапевтической стоматологии.
Харьковская медицинская академия последипломного образования

ЭФФЕКТИВНОСТЬ ПРИМЕНЕНИЯ УВЛАЖНЯЮЩЕГО АГЕНТА DIPOL AQUA PREP С НАНОКОМПОЗИТОМ FILTEK SUPREME XT

Одной из проблем современной стоматологии является недостаточное проникновение адгезива в ткани зуба при пломбировании кариозных полостей композитными светоотверждаемыми материалами, тем самым не обеспечивая необходимую адгезия пломбы к тканям зуба. Это в дальнейшем приводит к разрушению адгезивного слоя, а как следствие - рецидив кариозного процесса и\или развитие осложненных форм кариеса [1,48]. Причиной такого положения является, как не соблюдение правил использования адгезивной системы, так и пересушивания дентина. Но если правила применения адгезивных систем описаны производителями и задачей стоматолога является строгое их соблюдение, то влажность дентина, обеспечивающая наилучшие условия для пломбирования, а также отсутствие стресса дентинных канальцев, определяется врачом-стоматологом субъективно, тем самым нельзя определить оптимальные ли условия для нанесения адгезива в каждом конкретном случае [2,7;3,390]. Данную проблему решил украинский производитель «Оксомат-АН», который наряду с созданием нанокомпозитного материала DIPOL, создал увлажняющий агент DIPOL Aqua Prep, применяемый непосредственно перед нанесением адгезива, действие которого основано на увлажнении дентина. Деминерализованная матрица дентина после травления легко разрушается, когда ее высушивают воздухом. В процессе сушки воздухом, вода, которая занимает межтубулярное пространство, теряется за счет испарения, что приводит к коллапсу сети волокон. «Aqua Prep» по своему химическому составу схож с жидкостью, циркулирующей в дентинных канальцах [4,160]. Применение «Aqua Prep» позволяет устранить развитие коллапса в сети дентинных канальцев.

Целью нашего исследования стало определение эффективности применения увлажняющего агента DIPOL Aqua Prep с адгезивной системой Filtek Supreme XT путем оценки результатов морфологических и клинических исследований.

Материалы и методы. Наши исследования разделили на 2 этапа: лабораторный и клинический.

При проведении лабораторных исследований мы подготовили 20 удаленных зубов. Удаленные зубы помещали в раствор формалина, затем проводили стандартную подготовку к пломбированию полостей

2

композитными светоотверждаемыми пломбировочными материалом Filtek Supreme XT [5, 96]. Зубы разделили на 2группы по 10 образцов в каждой. Первую группу запломбировали композитным материалом Filtek Supreme XT, вторую- Filtek Supreme XT с предварительной обработкой дентина увлажняющим агентом DIPOL Aqua Prep. После пломбирования все зубы запаковывали в самотвердеющую пластмассу, проводили распил через ткани зуба и пломбу ортопедическим диском, полировали по всем правилам полировки композитных материалов. Толщина образцов 2 мм. Далее, при помощи токопроводящего клея, образцы по группам упорядоченно приклеивали на металлическую пластинку (сталь) и нумеровали. После полного застывания клея пластинку с образцами помещали в прибор для напыления диэлектриков ВУП-5М (вольфрамовая корзина) и напыляли медь. Затем образцы помещали в растровый электронный микроскоп РЭММА 102 для микроскопического исследования.

Для проведения клинических исследований было выбрано 64 пациента с дефектами твердых тканей зубов (резцов, клыков и премоляров): 28 мужчин (43,75% от всего числа пациентов) и 36 женщин (56,25% от всего числа пациентов) в возрасте от 20 до 55 лет. Пациенты проходили лечение по поводу неосложненного кариеса. Всех пациентов разделили на 2 группы в зависимости от использования увлажняющего агента DIPOL Aqua Prep. Все реставрации проводили прямым методом с учетом показаний и противопоказаний для его применения.

Первой группе пациентов после подготовки кариозной полости с учетом зон безопасности твердых тканей зуба и рекомендаций для прямых методов реставраций, тотального травления гелем 37% ортофосфорной кислоты и промывания проточной водой в течение 30-60 секунд высушивали, на твердые ткани зубов наносили увлажняющий агент «Aqua Prep», через 10 секунд наносили оригинальную адгезивную систему, которой укомплектован материал. Слой адгезива втирали в ткани зуба, в течение 30 секунд продували воздухом, полимеризовали 20 секунд. Для световой полимеризации использовали фотополимеризатор «Dentsply». После полимеризации адгезивной системы проводили все этапы прямой реставрации.

В первой группе проводили реставрации у 30 пациентов возрастом от 20 до 55 лет (17 женщин и 13 мужчина). Было проведено 58 реставрационных работ: в 14 зубах с локализацией полостей I класс по Блеку; в 12 зубах с локализацией полостей II класс по Блеку; в 13 зубах с локализацией полостей III класс по Блеку; в 17 зубах с локализацией полостей IV класс по Блеку.

Второй (контрольной) группе пациентов реставрационные работы проводили с использованием нанокомпозитного материала Filtek Supreme XT с оригинальной адгезивной системой, согласно методике предлагаемой

3

фирмой-производителем и рекомендаций для проведения прямых методов реставраций.

Во второй группе проводили реставрации у 34 пациентов возрастом от 20 до 55 лет (19 женщин и 15 мужчина). Было проведено 56 реставрационных работ: в 17 зубах с локализацией полостей I класс по Блеку; в 14 зубах с локализацией полостей II класс по Блеку; в 11 зубах с локализацией полостей III класс по Блеку; в 14 зубах с локализацией полостей IV класс по Блеку.

Результаты исследований.

При анализе электронограмм шлифов зубов пломбированных материалом Filtek Supreme XT обнаруживается слой адгезива толщиной до 20 мкм, слой неравномерный, встречаются участки толщиной 3-5 мкм. Прилегание пломбы к дентину плотное, без дефектов и отрывов. Дентинные трубочки на глубине 20 мкм практически не содержат адгезив (Рис.1 а).

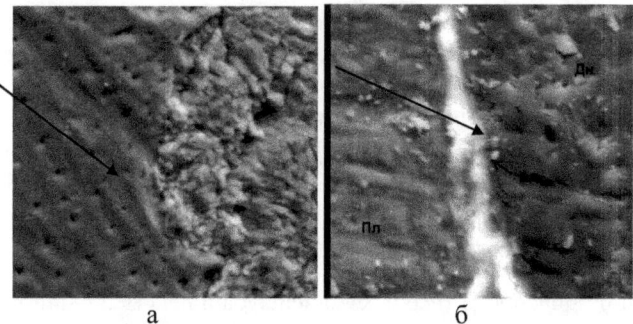

а   б

Рис 1. Электронограмма шлифа зуба в области контакта дентина и адгезива при пломбировании композитным материалом Filtek Supreme XT (а). СЭМ.ув.X2500. Электронограмма шлифа зуба в области контакта дентина и адгезива при пломбировании композитным материалом Filtek Supreme XT с предварительной обработкой дентина увлажняющим агентом DIPOL AquaPrep (б). СЭМ.ув X2500.

Сравнительный анализ электронограмм шлифов зубов пломбированных Filtek Supreme XT и шлифов группы с предварительной обработкой увлажняющим агентом DIPOL Aqua Prep с последующим пломбированием Filtek Supreme XT (Рис.1 б) показывает, что предварительная обработка DIPOL Aqua Prep приводит к глубокому более 20 мкм проникновению адгезива в дентинные трубочки[6.1;7,2].Пломба на электронограммах однородна в обеих группах (Рис. 1)

Оценку клинических результатов проводили спустя 12 и 24 месяца в соответствии с системой ISO USPHS, учитывая такие параметры: "анатомическая форма", "краевое прилегание", шероховатость поверхности" реставраций [5,96].

Два первых показателя "А" и "В" использовали для определения удовлетворительных реставраций. Показатель "А" считали как оценку "отлично". Показатель "В" - удовлетворительный результат, то есть

4

реставрацию нельзя считать идеальной. Показатели "C" и "D" считали характеристиками неудовлетворительной реставрации и нуждались в ее замене: с оценкой "C" - через некоторое время, а с оценкой "D" - немедленно.

Спустя 12 месяцев после оценки реставрационных работ были получены данные приведенные в таблице 1.

Таблица 1

Группы	Анатомическая форма				Краевое прилегание				Шероховатость поверхности			
	A	B	C	D	A	B	C	D	A	B	C	D
I	54	4			56	2			53	4	1	
II	50	5	1		51	5			52	3	1	

Из полученных результатов исследования видно, что спустя 12 месяцев в I выделенной нами группе в 4 случаях реставрации требовали коррекции анатомической формы, в 1 случае реставрация требовала переполировку, в 4 случаях дополнительную полировку; оценке «отлично» отвечало 91,4 % реставраций.

Во II группе 1 реставрация требовала восстановления анатомической формы, в 5 случаях коррекции, в 3 случаях требовали переполировку, в 1 случае дополнительную полировку; оценке «отлично» отвечало 89,3 % реставраций.

Спустя 2 года после оценки реставрационных работ были получены данные приведенные в таблице 2.

Таблица 2

Группы	Анатомическая форма				Краевое прилегание				Шероховатость поверхности			
	A	B	C	D	A	B	C	D	A	B	C	D
I	52	4	1		54	4			50	4	2	
II	49	4	3		44	6	4		59	4	3	

Из полученных результатов исследования видно, что спустя 2 года в I выделенной группе в 1 случае реставрация требовала восстановления анатомической формы, в 4 случаях коррекции, в 2 случаях реставрации требовали переполировку, в 4 случаях дополнительную полировку; оценке «отлично» отвечало 90 % реставраций.

Во II группе в 3 случаях реставрации требовали восстановления анатомической формы, в 4 случаях коррекции, в 4 случаях было нарушено краевое прилегание пломбы, требующее отсроченной замены, в 3 случаях требовали переполировку, в 4 случаях дополнительную полировку; оценке «отлично» отвечало 82 % реставраций.

5

Сравнительный анализ результатов клинических исследований показал, что процент реставраций, отвечающих требованиям предъявляемым к ним, спустя 12 и 24 месяца выше в первой группе пациентов (91,4% и 90%) чем во второй группе (89,3 и 82%), кроме того спустя 2 года во второй группе нуждались в отсроченной замене 7% реставраций, в первой группе реставрации не нуждались в замене.

Выводы.

Таким образом, проведенное электронно-микроскопическое исследование состояния адгезивного слоя нанокомпозита Filtek Supreme XT показывает, что адгезивный слой не менее 5-20 мкм, материал имеет плотное прилегание к адгезиву, однако предварительная обработка DIPOL AquaPrep позволяет проникать адгезиву в дентинные трубочки на глубину около 20-25 мкм обтурируя большую их часть. Применение DIPOL Aqua Prep не влияет на однородность самой пломбы.

Учитывая данные сравнительного анализа между группами зубов пломбированных нанокомпозитным материалом Filtek Supreme XT с предварительным применением увлажняющим агентом DIPOL Aqua Prep, можно сделать вывод, что применение DIPOL Aqua Prep приводит к более плотной и глубокой герметизации дентинных трубочек и обеспечивает более полное сцепление композита с тканями зуба. Обработка DIPOL Aqua Prep позволяет проникать адгезиву в дентинные трубочки на глубину около 20-25 мкм, обтурируя большую их часть. Применение DIPOL Aqua Prep не влияет на однородность самой пломбы.

Проведенное клиническое исследование и сравнительный анализ результатов показал, что применение DIPOL Aqua Prep перед нанесением адгезива, позволяет улучшить адгезию пломбы к тканям зуба, тем самым увеличивая срок ее службы и сохранность, о чем свидетельствует 90% состоятельности реставраций через 2 года после выполнения реставрационных работ в группе с использованием данного агента, в то время как только 82% реставраций можно считать таковыми в группе, где не применялся DIPOL Aqua Prep. Кроме того в группе где применялся увлажняющий агент не выявлено ни одного случая нарушения краевого прилегания что требовало бы замены реставрации.

6

Литература:

1. Йоффе. Е. Зубоврачебные заметки / Е. Йоффе // Дантист. 2000. - № 1
2. Макеева И.М. Восстановление зубов светоотверждаемыми композитами / И. М. Макеева // ОАО «Стоматология», 1997.- 72 с.
3. Николаев, А. И. Практическая терапевтическая стоматология / А. И. Николаев, Л. М. Цепов. СПб.: Санкт - Петербургский институт стоматологии, 2001.- 390с.
4. Салова А. В. Особенности эстетической реставрации в стоматологии: практическое руководство / А. В. Салова, В. М. Рехачев. — СПб.: Человек, 2004.-160с.
5. Чиликин, В. Н. Новейшие технологии в эстетической стоматологии / В. Н. Чиликин. -М., 2004. -96с.
6. Meerbek B. Microscopic Investigations – technics, results, problems // Adhesive Dentistry – Clinical and Microscopic Aspects / 2 International ESPE Dental Symposium, Philadelphia, 2000 – CD1.
7. Perdigao J. Electron Microscope Investigations of Adhesion to Dentin and Enamel // Adhesive Dentistry – Clinical and Microscopic Aspects / 2 International ESPE Dental Symposium, Philadelphia, 2000 – CD1.

7

Абдулаев Р.К.

Национальный исследовательский Томский политехнический университет

mashkara02@gmail.com

ИССЛЕДОВАНИЕ РАСПРЕДЕЛЕНИЯ ПОЛЯ СКОРОСТИ ПРИ ОБТЕКАНИИ ТРУБОПРОВОДА ВНЕШНЕЙ СТЕНКИ

Задача о распределении поля скорости – это задача, которая дает возможность анализировать течение в пограничном слое на пластине. Переформулировка выражения осевой радиальной координаты, введение значения пограничного слоя и расстояние *y* по толщине пограничного слоя, поскольку толщина связывается с критерием Рейнольдса – все это дает возможность переформулировать задачу в безразмерном виде. Также она позволяет оценить значения напряжения трения и толщины пограничного слоя.

Простейшим примером применения уравнений пограничного слоя является течение вдоль очень тонкой плоской пластины. Как только поток достиг расстояния до стенки, где вязкость не оказывает влияния, течение становится потенциальным. В рассматриваемом случае скорость потенциального течения постоянна, и это означает, что градиент давления на внешней стенке равен нулю.

После записи уравнений Прандтля и граничных условий, произведя оценку толщины пограничного слоя, вводим вследствие двумерности задачи новые переменные, такие как расстояние до стенки η. С целью исключения влияния поля давления, сводим решение от естественных переменных *u, v, p* к «функции тока – вихрь». В итоге получили уравнение для безразмерной функции тока:

$$2f''' + ff'' = 0 \text{ с граничными условиями } \left.\begin{array}{l} f = 0, \, f' = 0 \text{ при } \eta = 0; \\ f' = 1 \text{ при } \eta = \infty. \end{array}\right\}.$$

Аналитические вычисления, необходимые для решения дифференциального уравнения, довольно затруднительны и решение этого уравнения проводят асимптотическими методами. Необходимо **разложение** функции *f(η)* **в степенной ряд** в окрестности точки η = 0 и асимптотическое разложение для больших η и затем, сомкнув оба разложения в некоторой подходящим образом выбранной точке η:

$$\sum_{n=3}^{\infty} n(n-1)(n-2)C_n\eta^{n-3} + \left(\frac{1}{2}\right)\left(\sum_{n=0}^{\infty} C_n\eta^n\right) \times \left[\sum_{n=2}^{\infty} n(n-1)C_n\eta^{n-2}\right] = 0.$$

Раскрывая полученное уравнение и находя коэффициенты *C*, решение исходного уравнения можно записать в виде:

$$f(\eta) = \frac{\lambda\eta^2}{2!} - \frac{\lambda^2\eta^5}{5!(2)} + \frac{11\lambda^3\eta^8}{8!(2)^2} - \frac{375\lambda^4\eta^{11}}{11!(2)^3} + ...,$$

содержащее пока еще неизвестную введенную переменную λ. Далее были сделаны необходимые преобразования и переписали исходное уравнение:

$$F = \lambda^{-1/3} f, \ \zeta = \lambda^{1/3} \eta \ \Rightarrow \ F = \frac{\zeta^2}{2!} - \frac{\zeta^5}{5!(2)} + \frac{11\zeta^8}{8!(2)^2} - \frac{375\zeta^{11}}{11!(2)^3} + \ldots,$$

Таким образом, решение исходной задачи проводится в три этапа:
1. Ищется решение уравнения с начальными условиями, с частности находится $dF(\infty)/d\zeta$.
2. По формуле вычисляется λ.
3. Из соотношений определяется $f(\eta)$.

При проведении качественного анализа и решения задачи графическим методом, полученные закономерности позволяет легко вычислить **напряжение и сопротивление трения.**

Безразмерное касательное напряжение на стенке равно

$$\frac{1}{2} c'_f = \frac{\tau_0(x)}{\rho U_\infty^2} = 0{,}332 \sqrt{\frac{\nu}{U_\infty x}} = \frac{0{,}332}{\sqrt{Re_x}}.$$

Выражение для сопротивления трения пластины, смачиваемой с одной стороны, выглядит следующим образом:

$$W = \alpha \mu b U_\infty \sqrt{\frac{U_\infty}{\nu}} \int\limits_{x=0}^{l} \frac{dx}{\sqrt{x}} = 2\alpha b U_\infty \sqrt{\mu \rho l U_\infty},$$

а для сопротивления пластины, смачиваемой с обеих сторон

$$2W = 4\alpha b U_\infty \sqrt{\mu \rho l U_\infty} = 1{,}328 b \sqrt{U_\infty^3 \mu \rho l}.$$

Далее, введем в рассмотрение, как это обычно принято, коэффициент сопротивления

$$c_f = \frac{2W}{\frac{1}{2} \rho U_\infty^2 F},$$

где через $F = 2bl$ обозначена смоченная поверхность. Подставив сюда выражение для $2W$, мы получим формулу Блазиуса для сопротивления трения, которая была подтверждена экспериментальными исследованиями. Результаты измерений блестяще подтверждают закон Блазиуса:

$$c_f = \frac{1{,}328}{\sqrt{Re_l}},$$

Данный закон справедлив только в области ламинарного течения, т.е. для следующих значений чисел Рейнольдса:

$$Re_l = \frac{U_\infty l}{\nu} < 5 \cdot 10^5 \div 10^6.$$

Найденные значения напряжения и сопротивления трения сводятся к зависимости пластического закона, с конкретной константой, что очень любопытно и важно, в том числе позволяет оценить **толщину**

пограничного слоя. Она не может быть определена точно, так как влияние трения в пограничном слое уменьшается по мере удаления от стенки асимптотически. Если за толщину пограничного слоя принять то расстояние от стенки, на котором скорость $u = 0{,}99U_\infty$, т.е. на 1% отличается от U_∞, то из таблицы Л. Хоуарта мы найдем, что такое расстояние равно приближенно $\eta \approx 5{,}0$, и, следовательно, толщина пограничного слоя будет

$$\delta_{99} \approx 5{,}0 \sqrt{\frac{\nu x}{U_\infty}}.$$

Такого рода толщины пограничного слова называют *номинальными.*

Проанализировав основные решения задачи Блазиуса, можно сделать вывод: достоинство задачи состоит в том, что это универсальное единственное решение задачи, что и является важным в определении течения ламинарного потока. Также задача позволяет определить вид законов трения в случае обтекания пластины, изменение трения по длине, можно определить распределение коэффициента трения как у кромки, так и по длине, а это значит, что имеются все значения для определения потерь по поверхности.

Значение коэффициентов трения, которые позволяет определить решение Блазиуса для ламинарного потока, чрезвычайно важны для практики. Дело в том, что в самом начале движения потока трение самое высокое, которое впоследствии стабилизируется. А значит самые высокие нагрузки, которые могут привести к аварийным ситуациям. А так как есть возможность оценить эти величины, то можно оценить и потери при различных значениях критерия Рейнольдса, что особенно важно и полезно при работе на предприятии.

Литература:
1) Шлихтинг Г. Теория пограничного слоя: издательство «Наука», Москва, 1974. С. 132-141.
2) Лойцянский Л.Г. Механика жидкости и газа: Государственное издательство технико-теоретической литературы, Москва, 1950, Ленинград. С. 531-536.
3) Лойцянский Л.Г. Механика жидкости и газа: Учеб. Для вузов. – 7-е изд., испр. – М.: Дрофа, 2033. С. 509-514.
4) Крайнов А.Ю., Рыжих Ю.Н., Тимохин А.М. Численные методы в задачах теплопереноса. Учебно-методическое пособие. Томск: Том. ун-т, 2009. 114 с.
5) Михатулин Д.С., Чирков А.Ю. Учебное пособие. Конспект лекций по теплообмену (электронная версия): Москва, 2009.

Манько Н. Н.
доцент, к.п.н., Башкирский государственный педагогический университет
им. М. Акмуллы
dtvmanko55@mail.ru

ДИДАКТИЧЕСКИЙ ОБРАЗ –
ИНСТРУМЕНТ ЗНАКОВО-СИМВОЛИЧЕСКОГО ОПОСРЕДОВАНИЯ
СОДЕРЖАНИЯ ОБРАЗОВАНИЯ

Эволюционное развитие знаковых систем осуществлялось по пути от выполнения функции оптимальной передачи информации, общественного опыта – к средствам, специализирующимся на совершенствовании этого опыта и преобразования действительности [3]. Необходимость установления и обеспечения связи механизмов мышления с семантическими системами обусловила широкое распространение визуальных средств – *«посредников»*.

Анализ тенденций развития визуализации, изменения характеристик когнитивных средств представления информации, а также достижений современного естествознания в вопросах нейро-психофизиологических основ зрительного восприятия позволил обосновать целесообразность применения природосообразных средств проективной визуализации, графическую основу которых составляют каркасы рекурсивного типа, включающие пересечения линий с образующимися углами. Антропологическим особенностям зрительного аппарата и дидактическим требованиям соответствуют известные в образовании матрицы, графы, ментальные карты (Т. Бьюзен), фреймы (М. Минский), логико-смысловые модели (В.Э. Штейнберг), навигаторы алгоритмизированных учебно-познавательных действий или навигаторы действий (Н.Н. Манько) и др.

Развитие идеи культурного *опосредования* – в процессе формирования сознания посредством созидательной духовной деятельности (И.Г. Фихте, Г.-В.-Ф. Гегель и др.), материального опосредования в предметах, («орудия» труда у К. Маркса, С.Л. Рубинштейн, предмет как « знак индивидуальных человеческих значений» у Ж.-П. Сартра и др.) и материализованного *опосредствования* информации («культурное опосредование сознания системами культурных знаков» – у Л.С. Выготского, орудийное опосредование (опосредствование) предметной деятельности – действием у А.Н. Леонтьева, «модельное опосредование информации, знаний системой логико-смысловых моделей» у В.Э. Штейнберга [4,507] и др.) способствовало появлению в психолого-педагогической сфере образовательных технологий, активно использующих в качестве посредника когнитивно-визуальные средства представления идей, концепций, знаний, учебного материала.

Исследование действий субъекта в процессе познавательной деятельности была обоснована необходимость изучения основ актуализации педагогического потенциала визуализации для разработки наглядных средств, выполняющих функцию наглядного представления действий и процесса их формирования во внешнем плане, что позволило моделировать и регулировать (учебную, квази/профессиональную) деятельность и поведение субъекта [1,10].

В управлении психикой человека с помощью знака как психологического средства, поддерживающего и инициирующего интра- и интерпсихологическую функции в контексте учебно-познавательной деятельности, «Знак», при условии адекватности опосредствоваемым психологическим функциям превращается из заместителя с иллюстративной функцией в трехкомпонентный регулятив управления процессом усвоения со смысловым, логическим и образным компонентами. «Знаково-орудийное» опосредствование психических функций осуществляемое на каждом этапе усвоения позволяет выстроить в сознании субъектов образовательного процесса обобщенный Дидактический образ. Тот же Дидактический образ выступает с опережением относительно построения и выполнения учебных действий и потому представляет собой регулятивом учебной деятельности.

На начальном уровне актуализации опыта и переработки учебного материала, связанным с ознакомлением и первичным обобщением изучаемого объекта, создание «посредников» (образно-метафорических средств дидактической наглядности) опирается на интуитивные, ассоциативные психологические механизмы, которые в большей степени выполняют иллюстративную, демонстрационную функцию.

На уровне более полного воссоздания и вторичного обобщения изучаемого объекта проектирование «опосредствующих» дидактических наглядных средств моделирующего характера (с элементами формализации знаний и презентации в виде бинарного образа знаний/действий), основывается на строгих формализованных принципах когнитивного представления информации: структурирование, связывание, свертывание элементов информации. Дидактический образ опосредует образно-метафорический, логико-вербальный и аналитико-моделирующий способы переработки знаний, обеспечивая переход между уровнями когнитивного процесса.

Развитие общей идеи деятельностных концепций – идеи опосредования – в контексте организации познавательного процесса на инструментальной визуальной основе имеет *проективный* характер, поскольку предопределяет психические функции и выполнение действия. Педагогический потенциал визуализации, реализуемый в Дидактическом образе, привносит новое понимание момента опосредствования: процесс усвоения, учебные действия опираются на психические функции;

направляет эти учебные действия Дидактический образ как регулятив – ориентировочная основа действий (ООД); следовательно, данный образ опосредует (опосредствует) психические функции, но в отличие от простого знака он является интегрированным «суперзнаком» и соответственно опосредствует внутренние сложные психические функции и внешние учебно-познавательные действия [2,68].

Таким образом, ключ к решению вопроса об эффективности усвоения содержания образования лежит в области опосредования психики, деятельности во внутреннем и внешнем плане средствами проективной визуализации педагогических объектов.

«Дидактический образ» как педагогическая категория, охватывающая педагогические системы и процессы, лежащие в основе технологий обучения и воспитания, обладает функцией опосредования, которая позволяет моделировать признаки и свойства изучаемых объектов, а также способы взаимодействия с ними.

1. Манько Н.Н. Когнитивная визуализация педагогических объектов в современных технологиях обучения// Образование и наука: Известия Уральского отделения РАО. 2009. № 8 (65). – С. 10-31. ISSN 1994-85-81.

2. Манько Н.Н. Дидактический потенциал проективной визуализации – ресурс образования // Materialy VIII mezinarodni vedecko - prakticka konference «Dny vedy - 2012». - Dil 32. Pedagogika: Praha. Publishing House «Education and Science» s.r.o 2012. - 112 stran. 27.03.2012 – 05.04.2012. ISBN 978-966-8736-05-6. S. 68-70.

3. Общая психология [Текст] : учебник / ред.: Р. Х. Тугушев, Е. И. Гарбер. - М. : ЭКСМО, 2007. - 560 с. - (Образовательный стандарт XXI). ISBN 978-5-699-21848-6. (7.3.8. Знаковый (семиотический) аспект языка).

4. Дидактическая многомерная технология В.Э. Штейнберга// Селевко Г.К. Энциклопедия образовательных технологий : В 2 т. Т. 1. М.: НИИ школьных технологий, 2006. 816 с. (Серия «Энциклопедия образовательных технологий».) ISBN 5-8793-211-9.

Софронова Н.И.
логопед-дефектолог ДШИ "Гармония" г. Йошкар-Ола, соискатель

ВЛИЯНИЕ СИНТЕЗА ИСКУССТВ В КОРРЕКЦИИ ЗВУКОВЫХ НАРУШЕНИЙ У ДЕТЕЙ ДОШКОЛЬНОГО ВОЗРАСТА

Дети с нарушениями речи различной этиологии и сложности являются особой категорией, в работе с которыми искусство используется не только как средство их художественного развития и формирования художественной культуры, но и оказывает на них лечебное воздействие, является способом профилактики и коррекции нарушений речи. На важную роль искусства в воспитании и обучении детей указывали представители зарубежной специальной педагогики прошлого Э.Сеген, Ж.Демор, О.Декроли, а также отечественные психологи и врачи Л.С. Выготский, А.И Грабов, В.П.Кащенко и др. Психолог, создатель культурно-исторической теории развития высших психических функций Выготский Л.С. говорил: "Эмоции искусства суть умные эмоции. Вместо того чтобы проявляться в сжимании кулаков и в дрожи, они разрешаются преимущественно в образах фантазии"[3, 201].

Коррекционные возможности искусства по отношению к ребенку с проблемами речи связаны, прежде всего, с тем, что оно является источником новых позитивных переживаний ребенка, рождает новые креативные потребности и способы их удовлетворения в том или ином виде искусства. А повышение эстетических потребностей, активизация потенциальных возможностей ребенка в практической художественной деятельности и творчестве - это и есть реализация социально-педагогических функций искусства[1,20].

Речевые нарушения могут затрагивать различные компоненты речи. Первые, влияют на произносительные процессы и проявляются в снижении внятности речи. Вторые, затрагивают фонематическую сторону языка и проявляются не только в дефектах произношения, но и в недостаточном овладении звуковым составом слова, влекущим за собой нарушения чтения и письма. Третьи представляют собой коммуникативные нарушения, которые могут препятствовать обучению ребенка в общеобразовательной школе. Необходима диагностика речевых нарушений и определение уровня речевого развития [5, 52].

Создание педагогических условий, оптимальных для каждого ребенка, на основе личностно-ориентированного подхода предполагает формирование адаптированной социально-образовательной среды. Особое место в этом вопросе занимает работа логопеда-дефектолога в условиях детской школы искусств. Именно здесь есть, на мой взгляд, реальная возможность привлечь опытных профессиональных педагогов (художников, прикладников, музыкантов, хореографов, театралов) для тесного сотрудничества в использовании арттерапевтических методик (музыкотерапию, изотерапию, сказкотерапию, кинезитерапию и др.) и не только в работе по исправлению речевых нарушений, но и общему развитию детей и раскрытию их творческих способностей. Нельзя забывать и о психологической адаптации-социализации детей с различными, в том числе и речевыми, нарушениями. Именно поэтому в детской школе искусств и ремесел "Гармония" для детей дошкольного возраста есть возможность заниматься комплексно, в зависимости от индивидуальных потребностей (логопед + музыка, логопед + ИЗО, логопед + хореография, логопед + декоративно-прикладное творчество)

Детям, которых родители приводят на занятия с логопедом на дошкольное отделение ДШИ "Гармония", от 3-х до 6-ти лет. На сегодня их 20 человек, занятия проходят в режиме двух раз в неделю и проводятся индивидуально. По мере необходимости организуются занятия небольшими группами (3-5 детей) и по особым случаям – группа в 10 детей. В основном, это дети с ОНР, ФФНР, есть несколько деток с ЗПР, а также девочка с резидуально-органическими нарушениями ЦНС (здесь у нас тандем медики, психолог и логопед - за полгода неплохие результаты).

Наблюдения за детьми, желание повысить интерес детей к занятиям и добиться наибольших результатов, кроме комплексных занятий, стала использовать собственные разработки. К ним относится и книжка-игрушка "Потешки и считалочки для внучки моей Златочки" и книжка-помогайка "Веселый оркестр" (словосочетания «книжка-игрушка» и «книжка-помогайка» – это словотворчество, придумка воспитанников, которую я с удовольствием использую).

Почему книжка-игрушка? Основываясь на общедидактические принципы, на которых строится логопедическая ритмика, изложенная Волковой Г.А.: "Любое познание начинается с чувственного восприятия" *(принцип наглядности)*. "Активность детей дошкольного возраста на занятиях стимулируется эмоциональностью педагога, различными играми или игровыми приемами и упражнениями" *(принцип сознательности и активности)*. "Только при многократных систематических повторениях образуются здоровые двигательные динамические стереотипы" *(принцип систематичности)*. "Учет возрастных особенностей и возможностей лиц с речевыми нарушениями" *(принцип доступности)* [2,8], сочинила текст потешек и считалок, предварительно выяснив наиболее интересные для детей темы. Ввела их в занятия и убедилась - стихи работают, вызывая энтузиазм детей к их заучиванию. Затем подобрала несколько видов картинок по тематике каждого стихотворения и сделала два варианта небольших (карманных) книжек. И интерес детей заметно возрос, они с удовольствием рассматривали и перелистывали небольшие по формату страницы, умудряясь дорисовать рисунок по своему усмотрению. Раскраска стала очень хорошим игровым дополнением, удовлетворяющим потребностям детей "приложить руку" к красочному завершению рисунка. Окончательный вариант книжки сформировался, когда поместила ее на кукле из плотного картона, тогда книжка стала настоящей игрушкой.

Занятия с книжкой-игрушкой на первом этапе предполагают заучивание считалок и, как показала практика, процесс происходит эффективнее, если ребенок в это время рисует.

Далее, когда текст уже знаком и раскраска картинки завершена, логопед предлагает ребенку "посчитаться", сначала помогая ему выдерживать определенный размер и ритм.

И третий этап – придумывание игры на тему той или иной потешки-считалочки. Причем правила игры ненавязчиво корректируются педагогом.

Необходимо отметить, что дети с удовольствием становятся актерами, изображая в этих играх то Мишку, Тишку, Паука или Кузнечика. А когда играют в Матрешек, то все с удовольствием танцуют.

Проведя сравнительный анализ работы до и после использования книжки игрушки на занятиях, наблюдая их результативность, убедилась, что работа с потешками и считалочками помогает:

- автоматизировать и дифференцировать звуки, совершенствовать интонационную сторону речи,

- развивать артикуляционный аппарата ребенка, речевое дыхание, темп, дикцию, силу и диапазон голоса,

- стимулировать творчество, фантазию,

- развивать память, внимание, логическое мышление,

- приобретать графические навыки,

- овладевать счетом до "10" за более короткий промежуток времени,

-получать представление о составе чисел, соотносить их с соответствующим множеством предметов.

Дети после таких занятий уходят позитивно настроенные и, по словам родителей, часто играют дома, вовлекая в игру родных и друзей. Книжка - игрушка приемлема как для индивидуальных, так и для групповых занятий.

Книжка-игрушка "Потешки и считалочки для внучки моей Златочки" была отмечена дипломом 1 степени в категории "Наука", номинации "Литература" в конкурсе "Педагогических инноваций" в рамках 7-го Всероссийского фестиваля "Кубок России - Ассамблея Искусств"

В книжке-помогайке "Веселый оркестр" использован, как стимул, большой интерес малышей к игре на детских музыкальных инструментах, а вместе с авторскими стихами и инсценировкой, тем более что каждый музыкальный инструмент подбирается конкретному ребенку, все это дает замечательные результаты.

В "Веселом оркестре" вначале используется раскраска, дети с удовольствием раскрашивают музыкальные инструменты, параллельно заучивая текст и, заодно узнают какие они (ударные - металлофон и колокольчики для симфонического оркестра, а барабан, трещотки и ложки - народные) и сколько же их на самом деле (металлофон-1, барабанов-2, трещеток-3, ложек-4, колокольчиков-5)

Когда тот или иной звук извлечен, текст знаком и все задачки решены (например - сколько гостей пришло на день рождения? - сколько мальчиков и девочек?) долгожданные музыкальные инструменты, наконец, вручаются детям и идет знакомство непосредственно с инструментом и его звучанием. А на выученный текст легче подобрать определенный ритм исполнения.

Следующий этап - свести все инструменты в единый "веселый оркестр", чтобы дать возможность детям услышать и почувствовать, как звучит их оркестр.

Занятия по книжке - помогайке снимает зажимы, повышает активность, поднимает эмоциональный и мышечный тонус, что, безусловно, является предпосылками для более эффективной коррекции звукопроизношения, способствует развитию памяти, внимания, повышает интерес к музыкальным занятиям. В процессе игры ярко проявляются индивидуальные черты каждого исполнителя.

Это прекрасное средство не только для исправления речевых нарушений, но и развития мышления, творческой инициативы, сознательных отношений между детьми, умение работать в коллективе - "веселым оркестром", это своеобразная музыкальная терапия, ориентированная на развитие речи.

Продолжая работу в этом направлении, наблюдая положительные результаты, и особенно занятий проводимых в комплексе с другими (хореография, вокал, изобразительное искусство, декоративно-прикладное творчество и т.д.) можно определенно сделать вывод, что социально-образовательная среда и педагогические условия детской школы искусств и ремесел способствуют нормализации речевых нарушений у детей дошкольного возраста. Одновременно решая задачи по воспитанию познавательной, волевой и эмоциональной сфер личности, гармоничному физическому и художественному развитию детей, развитию музыкального слуха, внимания и восприятия, комплексных видов памяти, выразительности движений, формирует эмоциональную отзывчивость и музыкально-ритмическое чувство. Работа логопеда-дефектолога в ДШИ направлена на преодоление речевых нарушений в единстве всех видов искусств.

Используемая литература:

1. Артпедагогика и арттерапия в специальном образовании: Учебник для студентов средних и высших учебных заведений, Е.А. Медведева, И. Ю. Левченко, Л.Н. Комисарова, Т.А. Добровольская. - М.: Издательский центр Академия, 2001.- 248с.
2. Волкова Г. А. Логопедическая ритмика: Учебник для студентов высших учебных заведений. - М.: Гуманит. издательский центр ВЛАДОС, 2002.- 272с. - (Коррекционная педагогика)
3. Выготский Л.С. Психология искусства. - Изд. 2-е, исправленное и дополненное. - М.: Искусство, 1968.- 576с.

4. Выготский Л.С. Воображение и творчество в детском возрасте. - Изд. 3-е.- М.: Просвещение, 1991.- 96с.

5. Жукова Н.С. Преодоление недоразвития речи у детей: Учеб-метод. Пособие - М: Соц-полит, журн.1994 - 96с.

Аннотация: Статья посвящена проблеме профилактики и коррекции звукопроизношения через взаимодействие различных видов искусств. О педагогических условиях детской школы искусств и ремесел и ее возможностях в реализации авторских идей и разработок на современном этапе.

Тарнопольский О.Б.
профессор, доктор педагогических наук, Днепропетровский университет им. Альфреда Нобеля, Днепропетровск, Украина.
E-mail: otarnopolsky@mail.ru

ПРИНЦИПИАЛЬНЫЙ ПРАГМАТИЗМ В ОБУЧЕНИИ АНГЛИЙСКОМУ ЯЗЫКУ ДЛЯ ПРОФЕССИОНАЛЬНЫХ ЦЕЛЕЙ В НЕЯЗЫКОВОМ ВУЗЕ

Понятие *принципиального прагматизма*, или *эклектического подхода*, было введено в современную методику преподавания иностранных языков одним из ведущих американских методистов В. Kumaravadivelu [7], который утверждает, что обучение иностранным языкам не должно опираться на какой-то один подход или метод. В каждом конкретном случае необходимо отбирать из разных подходов и методов все, что может оказаться эффективным для преподавания конкретного языка с конкретными целями в конкретных условиях и для конкретного контингента обучаемых. Такое объединение составляющих разных подходов и методов определяет эклектизм в современном преподавании иностранных языков и прагматизм этого преподавания (используется все, что может быть практически эффективным и полезным независимо от каких бы то ни было теоретических концептов). Принципиальность же рассматриваемого прагматизма заключается в необходимости обеспечить гармоничное сочетание составляющих разных подходов и методов, так чтобы они не противоречили друг другу, а составили новое единое систематизированное целое, сориентированное на максимально эффективное достижение единых конкретных целей обучения.

Целью данной работы является рассмотрение вопроса о том, каким должен быть подход к обучению английскому языку для профессиональных целей в неязыковом вузе, построенный на основе принципиального прагматизма, – точнее, из каких составляющих существующих подходов и методов должен складываться искомый подход, чтобы с максимально возможной эффективностью обеспечивать достижение желаемых результатов обучения.

Наше многолетнее теоретическое и экспериментальное исследование данной проблемы (см. монографии, опубликованные в Украине и Великобритании [1; 9]) показало, что есть три составляющие, обеспечивающие оптимальное принципиально прагматическое сочетание разных подходов и методов для наиболее эффективного достижения целей обучения английскому языку для профессионального общения в неязыковом вузе. Эти составляющие включают: *конструктивизм*, практически реализуемый через *экспериенциальное обучение (experiential learning*), *обучение через содержание будущей специальности* (*content-based instruction*) *и смешанное обучение* (*blended learning*).

Конструктивистский подход (конструктивизм) базируется на создании возможностей для обучаемых не получать в готовом виде, а самостоятельно «конструировать» собственные знания, навыки и умения в процессе учебной деятельности, которая воссоздает или моделирует экстралингвистическую действительность и деятельность, ради которых изучается язык. Практическое воплощение конструктивизма в преподавании иностранного языка представлено экспериенциальным обучением (*experiential learning* [6]). При обучении английскому языку для профессиональных целей экспериенциальное обучение предполагает такую организацию всего учебного процесса, при которой в нем осуществляется непрерывное моделирование практической профессиональной деятельности будущего специалиста. Но в этом моделировании квази-профессиональная деятельность осуществляется студентами средствами не родного, а иностранного языка.

Экспериенциальное обучение означает построение учебного процесса как серии ролевых/деловых игр, учебных проектов, студенческих дискуссий, мозговых штурмов, презентаций, решений кейсов/практических профессиональных задач и тому подобных видов учебной деятельности. Их содержание, с одной стороны, целиком базируется на материале будущей профессии, а с другой стороны, имитирует, моделирует средствами иностранного языка очень многое из того, что специалист должен будет делать, когда реально начнет работать по своей специальности. В ходе такой смоделированной квази-профессиональной деятельности сам язык и общение на нем осваиваются как бы попутно, непроизвольно в ходе решения профессионально-ориентированных задач. Это создает наиболее естественные условия для овладения иноязычной профессиональной речевой коммуникацией, т.е. существенно облегчает и интенсифицирует такое овладение.

Описанный конструктивистский подход, практически воплощаемый через экспериенциальное обучение, оптимален и для реализации другой тенденции современной методики, касающейся исключительно обучения языку для специальных целей. Имеется в виду все более широкое распространение обучения языку через содержание специальности (*content-based language instruction* [5]). В этом случае учебный курс строится исключительно на содержательном материале специальных дисциплин, которые составляют основу профессиональной подготовки. Благодаря тому, что воспроизведение экстралингвистической действительности средствами экспериенциального обучения (через соответствующие виды учебной деятельности) осуществляется на материалах, тесно связанных с будущей профессией, во-первых, осуществляется объединение такого обучения с обучением через содержание. Во-вторых же, и это самое важное, «конструируемые» студентами собственные знания, навыки и умения с самого начала формируются с ориентировкой на обслуживание исключительно профессионального общения и расширение информационной основы для такого общения. Тем самым обеспечивается не только реализация профессионально направленного обучения иностранному языку в неязыковом вузе, но и улучшение специальной подготовки обучаемых. Но для этого содержание специальности в курсе английского языка должно подаваться не только систематически, но и системно, т.е. как логически построенная система профессиональных знаний, а не как разрозненные фрагменты таких знаний, что нередко наблюдается в обучении языку для специальных целей в неязыковых вузах.

Однако ни конструктивистский подход (экспериенциальное обучение), ни обучение через содержание специальности в описанном выше их понимании не были бы возможны без организации учебного процесса с максимально широкой опорой на возможности Интернета. Эта опора настоятельно необходима, поскольку без нее преподаватель и студенты просто не смогут найти достаточно источников профессиональной англоязычной информации для обеспечения всех потребностей построенного на основе конструктивизма и ориентированного на содержание специальности учебного процесса по иностранному языку.

И виды учебной деятельности, свойственные экспериенциальному обучению, и, особенно, системная подача содержания специальности в курсе иностранного языка требуют постоянной и систематической работы студентов с огромным количеством оригинальных и аутентичных профессиональных материалов на английском языке. При этом, в условиях конструктивистского подхода к обучению, находить и обрабатывать эти материалы студенты должны сами (что, конечно, не исключает консультативной помощи и подсказок преподавателя), так как иначе учебный эффект заданий творческого характера – например, учебного проектирования – будет намного ниже ожидаемого.

В условиях отечественных неязыковых вузов проблема может быть решена за счет постоянного проведения студентами (по заданиям преподавателя) Интернет-поиска информации, необходимой им для выполнения творческих учебных заданий, на англоязычных профессиональных Интернет-сайтах. При использовании конструктивистского подхода проведение Интернет-поиска на таких сайтах должно быть включено и в курсы языка для специальных целей, и в базовые учебники для этих курсов как неотъемлемая, обязательная и регулярная учебная деятельность.

В этом случае обучение становится смешанным (*blended learning* [8]), т.е., построенным на сочетании, с одной стороны, работы студентов с преподавателем и друг с другом, а с другой, – с их постоянной, систематизированной и регулируемой аудиторной и внеаудиторной работой онлайн. При этом и традиционная аудиторная работа, и самостоятельная работа онлайн являются равнозначимыми в учебном процессе и занимают в нем примерно равное место.

Именно названные три подхода в их органическом сочетании друг с другом легли в основу единого разработанного нами принципиально прагматического подхода к преподаванию английского языка для профессиональных целей в неязыковых вузах Украины. Практическое воплощение разработанный единый подход нашел в двух учебных комплексах: «*Деловые проекты (Business Projects)*» [4], предназначенном для будущих экономистов и работников сферы бизнеса, и «*Психологические дела (Psychological Matters)*» [2], предназначенном для будущих психологов. Практика применения в учебном процессе этих методических комплексов и воплощенных в них методик, базирующихся на принципиальном прагматизме, а также специальные экспериментальные исследования, проводившиеся в течение ряда лет [1; 3], продемонстрировали серьезные преимущества предложенного подхода.

Они заключаются в том, что: а) овладение студентами английским языком для профессиональных целей проходит интегрировано с изучением будущей специальности; б) формирование и развитие у обучаемых навыков и умений иноязычного профессионального речевого общения происходит интенсивнее, эффективнее, быстрее и легче; причина в том, что в фокусе внимания преподавателя и студентов находится не сам изучаемый язык, как в традиционном учебном процессе, а освоение посредством этого языка профессиональных знаний – язык же и общение на нем осваиваются главным образом непроизвольно, имплицитно через использование языка в профессионально ориентированной коммуникации; в) вузовский курс иностранного языка начинает реально выступать в качестве средства повышения уровня профессиональной подготовки.

Литература

1. Методика навчання англійської мови студентів-психологів. Монографія / [О.Б. Тарнопольский, С.П. Кожушко, Ю.В. Дегтярьова та інш.]; за заг. та наук. ред. О.Б. Тарнопольського. – Дніпропетровськ: Дніпропетр. університет імені Альфреда Нобеля, 2011. – 264 с.
2. Психологічні справи (Psychological Matters). Підручник з англійської мови для студентів напряму підготовки «Психологія». Книга для студента та Робочий зошит / [Тарнопольський О.Б., Кожушко С.П., Дегтярьова Ю.В. та інш.]. – К.: Фірма "ІНКОС", 2011. – 302 с.
3. Тарнопольский О.Б. Методика обучения английскому языку для делового общения / О.Б. Тарнопольский, С.П. Кожушко. – К.: Ленвит, 2004. – 192 с.

4. Тарнопольский О.Б. Ділові проекти (Business Projects). Підручник з ділової англійської мови для студентів вищих закладів освіти та факультетів економічного профілю. Друге видання, виправлене та доповнене. Книга для студента та робочий зошит / О.Б. Тарнопольський, С.П. Кожушко. – Вінниця: Нова Книга, 2007. – 328 с.

5. Brinton D.M. Content-based second language instruction / D.M. Brinton, M.A. Snow, M.B. Wesche. – New York: Newbury House Publishers, 1989. – 241 p.

6. Jerald M. Experiential language teaching techniques. Out-of-class language acquisition and cultural awareness activities. Resource handbook number 3. Second revised edition / M. Jerald, R.C. Clark. – Bratleboro, Vermont: Prolingua Associates, 1994. –148 p.

7. Kumaravadivelu B. Beyond methods: Macrostrategies for language teaching / B. Kumaravadivelu. – New Haven and London: Yale University Press, 2003. – 339 p.

8. Sharma P. Blended learning. Using technology in and beyond the language classroom / P. Sharma, B. Barrett // Oxford: Macmillan, 2007. – 160 p.

9. Tarnopolsky O. Constructivist blended learning approach to teaching English for Specific Purposes / O.Tarnopolsky. – London: Versita, 2012. – 254 p.

Панек Т. В.
кандидат искусствоведения, доцент
Харьковский национальный педагогический университет имени
Г. С. Сковороды

ВЛИЯНИЕ ЗАПАДНОЕВРОПЕЙСКОЙ ПЕДАГОГИЧЕСКОЙ МЫСЛИ НА СТАНОВЛЕНИЕ ХУДОЖЕСТВЕННО-ПРОМЫШЛЕННОГО ОБРАЗОВАНИЯ В УКРАИНЕ XIX ВЕКА

Приоритет европейской науки в художественно-промышленной сфере неоспоримый и исторически подтвержденный не только благодаря развитию современного дизайн-образования, но и реализации его на практике. Стоит хотя бы вспомнить художественно-промышленные школы Германии, Великой Британии и США. Изучая историю художественно-промышленного образования в Украине, можно сказать о неоднородном влиянии некоторых европейских педагогических тенденций на становление дизайн-образования в разных регионах.

Центром западно-украинской школы, безусловно, можно считать Львов (в данный период Галичина входила в состав Австрии). Именно тут с 1888 до 1894 гг. начали организовываться первые художественно-промышленных школы на базе средних учебных заведений (гимназии, реальные школы) под руководством Крайовой Комиссии. Одной из первых открылась Львовская городская промышленно-торговая школа (1865) и частная промышленная школа Марка Бернштайна для ремесленников-евреев (1881) [3, 80]. Усилиями Педагогического товарищества аналогичные промышленные школы были основаны в Перемышле (1880), Дрогобыче (1884), Коломыи, Ивано-Франковске (1885), Жовкве (1886) и т. д. [3, 81]. Их целью была подготовка художественных кадров для отечественной промышленности. Заметим, что большинство специалистов были вынуждены получать художественное образование в академических заведениях Вены, Берлина, Парижа, Кракова, Варшавы и не каждый желающий имел возможность оплатить это образование. Поэтому открытие школ было продиктовано самим временем. В 1891 г. выдающийся педагог О. Барвинский свое правительственное выступление на тему поддержки развития промышленных школ закончил лозунгом «Деньги, вложенные в школы, приносят наилучшие проценты» [3, 86]. Но, несмотря на развитие отечественных форм обучения, художественно-промышленное образование Галичины на кон. XIX – нач. XX ст. находилось под сильным влиянием общеевропейских художественных течений.

Специфика становления художественно-промышленного образования в Восточной Украине была обусловлена несколькими факторами, но главным, конечно же, можно считать факт привлечения частных капиталов из России и Западной Европы. Харьков со своим огромным индустриальным потенциалом становится центром художественно-промышленного образования в Восточной Украине, а если прибегнуть к современным понятиям, – колыбелью дизайна. Именно здесь в XIX веке была открыта частная художественная школа с промышленным уклоном М. Раевской-Ивановой, где за основу преподавания были взяты как академические дисциплины, так и прикладные.

М. Д. Раевская-Иванова, пройдя курс общеобразовательных лекций в Миланской академии наук, немецкий язык и литературу в Дрездене, частные уроки рисования и живописи в дрезденской мастерской Эргардта, скульптуру у Кирхгода, «уроки живописи альфреско» у Дитриха, будучи образованнейшей женщиной Юга России, чутко откликалась на вызовы времени. И потому не удивительно что, возлагая большие надежды на художественное образования, полагала, что ему надлежит сыграть важную роль в преобразовании общества, так как только путем распространения художественных знаний в народе можно добиться создания «образованной промышленности», а это в свою очередь, повлияет на уровень жизни простых людей [2, 69; 73]. Будучи во Франции на промышленной выставке 1867 г., художница имела возможность познакомится с лучшими европейскими техническими школами рисования Англии, Германии и Франции. Этот опыт художественно-промышленного образования она привезла к себе на родину в Украину.

При своей школе М. Раевская-Иванова открывает воскресные классы технического рисования для ремесленников. Вместе со своими коллегами она разрабатывает специальные задания для учащихся, ориентированные на выполнение реальных заказов для местной промышленности. Главные методические разработки по системе художественной подготовки этих специалистов изложены в ее работе «Опыт программы по преподаванию рисования в воскресных классах для ремесленников» (1895). «За границей есть множество воскресных и вечерних рисовальных школ, – писала она, – где ремесленники в свободные от работы часы приобретают знания, улучшают свои ремесла и делают их для себя более выгодными... В настоящее время и московские ремесленники уже поняли, насколько полезно свободное время употреблять на учение рисованию...» [1, 3]. Школа М. Раевской-Ивановой не ограничивалась только проведением учебного процесса, – ее педагоги и лучшие ученики выполняли реальные заказы по созданию промышленных образцов, подготовив тем почву для постепенного преобразования харьковской школы в ведущую школу дизайна Украины. Выпускники были специалистами широкого профиля, и востребованными в художественной жизни не только восточной Украины, но и всей Российской Империи.

Конечно же, постановка учебного процесса в этой школе содействовала междисциплинарному мышлению и широте художественного мировоззрения. Но самым главным достоянием педагогического процесса можно считать построение модели репродукции профессионального мастерства, которое передавалось от мастера к ученику. Вместе с этими знаниями прививались и нормы художественного вкуса, уходящие своими корнями в предыдущий духовный и культурный опыт. Именно на этом фундаменте художественного образования зиждилось все то, на чем развивалась национальная художественно-промышленная школа.

Во второй половине 90-х годов на базе частной школы М. Раевской–Ивановой была создана государственная. В связи с этим учебная программа в ней претерпела изменения и художественно-промышленная тематическая направленность совсем ушла из ее стен. В создавшихся условиях ряд преподавателей школы М. Раевской-Ивановой перешли на работу в Харьковский технологический институт, где заложили основы художественно-конструкторского образования.

Только после революции 1917 года, когда Харьков становится столицей Украины (1919 – 1934) открывается – Художественный техникум (1921), подобный московскому ВХУТЕМАСу, который начал готовить специалистов для промышленности. Одним из его основателей стал известный представитель украинского авангарда 20-х годов Василий Ермилов, создавший теорию функционально обоснованной формы и заложивший основы пропедевтики. Создание художественного техникума послужило базой для многолетнего начала процесса формирования дизайн-образования в Украине. Педагогические концепции, апробированные на стыке двух эпох, легли в основу современной подготовки специалистов в разных отраслях дизайна.

Таким образом, в Украине художественно-промышленное образование, прошло сложный путь от становления художественных классов до промышленного направления. Основы профессионального образования заложенные нашими предшественниками в XIX столетии, обеспечили благоприятные условия для дальнейшего развития дизайнерской школы в разных регионах Украины.

Литература:
1. Раевская–Иванова М. Д. Опыт программы по преподаванию рисования в воскресных классах для ремесленников. – Х.: Литотип. Х. М. Аршавской, 1895. – 16 с.
2. Соколюк Л. Д. К истории художественной жизни Харькова. Эволюция Харьковской художественной школы во второй половине XVIII–XIX века. – Харьков, 1986. – 166 с.
3. Шмагало Р. Т. Мистецька освіта в Україні середини XIX – середини XX ст.: структурування, методологія, художні позиції / Р. Т. Шмагало. – Л.: Укр. технології, 2005. – 528 с.

Лановенко А.О.
аспирантка
Винницкого государственного педагогического университета
a.lanovenko888@gmail.com

ИСПОЛЬЗОВАНИЕ ИНФОРМАЦИОННО-ОБРАЗОВАТЕЛЬНОЙ СРЕДЫ В ПОДГОТОВКЕ КОМПЕТЕНТНОГО ПЕДАГОГА

Интенсивное развитие и внедрение ИКТ в учебный процесс вузов обусловили необходимость постоянного совершенствования и наполнения информационной образовательной среды (ИОС) и использования соответствующих средств информационного обеспечения учебного процесса.

Современное образование, его качества связанные с внедрением в учебный процесс новых технологий обучения, обеспечивающих качественные изменения в подготовке будущих специалистов.

Анализ предыдущих исследований свидетельствует, что проблемы обучения с использованием средств ИКТ рассматривались учеными: Ю. Барановским, Я. Ваграменко, С. Григорьевым, Р. Гуревичем, С. Ждановым, И. Захаровой, М. Лапчик, Н. Пак, Е. Полат, И. Роберт и др. Проблемы разработки, изучения структуры и использования информационной образовательной среды стали предметом научных исследований А. Абросимова, Н. Башмакова, И. Богдановой, В. Быкова, И. Захаровой, Ю. Жука, М. Кадемии, М. Козяра, А. Кузнецова, Е. Полат, В. Солдаткина, Л. Шевченко и др.

Информационно-образовательная среда – это интегрированная среда информационно-образовательных ресурсов (электронные библиотеки, учебные системы и программы), программно-технических и телекоммуникационных средств, правил их поддержки, администрирования и использования, обеспечивающих единые технологические средства информации, информационную поддержку и организацию учебного процесса, научных исследований, профессиональное консультирование [1, с. 80].

Для подготовки компетентного педагога в Винницком государственном педагогическом университете имени Михаила Коцюбинского используются следующие технологии:

1) электронная библиотека университета;

2) портал студентов и преподавателей кафедры, который обеспечивает информационный обмен между преподавателями и студентами;

3) видеоконференции (Вебинары) как средство интерактивного взаимодействия преподавателей и обучающихся. Сервисы конференцсвязи

позволяют проводить занятия в виртуальных аудиториях, создавать библиотеки подкастов, проводить конференции в режиме он-лайн, защиты курсовых и дипломных работ и др.;

4) сайт преподавателя – электронную площадку, на которой осуществляется прямой контакт (в режиме он-лайн) со студентами;

5) организация тематической подборки широкого спектра документов разного типа, содержания, ссылок и других Веб-элементов в соответствии с учебной целью;

6) осуществление междисциплинарных и внутридисциплинарных связей посредством работы с электронными учебно-методическими комплексами.

Портальные технологии, построенные на креативных ИКТ предоставляют широкие возможности для использования современных методов обучения и обеспечивающих организационно-педагогические условия для реализации самостоятельной работы с использованием электронного обучения (E-learning).

E-learning – система электронного обучения, синоним таких терминов, как электронное обучение, дистанционное обучение, обучение с применением компьютеров, сетевого обеспечения, виртуального обучения, обучения с помощью ИКТ [2, с. 200].

Необходимым условием осуществления e-learning является наполнение ИОС электронными учебно-методическими комплексами (ЭНМК).

ЭНМК – это дидактическая система, в которой с целью создания условий для педагогической активности, информационного взаимодействия между преподавателями и студентами интегрируются прикладные программные продукты, базы данных, а также другие дидактические средства и методические материалы, которые обеспечивают и поддерживают учебный процесс [2, с. 55].

Современный ЭНМК – это мультимедийный интерактивный комплекс, содержащий видео, виртуальные лабораторные практикумы, модули поисковых и экспертных систем, которые реализуются через взаимодействие «студент – педагог – учебный материал».

ЭНМК включает: методические материалы (аннотация, учебная программа, рабочая программа); учебные материалы (лекции, лабораторные работы, словарь терминов); контроль знаний (критерии оценки, задания для самостоятельной подготовки, тесты, вопросы на зачет, экзамен); литература (основная, дополнительная, Интернет-ссылки); творческие задания студентов.

В процессе подготовки и использования в учебном процессе ЭНМК необходимо руководствоваться модульным подходом, с помощью которого возможно успешное решение ряда образовательных задач: формирование субъективной позиции студента; реализация образовательной цели в процессе сотрудничества преподавателя со студентами; генерирования у студентов продуктивного мышления во время занятий; использование в процессе подготовки учебных продуктов организационно-деятельностных методов, способствующих развитию их способностей, которые будут отвечать их будущей профессиональной деятельности; ориентация студентов на самостоятельную оценку полученного результата обучения.

Использование ИОС в учебном процессе педагогического вуза позволяет осуществлять познавательную деятельность студентов в открытой форме, студенты имеют возможность самостоятельно выбирать темы, время и порядок изучения учебного материала, использовать компьютерные анимации, моделировать процессы, осуществлять демонстрации, самостоятельно выполнять лабораторные и практические работы; следить за собственным продвижением; приобретать умения и навыки работать с учебным материалом, а также умение работать с информацией, ее сбором, систематизацией и обобщением, моделированием тех или иных процессов.

Вместе с тем, использование ИОС в учебном процессе имеет ряд недостатков: отсутствие желания у студентов изучать и контролировать материал аудиторных лекций, наполнять и корректировать материалы, изучение электронных материалов очень часто отталкивает студентов от работы с традиционными учебниками, пособиями, научной литературой; быстрая утомляемость студентов во время некоторых работ, связанных с работой в ИОС.

Осуществление учебного процесса с использованием информационной образовательной среды способствует усвоению знаний, формированию умений, навыков при условии введения интеграции традиционных и ИКТ обучения. Эффективность использования ИОС во многом зависит от успешного решения задач методического характера, связанных с его наполнением и использованием в учебном процессе. Использование ЭНМК позволяет организовать познавательную, организационную и методично направленную деятельность студентов, которая ориентирована на достижение результата: владение определенной учебной дисциплиной, формирование профессионально значимых умений и качеств будущего компетентного педагога.

Литература

1. Гуревич Р. С. Веб-квест у навчанні: путівник : навчально-методичний посібник / Р. С. Гуревич, М. Ю. Кадемія, О. В. Шестопалюк. – Вінниця : РВВ ВДПУ імені Михайла Коцюбинського, 2012. – 128 с.

2. Кадемія М. Ю. Інформаційно-комунікаційні технології навчання : термінологічний словник / М. Ю. Кадемія. – Львів : Вид-во «СПОЛОМ», 2009. – 260 с.

Крутченко Л.В.
аспирант Уманского государственного педагогического
университета имени Павла Тычины
lilkrut@gmail.com

РОЛЬ ХУДОЖЕСТВЕННО-КОНСТРУКТОРСКОЙ ДЕЯТЕЛЬНОСТИ В РАЗВИТИИ ТВОРЧЕСКИХ СПОСОБНОСТЕЙ УЧАЩИХСЯ В ПРОЦЕССЕ ПРОЕКТИРОВАНИЯ

Рост информатизации общества, потребность в использовании передовых технологий выдвигают перед современной школой ряд задач, основное место среди которых занимает проблема развития творческих способностей личности. Наибольшей ценностью сейчас является умение творчески использовать приобретённые знания. Именно это умение помогает человеку выполнять общественные и профессиональные функции, помогает быстро адаптироваться в новых экономических условиях, а также способствует быстрому переходу от одного вида деятельности к другому.

Развитие творческих способностей личности, а также пути и условия их развития широко исследуются как молодыми так и опытными учеными в современной психолого-педагогической науке. К ним относятся работы И.Волкова, И.Волощук, Н.Мартинюка, В.Моляко, Я.Пономарьова, В.Юркевича, которые рассматривали именно развитие творческих способностей личности в процессе предметно-преобразовательной деятельности.

Внедрение в учебный процесс методов художественного конструирования, развитие творческих способностей в процессе решения художественно-конструкторских задач освещены в работах О.Гервас, Н.Знамеровской, Б.Неменского, Б.Нешумова, Л.Оршанского, М.Пагуты, В.Тименка , В.Титаренко, В.Трофимчука, В.Харитоновой, Л.Шпак, Б.Юсова и др..

Постановка проблемы. В нашем же исследовании, мы будем рассматривать проблемы художественно-конструкторской деятельности, поскольку именно в процессе этой деятельности предусматривается активная творческая деятельность учащихся и создаются идеальные условия для выявления и развития творческих способностей.

Художественно-конструкторская деятельность учащихся - достаточно сложный процесс, который интегрирует в себе не только деятельность по созданию определенного изделия или его усовершенствовании, но и творческие способности учащихся, когда проявляется умение видеть в обычных вещах новые качества и формы.

Современная художественно-конструкторская деятельность является сложным и самостоятельным процессом, обеспечивающим решение конструктивно-технических и общественных задач и доказывает необходимость обучения художественному конструированию с детства. С одной стороны, художественно-конструкторская деятельность формирует предпосылки для развития творческих способностей учащихся, их познавательной самостоятельности, а с другой - она сама является важным фактором для раскрытия способностей учащихся и совершенствование приобретенных умений. Это еще раз доказывает необходимость уделить внимание формированию художественно-конструкторских знаний, умений и навыков на уроках труда.

Исходя из цели нашего исследования, выявить основные проблемы художественно-конструкторской деятельности, и опираясь на многолетний опыт известных ученых, мы считаем целесообразным шире и глубже осветить вопрос и дать характеристику художественно-конструкторским умениям и навыкам, которые формируются у учащихся в процессе именно этой деятельности. Есть потребность проявить те умения, которые необходимо формировать у учащихся в соответствии с их возрастными особенностями, определить содержание этих умений и классифицировать их в отдельные группы.

Последнее время художественное конструирование получило признание и развитие. Увеличилась потребность в формировании художественно-конструкторских знаний и умений учащихся, повысились требования к их изучению.

Дидактический аспект теории художественно-конструкторского обучения требует при построении учебно-воспитательного процесса руководствоваться теорией овладения знаниями, формирование умений и практических действий.

Процесс обучения учащихся художественному конструированию проходит следующие этапы:

• введение основных художественно-конструкторских понятий, раскрывающих содержание конструкторских творческих действий в процессе обучения;

• формирование и закрепление понятий умственных и практических действий;

• развитие художественно-конструкторских умений и навыков в процессе практических и самостоятельных работ.

Художник-конструктор осуществляет свою деятельность на основе художественно-образного мышления. Решение разнообразных задач по художественному конструированию связан с необходимостью планировать, прогнозировать, корректировать свою работу, строить процесс решения в образах, а затем воплощать его в готовое изделие.

Художественно-конструкторская деятельность представляет собой сложный процесс, который зависит от действий, которые имеют свой мотив на каждом этапе. Это - попытка стимулировать развитие художественно-конструкторских способностей учащихся на уроках трудового обучения, улучшить заинтересованность учащихся. Художнику-конструктору в своем творчестве приходится выполнять функции конструктора, инженера-проектировщика, технолога, дизайнера и т.п. Он должен обладать не только достаточными знаниями в специальных областях (техники, эргономики, эстетики), но профессионально владеть графическими средствами передачи мыслей, знать средства и свойства композиции, разбираться в закономерностях построения объемно-пространственных структур, тектоники, уметь пропорционировать и использовать ритм, масштаб и масштабность, контраст и нюанс, гармонично использовать свет и цвет, тоновые отношения.

От того, как учитель понимает основные задачи художественного конструирования, какие наиболее распространенные закономерности он может использовать в своей непосредственной организации практической части процесса трудового обучения, зависят и те творческие задачи, которые он ставит перед собой в процессе проектной деятельности. Учитывая то, что учитель трудового обучения является "конструктором" личности ученика, то развитие художественно-конструкторских способностей учащихся и будет его основной творческой задачей обучения.

Художественное конструирование - это новый творческий метод проектирования изделий промышленного производства, внедрение которого должно обеспечить высокое качество продукции. Его особенностью является единство утилитарных и эстетических принципов [4, 78].

Глубокие знания, определенный опыт и навыки художника-конструктора имеют решающее значение в решении сложных задач проектирования и позволяют ему учитывать различные факторы, влияющие на образование новых объектов, факторы, которые не поддаются математическому расчету и требуют для их обобщения хорошо развитой творческой (художественной) интуиции [4].

В 5-6-х классах, чтобы научить детей планированию и изготовлению простых изделий, время от времени необходимо проводить уроки, на которых каждый ученик самостоятельно выбирает конструкцию несложной задачи, сам планирует работу по его изготовлению, подбирает материал, оборудование, инструменты и выполняет работу. Многие школьники увлекаются непосредственно процессом труда и после получения задания сразу же спешат приступить к работе, им не хватает выдержки ознакомиться с содержанием учебно-трудовой задачи, объясняется природой их физиологического развития в этом возрасте. Они недостаточно четко продумывают ход выполнения задания и приступают к той операции, которая им больше нравится в данный момент. Таким образом, ими нарушаются элементарные требования культуры труда, допускаются технологические ошибки, нарушаются требования техники безопасности, работа выполняется с опозданием и низкого качества. Главной задачей учителя является исправить ученика, объяснить ему, каких-либо недостатков работы приводит игнорирование им вопросы планирования своей работы.

Важно, чтобы разработка и выполнение учащимися творческих проектов на уроках трудового обучения в 5-9 классах осуществлялось на основе принципа последовательности, поскольку выполнение сначала простых проектов, а затем переход к более сложным от 5 до 9 класса дает возможность сформировать у учащихся алгоритм действий при проектно-технологической деятельности.

При подборе проекта необходимо стремиться к тому, чтобы творческий проект содержал в себе тот уровень развития его творческих способностей и практических знаний, умений и навыков, которыми уже овладел ученик в течение года. В этом случае осуществляется самостоятельный перенос знаний и умений на конкретный объект (проект). Проект должен включать в себя комплекс знаний и умений из предыдущих тем.

Специфика трудового обучения как общеобразовательного предмета выражается в преобразующем характере учебно-трудовой деятельности учащихся и измерении ее результатов материальными продуктами (эскизам, чертежам, схемам, полуфабрикатами, готовыми изделиями и т.п.). Самое непосредственное ощущение результатов труда порождает у учащихся удовлетворение им, побуждает к работе даже тех, кто отстает от других предметов, формирует субъективно- и социально-ценную мотивацию к учебе и труду.

Вывод. Подытоживая проведенную характеристику художественно-конструкторской деятельности учащихся можно отметить, что такая деятельность является достаточно сложной как для учащихся так и для учителя с точки зрения методики его работы. Поэтому есть потребность в более глубоких исследованиях процесса художественно-конструкторской деятельности и механизмов формирования творческих способностей учащихся в её процессе.

Литература

1. Ангеловски К. Учителя и инновации: Книга для учителя. Пер. с макед. - М.: Просвещение, 1991. - 159 с.

2. Моляко В.О. Психологічна готовність до творчої праці. - Київ, т-во "Знання", серія 7. "Педагогічна", 1989.- № 9.

3. Тхоржевський Д. О. Методика трудового і професійного навчання та викладання загальнотехнічних дисциплін. - К.: Вища школа, 1992.

4. Художественное конструирование на уроках труда в 5-7 классах //Школа и производство. - 1989. - №4. - С. 19.

Реброва Е.Е.
кандидат педагогических наук, доцент Государственное учреждение
«Пивденноукраинский национальный педагогический университет имени
К.Д.Ушинского» (Украина, Одесса)
helen-music56@mail.ru

ХУДОЖЕСТВЕННО-МЕНТАЛЬНЫЙ ОПЫТ БУДУЩЕГО УЧИТЕЛЯ В РЕАЛИЯХ ПОЛИКУЛЬТУРНОГО УНИВЕРСИТЕТСКОГО ОБРАЗОВАНИЯ

Педагогическая лексикология в эпоху информационного прогресса активно изменяет своё содержание. Категории философии, психологии, социологии, культурологии внедряются в теорию педагогической науки., Доказательством этого является использование в педагогике таких понятий, как «синергетика», «стохастика», «холизм», «мониторинг качества», «компетентность», «кросс-культурность», «поликультура» другие. Особое значение для педагогической науки имеют такие категории, с помощью которых можно изучить, пояснить, научно отрефлексировать сложные интегрированные процессы, относящиеся к духовной сфере личности и общества. Наиболее удобной для этого становится категория «ментальность».

Следует напомнить, что само слово «ментальность» впервые появилось в бытовой лексике, затем в литературных и публицистических произведениях, которые описывали сложные душевные состояния людей, обусловленные их складом ума, этнической принадлежностью (М.Вольтер, М. Пруст, У. Раульф). В качестве термина ментальность впервые встречается в работе Р.Эмерсона «Черты английской жизни», опубликованной в 1856. В качестве философской категории ментальность наиболее полно раскрыта в наследии философско-исторической школы «Анналов». Исследователей объединяли определенные подходы, на которые они опирались в своих исторических и культурологических работах, пытаясь объяснить сложные явления этно-психологического, социального, духовного, межличностного характера. Все проблемы и общественно-исторические явления, которые требовали философской интерпретации, представители школы пытались рассматривать сквозь призму феномена ментальности. Категория «ментальность» считалась наиболее удачной, поскольку в то время не была окончательно определенной, представлялась многоаспектной, плюралистичной, использовалась в различных областях гуманитарной науки. Применение этой категории позволяло рассматривать явления общества путем их разностороннего объяснения.

Последнее время категория ментальности всё чаще используется психолого-педагогической наукой. Она также является удобной для изучения и интерпретации сложных социальных, этнических, культурологических и профессионально обусловленных факторов, влияющих на педагогические процессы. Доказательством служат труды и исследования Б.Гершунского, И.Дубова, О.Зайцева, В.Кабрина, Ф.Кремень, В.Сонина, О.Олексюк, М.Холодной и других.

В педагогике искусства более актуальной и перспективной, с научной точки зрения, является категория «художественная ментальность». Её использование в настоящее время проходит этап латентного периода и входит в фазу научной рефлексии. Об этом свидетельствуют попытки определения художественной ментальности такими учёными, как Е.Глазырина, О.Кривцун М.

На основе обобщения результатов анализа искусствоведческих, культурологических, психолого-педагогических основ художественной ментальности мы уточнили сущность данного понятия. Художественная ментальность представлена как категория и как феномен. Как категория - поясняет обусловленность художественно-творческих процессов: создание, исполнение, интерпретацию, восприятие, переживание, оценку, отношение к искусству в обществе и конкретной личности, культурно-историческими, этно-национальными, социальными, профессиональными факторами. Данные факторы направляют процесс формирования индивидуального художественного опыта и эмоционально-духовной настроенности личности в соответствии с художественными ценностями общества. В качестве феномена, художественная ментальность существует в культурно-образовательном пространстве как особый, творчески энергетический ресурс обогащения художественной сокровищницы нации, развития каждой отдельной личности, фактор, который осуществляет духовную связь поколений. В глобализационном мировом пространстве художественная ментальность представляет мощный ресурс формирования взаимопонимания, толерантности и духовного взаимообогащения многих народов.

В практике художественно-педагогического образования художественная ментальность проявляется через накопление личностью особого вида опыта, который мы обозначили как художественно-ментальный. В когнитивной психологии ментальный опыт характеризует мыслительные репрезентации, интеллектуальную сферу личности (М.Холодная). Художественно-ментальный опыт как явление более сложного, интегрированного порядка, является конгломератом духовной практики. Он объединяет знания, умения, навыки, качества личности, сформированные на основе активных процессов художественно-образной, мыслительной; эмоционально-перцептивной и аперцептивной; художественно-коммуникативной практики. Их содержательной составляющей является искусство, во всех видах его проявления: академическое, народное, национальное, духовно-религиозное, этническое, молодёжное субкультурное. Такая поливекторность делает необходимым выделить в художественно-ментальном опыте общее, целостное ядро, которое выполняет объединяющую функцию. Таким ядром является концепт «ценность». Ценностная парадигма направляет педагогический процесс формирования такого опыта в русло осмысления общих ценностей разных народов, наций, этносов, представителей различных конфессий, социальных слоёв, которые выражены средствами искусства.

Такой опыт становится профессионально необходимым для учителей в области художественного образования. Практика подготовки корпуса таких учителей на Украине, России, Белоруссии последнее время проходит в условиях объективно сформированных поликультурных реалий. Это объясняется тем, что в культуре наших государств очень сильны традиции художественного образования, высок рейтинг исполнительских музыкальных школ (вокальной, фортепианной, скрипичной). Как следствие – высокий процент иностранных студентов, желающих получить музыкальное, художественно-изобразительное образование в педагогических университетах этих государств. Таким образом, возникает естественная поликультурная среда образовательного процесса. Можно назвать её ситуативной поликультурной образовательной средой. Наиболее многочисленным является состав студентов из Китая. Это создаёт уникальную возможность для диалога культур в системе «Восток-Запад». Однако, учебными планами такой диалог не предусмотрен. Его внедрение скорее носит стохастический, вероятностный характер. Между тем, возможность использования создавшихся реалий поликультуры для поиска общих ценностей может быть реализована на основе принципа компаративистики, который мы предлагаем положить в основу научно-исследовательской работы студентов. Результатом такой работы стали ряд диссертационных исследований китайских аспирантов, которые позволили обозначить общие ценности в области разных культурно-образовательных систем, обогатив художественно-ментальный опыт студентов двух государств.

Куликова О.В.
к. психол. н., ФГАОУ ВПО «Белгородский государственный
национальный исследовательский университет»
kulikova-80@mail.ru

УСЛОВИЯ УСПЕШНОСТИ АДАПТАЦИИ МОЛОДЫХ СПЕЦИАЛИСТОВ В ОРГАНИЗАЦИИ

Серьезные социально-экономические преобразования во всех сферах нашего общества определили новые психологические проблемы, связанные с профессиональным становлением и профессиональной деятельностью молодых специалистов. Кроме этого, в современных условиях произошли изменения в их трудоустройстве, социальном и профессиональном статусе. Выпускникам не всегда удается найти работу по полученной специальности, нередко приходится осваивать новую квалификацию «на ходу», включаясь в практическую деятельность часто несоответствующую профилю основной профессиональной подготовки.

Ситуация усугубляется тем, что с появлением рынка труда значительная часть выпускников, оказалась недостаточно подготовленной к новым условиям профессионального самоопределения и самоутверждения. Это создает у них психологический дискомфорт, ведет к дестабилизации личности, к возникновению и нарастанию таких негативных психических состояний, как беспокойство, эмоциональная напряженность, тревожность, что оказывает существенное влияние на психическое и физическое здоровье молодых специалистов.

В связи с этим актуальной становится проблема адаптации молодых специалистов к современному рынку труда, выявление условий ее успешности, оптимизации. Нет сомнений в том, что учет особенностей адаптации молодых специалистов к современному рынку труда при их подготовке в вузе и других образовательных учреждениях повысит их адаптационный потенциал и, в целом, уровень психологической готовности к современному рынку труда и профессиональной деятельности в сегодняшних условиях.

Теоретический анализ проблем адаптации в современной психологии позволил отметить достаточно активное изучение ее различных аспектов.

Термин «адаптация» чрезвычайно широк и применяется в различных областях науки. В частности, адаптация персонала – это процесс приспособления коллектива к изменяющимся условиям внешней и внутренней среды организации [3, 12]. Важно отметить, что основными целями адаптации персонала следует считать как снижение издержек производства, дополнительных затрат на работника, так и снижение неопределенности у новых работников, развитие позитивного отношения к работе, удовлетворенности работой [3, 123].

Успешное приспособление личности и коллектива к изменяющимся условиям среды или к своим внутренним изменениям приводит к повышению эффективности их функционирования. Адаптация предполагает активную позицию личности, осознание своего статуса и связанного с ним ролевого поведения как формы реализации индивидуальных возможностей личности в процессе решения общегрупповых задач. Адаптация молодых работников представляет собой социально-психологический процесс включения молодого специалиста в трудовой коллектив [1, 78].

Очень важно понимать, что значимость отдельных аспектов (видов) адаптации отличается в разных трудовых ситуациях, в разных организациях, для разных профессий и категорий работников. Так, профессиональный аспект наиболее значим при первичной адаптации молодого работника; организационный и социально-психологический – при переходе на новое место работы; психофизиологический аспект наибольшее значение имеет для рабочих специальностей.

Таким образом, процесс адаптации сотрудника и организации будет тем успешнее, чем в большей степени нормы и ценности коллектива становятся нормами и ценностями отдельного работника, чем быстрее и лучше он принимает, усваивает свои социальные роли в коллективе.

Для определения условий успешности адаптации молодых специалистов в современных организациях нами было проведено исследование, в котором приняли участие молодые специалисты предприятий г. Белгорода в возрасте от 20 до 25 лет, общий объем выборки составил 132 молодых специалиста с различными профессиями (64 девушки и 68 мужчин).

В рамках нашего исследования молодыми специалистами считались молодые люди в возрасте от 20 до 25 лет с высшим или неполным высшим образованием (последний курс вуза), начинающие свою профессиональную деятельность в соответствии с полученной специальностью. Данный возрастной критерий выбран нами в соответствии с периодизацией профессионального становления личности Ф. Зеера [2, 134]. Используя при этом диагностический пакет методик, мы получили определенные результаты, которые отличаются надежностью и валидностью.

Анализ результатов нашего исследования показал, что успешность адаптации молодых специалистов определяется как организационными, так и личностными факторами.

К организационным факторам относится наличие для молодого специалиста потенциальной возможности карьерного роста. Он является одним из наиболее важных мотивирующих факторов при трудоустройстве.

Важной причиной увольнения также является неудовлетворенность оплатой труда. Кроме этого, успешная адаптация молодых специалистов характерна для тех организаций, которые стараются учитывать наиболее актуальные потребности своих работников. Результаты исследования показали, что многие работники, кроме базовых, имеют потребности в принадлежности, любви, самоуважении.

Личностными особенностями, определяющими успешность адаптации молодого специалиста, являются локус контроля и смысложизненные ориентации. Молодые специалисты, характеризующиеся высоким уровнем адаптации, имеют следующие личностные характеристики: преобладание интернального локуса контроля, убежденность в том, что события жизни подвластны сознательному контролю человека; высокий уровень осмысленности жизни; склонность искать смысл своей жизни в событиях настоящего.

В целях повышения эффективности адаптации молодых специалистов, формирования общего командного духа и единого понимания ценностей организации на базе согласованного видения корпоративных целей и задач целесообразно использовать соответствующие программы, содержащие мощные технологии и инструменты.

Специфика предложенной нами программы заключается в проведении тренинга.

В тренинг включены специальные мотивационные процедуры и современные методы интенсивного обучения (коуч-технологии), способствующие активному использованию полученных навыков в практической деятельности за счет встраивания профессиональных задач в систему личных целей и ценностей сотрудников. Программа тренинга адаптируется к специфике деятельности организации, проводится предварительная «прикладная проблематизация» тренинга, а также диагностика и учет индивидуальных профессионально-психологических особенностей обучаемых.

Подводя итоги, отметим, что успешность адаптации молодых специалистов будет иметь более высокие показатели, если с ними осуществлять целенаправленную работу по актуализации ценности профессиональной деятельности и ее субъективации.

Литература

1. Володина Н. Адаптация персонала: российский опыт построения комплексной системы. – М.: Эксмо, 2010. – 240 с.

2.   Зеер Э.Ф. Психология профессии. – М.: Академический Проект; Фонд «Мир», 2005. – 336 с.

3.   Налчаджян А.А. Социально-психическая адаптация личности (формы, механизмы, стратегии). – Ер.: Изд-во АН АрмССР, 1988. – 263 с.

Брагина М. А.
специальный психолог, аспирант кафедры специальной психологии, КГПУ им. В.П. Астафьева;
Шилов С. Н.
профессор, доктор медицинских наук, зав. кафедрой специальной психологии

ТЕМПЕРАМЕНТ И БЕРЕМЕННОСТЬ

В кратком обзоре представлены данные по проблеме психосоматических соотношений при беременности.

У специалистов все больший интерес вызывает проблема течения беременности и ее психофизиологические особенности у женщин с различными темпераментальными свойствами личности. Результаты исследования в этой области имеют не только существенное фундаментальное, но и прикладное значение, поскольку могут помочь в прогнозировании развития гестации.

В настоящее время имеется ряд исследований, дающих фактический материал о том, что беременность влияет на темпераментальные свойства личности, а темперамент оказывает свое влияние на физиологические процессы в организме [3; 4; 5; 10; 11; 14].

Анализ литературы по проблемам темперамента свидетельствует о том, что у психологов нет единого мнения о сущности этой стороны человеческой психики. Различные авторы указывают на разные свойства, считая их наиболее характерными для темперамента [Б.Г. Ананьев, 1945; В.М. Русалов, 1985; С.А. Рубинштейн, 1999; Б.М. Теплов, 1985; J. Strelau, 1974; A. Thomas, S. Chess, 1996].

В основе современных представлений о темпераменте лежит фундаментальная концепция функционально-системной организации работы мозга, предложенная П.К. Анохиным [2].

Физиологическими основами темперамента следует считать некоторые свойства нервной системы, которые трактуются как базовые характеристики функциональных систем, обеспечивающих интегральную деятельность нервной системы. Обусловленные индивидуальными свойствами нервной системы индивидуальные свойства психики, в том числе свойства темперамента, оказывают влияние на адаптивные возможности организма к окружающей среде [6; 9; 15; 17].

Согласно концепции Я. Стреляу, темперамент – это совокупность формальных и относительно устойчивых характеристик поведения, проявляющихся в энергетическом уровне поведения и во временных параметрах реакции [17]. Следовательно, темперамент позволяет индивиду более экономично расходовать свои энергетические возможности. Индивид демонстрирует свои энергетические и динамические возможности, адекватные требованиям среды, для успешной адаптации к этой среде [6; 16].

В настоящее время имеется ряд концепций темперамента, представляющих его природу и значение для биологии и медицины [И.М. Аптер, 1966; В.В. Белоус, 1989; С.Д. Бирюков, 1992; А.А. Богомолец, 1926; Э. Кречмер, 1930; Н.С. Лейтес, 1980; И.П. Павлов, 1949; В.М. Русалов, 1985; Я. Стреляу, 1982; М.В. Черноруцкий, 1925; C. Boz, 2004; C. Burt, 1937; A. Buss, R. Plomin, 1984; P.S. Cabot, 1938; A. Caspi, 1995; W.H. Sheldon, G.S. Stevens, 1942; R.J. Larsen, 1991]. Однако, как показывает медико-психологическая практика, связь между типом темперамента и определенными нозологическими формами болезней, хотя и существует, но весьма сложна и противоречива.

Несмотря на стойкое убеждение в том, что темперамент является одной из самых стабильных генетически обусловленных составляющих личности человека [В.М. Русалов,1992; C. Novosad, E.B. Thoman, 1999; A. Caspi, P.A. Silva, 1995; A. Caspi, H. Harrington ,2003; C.J. Lennings, 1998; D.M. Small, 2003], накапливаются факты, свидетельствующие о том, что некоторые черты и свойства темперамента могут изменяться под влиянием различных внешних и внутренних факторов [3; 4; 5; 10; 11; 14]. Есть данные относительно того, что беременность существенно меняет некоторые составляющие темперамента женщины, в частности его черты и структуру [3; 5; 10; 14].

Беременность, являясь одним из естественных физиологических состояний, предъявляет особые требования к организму женщины. При беременности высшая нервная деятельность приобретает большие и своеобразные изменения. Эти изменения, эта перестройка нервной деятельности, затрагивает все без исключения стороны жизнедеятельности ее организма [7].

Беременность характеризуется значительным психоэмоциональным напряжением и усилением соматовегетативных функций, выраженность которых зависит от индивидуальных особенностей психического и физического (генитального и экстрагенитального) состояния женщин [1; 4; 21]. При беременности изменяется реактивность женского организма и усиливаются реакции на внешние и внутренние раздражители, в том числе нервно-психические реакции [5; 19; 20; 22]. Известно, какие изменения характера и поведения сопровождают беременность. Раздражительность, порой агрессивность, депрессия, неадекватность поведения в различных ситуациях, изменение отношения к друзьям и семье - вот далеко не полный перечень признаков, характеризующих нервно-психический статус беременных [12; 14; 18; 19].

Исследованием динамики функций нервной системы при беременности занимались представители нескольких научных школ [В.В. Абрамченко, 1981; И.А. Аршавский, 1957; Л.С. Златкис, 1966; В.А. Ломовских, 1980; О.Л. Немцева, 1959; Ю.И. Новиков, 1970; М.Д. Овчинникова, 1961; Э.А. Патрушева, 1972; Е.Ю. Петросян, 2007; Ю.И. Савченков, К.С. Лобынцев, 1980; А.А. Ухтомский, 1966; С.Н. Шилов, 1991]. Вместе с тем динамика и особенности проявления свойств темперамента в течение беременности исследованы недостаточно.

После оплодотворения у беременных происходят закономерные изменения выраженности формально-динамических свойств психики и деятельности ВНД. Эти отклонения имеют различную степень выраженности в разные триместры, сохраняя в целом тенденцию нормализации к ее окончанию [11]. Процессы торможения в высших отделах нервной системы беременных наиболее выражены во втором и третьем триместрах [1; 13]. По мере увеличения срока беременности биоэлектрическая активность коры снижается, а подкорки, наоборот, возрастает [8].

Согласно результатам исследования Е.Ю. Петросян, показатели большей части черт темперамента, и все значения его структуры достоверно отличаются у беременных женщин по сравнению с небеременными [10].

А именно, при беременности наблюдается незначительное увеличение показателей интенсивности, отвлекаемости, активности во сне, гибкости и, ритм еды [11]. У беременных значительно снижается уровень общей активности. Подвергаются депрессии все «активностные» показатели предметной, интеллектуальной и коммуникативной деятельности [14].

Беременных характеризует более узкая сфера психомоторной деятельности, двигательная пассивность. Уменьшается и потребность в общении, о чем свидетельствует снижение социальной эргичности [10].

Во время беременности существенно снижены показатели чувствительности, настроения, приближения, настойчивости и некоторые показатели ритмических характеристик поведения (ритм сна и привычек), что делает их поведение в большинстве случаев непредсказуемым [11].

В структуре темперамента большое место занимает эмоциональность, которая является одной из важнейших его характеристик. При беременности происходит некоторое повышение общей эмоциональности за счет более эмоционального общения с людьми [12; 14].

Таким образом, проблема влияния беременности на формально-динамические свойства психики изучена недостаточно подробно. Вопрос о влиянии типов темперамента на течение беременности также требует более детального изучения. Изучение психофизиологических особенностей беременных женщин с различными темпераментальными свойствами личности повысит эффективность медико-психологического сопровождения будущих мам и поможет в формировании групп риска в отношении течения и исхода беременности.

Литература:
1. Абрамченко В.В. Психосоматическое акушерство. СПб: СОТИС, 2004. 320 с.
2. Анохин П.К. Биология и нейрофизиология условного рефлекса. М.: Медицина, 1968.320 с.
3. Касатонова Т.В., Северьянова Л.А., Плотников В.В. Индивидуальные проявления гормональной активности у беременных женщин с разными типами темперамента // Курский научно-практический вестник «Человек и его здоровье». 2012. №3. С. 15-22.
4. Касатонова Т.В., Северьянова Л.А., Плотников В.В. Особенности вегетативной активации у беременных женщин с различными типами темперамента // Курский научно-практический вестник «Человек и его здоровье». 2011. №4. С. 108-113.
5. Касатонова Т.В., Северьянова Л.А., Плотников В.В. Типы темперамента и особенности психофизиологического и эндокринного статуса у женщин во время беременности и родов // Курский научно-практический вестник «Человек и его здоровье». 2010. №1. С. 23-29.
6. Мерлин В.С. Собрание сочинений. Т.3: Очерк теории темперамента. Пермь: ПСИ, 2007. 276 с.
7. Николаев А.П. Учение И.П. Павлова о высшей нервной деятельности как научная основа разрешения практических задач акушерства и гинекологии / А.П. Николаев // Журнал ВНД им. И.П. Павлова.1951. Т.1, №5. 667 с.
8. Новиков Ю.И. Характеристика биоэлектрической активности коры головного мозга и тонуса периферических сосудов у женщин при нормальной беременности и поздних токсикозах: Дис. ... д-ра мед. наук / Ю.И. Новиков. Л., 1970. 409 с.
9. Павлов И.П. Полное собрание сочинений. М., 1946. Т.3, кн.2. 77 с.
10. Петросян Е.Ю. Диапазон пластичности темпераментальных свойств при воздействии на человека различных факторов: автореферат дис. ... доктора медицинских наук. Томск, 2007. 35 с.
11. Петросян Е.Ю. Особенности изменения черт и структуры темперамента у лиц с нарушением здоровья: автореферат дисс. ...канд. мед. наук,

Красноярск, 1996. 26 с.

12. Савченков Ю.И., Петросян Е.Ю. Нейрофизиологические и психологические аспекты гестации // Сибирский медицинский журнал.-2004. №3. С. 5-11.

13. Савченков Ю.И. Очерки физиологии и морфологии функциональной системы мать-плод / Ю.И. Савченков, К.С. Лобынцев. М.: Медицина, 1980. 254 с.

14. Савченков Ю.И., Петросян Е.Ю. Формально-динамические свойства психики при нормальной беременности // Акушерство и гинекология. 2010. № 2. С. 53-56.

15. Солдатова О.Г. Интенсивность медленных колебаний гемодинамики у лиц с различными типами темперамента / О.Г. Солдатова, С.Н. Шилов, Р.В. Алексеев // Сибирский медицинский журнал. 2004. №3. С. 62-65.

16. Солдатова О.Г. Темперамент, психосоматическая конституция и резервы здоровья: пособие для психологов и педагогов / О.Г. Солдатова, О.Н. Юденко, В.Н. Лысенко. Красноярск, 2007. 44с.

17. Стреляу Ян. Роль темперамента в психическом развитии. М.: Прогресс, 1982. 231 с.

18. Bernazzani, O. Psychosocial factors related to emotional disturbances during pregnancy / O. Bernazzani, J. F. Saucier, H. David et al. // J. Psychosom. Res. - 1997. V. 42, №4. P. 391-402.

19. Cote-Arsenault D. Women's emotions and concerns during pregnancy following perinatal loss / D. Cote-Arsenault, D. Bidlack, A. Humm // MCN Am. J. Matern. Child. Nurs. 2001. V. 26, №3. P. 128-134.

20. Fresco H. Psychological aspects of prenatal diagnosis / H. Fresco, D. Silvestre // Emotional and reproduction: 5th Intern. Congr. of Psychosomatic obstetrics a. gynecology. London: Acad. Press, I979. V. 20A. P. 695-698.

21. Haessler A., Rosenthal M.B. Psychological aspects of obstetrics and gynecology. In: Current obstetric and gynecology diagnosis and treatment. Ed. By Decherrey R. H., Nathan L. – Mc Graw – Hill Companies, 2003. P. 1066–1085.

22. Otchet F. General health and psychological symptom status in pregnancy and the puerperium: what is normal? / F. Otchet, M. S. Carey, L. Adam // Obstet. Gynecol. 1999. V. 94. P. 935-941.

Хабарова И. В.
аспирант кафедры специальной психологии Красноярского
государственного университета им.В.П.Астафьева;
Шилов С. Н.
доктор медицинских наук, профессор, заведующий кафедрой
специальной психологии Красноярского государственного
университета им.В.П.Астафьева.

ВЛИЯНИЕ ТЕМПЕРАМЕНТАЛЬНЫХ ХАРАКТЕРИСТИК НА ДИНАМИКУ РАЗВИТИЯ КОГНИТИВНЫХ ПРОЦЕССОВ У МЛАДШИХ ШКОЛЬНИКОВ С ЗАДЕРЖКОЙ ПСИХИЧЕСКОГО РАЗВИТИЯ

В современной психологии, в направлении изучения психологических особенностей детей с задержкой психического развития (ЗПР) считается, что успешность усвоения знаний, умений и навыков, адекватность поведенческих реакций, возможности адаптации личности во многом зависят от уровня сформированности высших психических функций (ВПФ), тесно связанных с психофизиологическими особенностями индивида, такими, как темперамент [3,59]. Известно, что индивидуальные свойства психики, в том числе и свойства темперамента, обусловленные особенностями нервной системы, играют важную роль в адекватном реагировании организма на окружающую среду. Показано, что существует тесная связь темперамента с основными биологическими процессами, особенностями физиологии нервной системы, состоянием физического здоровья человека, телесными и психическими функциями [1]. По выраженности поведенческих проявлений выделяют три типа темперамента. «Спокойный», характеризующийся низкой выраженностью поведенческих проявлений, «адекватный», имеющий средний индекс поведенческих проявлений, и «интенсивный» тип, с высоким индексом [4,51].

Были проанализированы данные о динамике развития познавательных процессов у 32 детей с ЗПР, обучающихся во втором и третьем классе, с различными темпераментальными характеристиками. По выраженности поведенческих проявлений выделены три группы: 12 учеников, обладающих «интенсивным» темпераментом, 11 «спокойных» детей, 9 школьников с «адекватным» типом темперамента. С этими детьми проводилось 30 групповых занятий с психологом в течение учебного года по программе Локаловой Н.П., «120 уроков психологического развития младших школьников»[2]. В предложенной программе основным направлением является развитие познавательной и мотивационной сферы школьников. Обнаружены некоторые особенности динамики развития ВПФ у детей с ЗПР при различной выраженности черт темперамента.

Выявлена в целом, невысокая динамика развития познавательной и мотивационной сферы учеников с ЗПР. Однако, в выделенных нами по темпераментальным характеристикам группах существуют некоторые отличия. Показано, что у «интенсивных» и «спокойных» детей в результате занятий улучшения происходят гораздо менее заметные, чем у «адекватных» школьников. У «интенсивных» труднее всего поддаются коррекции такие функции, как «внимание» и «произвольность». Отличием группы «спокойных» детей явилось то, что при слабой динамике всех познавательных процессов, к концу года снизилась мотивация к обучению. Предположительно, это может быть следствием неустойчивости психических процессов с тенденцией к возникновению значительного психического напряжения, свойственной детям данной группы. Дети с «адекватным» типом темперамента демонстрируют равномерную динамику с тенденцией к повышению уровня развития всех исследуемых функций, особенно это касается процессов внимания, произвольности и мотивации. Именно у этих детей выявляются самые высокие показатели ВПФ в исследуемой группе школьников. Дети со «спокойным» и «интенсивным» типом темперамента относятся к группе риска в плане адекватного развития высших психических функций.

Таким образом, проведенный нами анализ результатов коррекционно-развивающих мероприятий свидетельствует о влиянии темпераментальных черт личности, характеризующих поведенческую активность, на адекватность формирования высших психических функций у младших школьников с задержкой психического развития.

Литература:

1. Князев Г. Г., Слободская Е. Р. Пятифакторная структура личности у детей и подростков (по данным родителей и самооценки) // Психологический журнал. 2005. № 6.

2. Локалова Н. П. 120 уроков психологического развития младших школьников. Психологическая программа развития когнитивной сферы учащихся I-IV классов. М.: «Ось-89», 2006.

3.Переслени Л. И., Рожкова Л. А. Психофизиологические механизмы формирования прогноза // Психол. журн. 1991. Т. 12. № 5. С 51 – 59.

4. Савченков Ю. И. К вопросу о пластичности свойств темперамента // Сибирский психологический журнал. - 2009. - N 32. - С. 46-51.

Кошарный Е.А.
ФГАОУ ВПО «Белгородский государственный национальный
исследовательский университет»
ekon17@mail.ru

ФОРМИРОВАНИЕ ПСИХОЛОГИЧЕСКОЙ ГОТОВНОСТИ К РАБОТЕ В УПРАВЛЕНЧЕСКОЙ КОМАНДЕ У СТУДЕНТОВ-МЕНЕДЖЕРОВ

В нашей стране метод командообразования сегодня применяется все шире. Это связано, помимо прочего, с направленностью на повышение организационной культуры как в частных, так и в государственных организациях. Здесь важное значение приобретает тренинг формирования команды.

При этом важное место в этом отводится руководителям. Обеспечение соответствия индивидуальных качеств руководителя, его стиля деятельности ожиданиям трудового коллектива – одно из условий создания положительного социально-психологического климата. Таким образом, тренинг руководителей является важной составной частью общей работы по командообразованию. В то же время возможность формирования команды связана с уровнем развития группы подчиненных. Этот уровень определяется профессиональной компетентностью и мотивацией каждого из членов группы, то есть чем вышеуказанные параметры, тем больше шансов сформировать эффективную команду. Поэтому основной задачей тренинга формирования психологической готовности к работе в управленческой команде у студентов менеджеров является повышение эффективности и работоспособности каждого отдельного ее участника при дальнейшей работе в организации.

В нашей работе целью тренинга был анализ психологической готовности к работе в управленческой команде у студентов-менеджеров с точки зрения их индивидуально-психологических качеств, ролевых склонностей и поведенческих умений.

Следует отметить, что под командой один из отечественных разработчиков технологии формирования команд В.В. Авдеев предлагает понимать группу психологически совместимых лиц, объединенных стратегическим интересом, концептуально-технологически мыслящих в области профессиональной компетенции и работающих по определенным правилам [1, 15].

Президент Российской ассоциации консультантов по управлению и организационному развитию А.И. Пригожин считает, что команда должна отвечать следующим требованиям:

• постоянство состава, позволяющее людям привыкнуть к индивидуальным особенностям друг друга, учитывать их, быть сплоченной группой;

• регулярность совместной работы, что создает ритм совместной работы;

- предмет работы. Команда должна заниматься выработкой перспективных решений, планированием организационного развития, а не текущими вопросами оперативного управления, которые могут рассматриваться на планерках с исполнителями;
- командные правила взаимодействия;
- общее дело [3, 585].

А.И. Пригожин отдельно выделяет так называемые номинальные управленческие команды, не соответствующие качественным требованиям команды. Это военизированные структуры, где придерживаются принципа единоначалия; конгломеративные команды, в которых у каждого руководителя имеется свой отдельный участок, они мало связаны между собой и лишь иногда обмениваются ресурсами и информацией. Первый руководитель собирает их в виде некоего подобия команды для обсуждения своих планов или выдачи распоряжений всем одновременно для экономии времени. Третий тип – это принудительные команды. Никто из руководителей не мотивирован на совместную работу, каждый занят проблемами собственного подразделения и участвует в таком «командном» формате по принуждению сверху [3, 586-587].

Оригинальный подход к формированию управленческой команды предложил И.К. Адизес. Лейтмотивом его методологии менеджмента является то, что одному человеку (руководителю) невозможно обеспечить решение всего спектра управленческих задач, а, следовательно, необходимо формировать взаимодополняющую управленческую команду.

Однако, наиболее распространенным является подход к ролевой дифференциации в команде Р. Белбина, который считает необходимым наличие в команде ролей: председателя, формирователя, работника, мыслителя, разведчика ресурсов, критика и доводчика [2, 165].

В процессе анализа индивидуально-психологических предпосылок успешной работы в команде мы рассмотрели довольно большой спектр таких особенностей: экстраверсия, нейротизм, субъективизм в межличностных отношениях, дистанция власти, избегание неопределенности, индивидуализм, мужественность, направленность на себя, на взаимодействие и на задачу, социально-коммуникативная неуклюжесть, фрустрационная нетолерантность, избегание неудач, стремление к статусному росту, конформность, нетерпимость к неопределенности, ролевой репертуар Р. Белбина, локус контроля, отношения организационной идентификации и готовность к работе в команде.

Наше исследование позволило нам выявить актуальный уровень выраженности указанных свойств и соотнести их с теоретическим представлениями об их полезности для успешной работы в команде.

Исходя из результатов анализа, мы смогли нарисовать психологический профиль для каждой командной роли.

У председателя могут быть выражены мужественность, направленность на взаимодействие, коммуникативная компетентность, интернальный локус контроля, готовность к работе в команде.

У формирователя могут быть выражены экстраверсия, субъективизм в МЛО, направленность на задачу, фрустрационная нетолерантность, избегание неудач, стремление к статусному росту, нонконформность, конвенциальная идентификация, интернальный локус контроля, готовность к работе в команде.

У работника могут быть выражены нейротизм, избегание неопределенности, направленность на задачу, коммуникативная компетентность, интернальный локус контроля, конвенциональная идентификация, готовность к работе в команде.

У мыслителя могут быть выражены интроверсия, нейротизм, низкая дистанция власти, направленность на себя, индивидуализм, интернальный локус контроля, личностно-смысловая идентификация, готовность к работе в команде.

У коллективиста могут быть выражены экстраверсия, низкая дистанция власти, направленность на взаимодействие, конформность, интернальный локус контроля, социально-коммуникативная компетентность, межличностная идентификация, готовность к работе в команде.

У разведчика ресурсов могут быть выражены экстраверсия, социально-коммуникативная компетентность, конвенциальная идентификация, готовность к работе в команде.

У критика могут быть выражены низкая дистанция власти, субъективизм в МЛО, направленность на задачу, индивидуализм, фрустрационная нетолерантность, стремление к статусному росту, готовность к работе в команде.

У доводчика могут быть выражены эмоциональная стабильность, избегание неопределенности, мужественность, направленность на задачу, фрустрационная нетолерантность, избегание неудач, интернальный локус контроля, конвенциальная идентификация, готовность к работе в команде.

Таким образом, анализ показателей исследования позволил нам разработать и реализовать программу тренинга формирования психологической готовности к работе в управленческой команде у студентов - менеджеров.

Следует отметить, что данный тренинг был апробирован не только на студентах, но и на слушателях Президентской программы, обучающихся в НИУ «БелГУ», и показал свою эффективность.

Литература

1. Авдеев В.В. Управление персоналом: технология формирования команды. – М.: Финансы и статистика, 2002. – 544с.

2. Мескон М.Х. Основы менеджмента. – М.: Дело, 1997. – 704 с.

3. Пригожин А.И. Методы развития организаций. - М.: МЦФЭР, 2003. – 864с.

Рашковская И.В.
старший преподаватель Национальный педагогический университет имени М.П. Драгоманова, кафедра педагогического творчества, г. Киев, Украина

КОМПЛЕКСНЫЙ ПОДХОД В ИЗУЧЕНИИ СТАНОВЛЕНИЯ ОБРАЗА ИДЕАЛЬНОГО «Я» ПОДРОСТКА

Ценность и уникальность личности предполагает наличие у нее особенной структуры. Еще Л.С. Выготский говорил о том, что « структурой принято называть такие целостные новообразования, которые не складываются суммарно из отдельных частей, представляя якобы их агрегат, но сами определяют судьбу и значение каждой из тех, которые входят в ее состав, частей» [3].

Действительно, для правильного понимания процесса формирования личности важно тонко разбираться как в общих тенденциях развития структуры «Я» личности, так и в тенденциях развития отдельных ее составляющих. Современный этап развития психологической науки в целом характеризуется активным развитием процесса становления прикладных аспектов и внедрения в практику научных разработок, которые были апробированы в последнее время. Именно введение новых инструментариев, новых методов диагностики и коррекции дало возможность повысить психологическую культуру педагогов, родителей, воспитателей, то есть людей, которые непосредственно занимаются воспитанием подрастающего поколения. Изменения, конечно же, коснулись и непосредственной деятельности практических психологов, подходов к психологической помощи подросткам в условиях формирования образа «Я» подрастающей личности.

Но все же, несмотря на положительные сдвиги нерешенными остается большой круг вопросов, которые предстоит решать как представителям науки, так и практическим психологам. Одним из таких важных вопросов является изменение акцентов в изучении образа «Я» подростка. Так, практика свидетельствует, что внимание педагогов и родителей чаще всего привлекают вопросы, связанные с обучением детей, с изучением их интеллектуального уровня и недостаточным вниманием к проблемам внутреннего мира, развития эмоционально-волевой сферы, представлений о своей будущей жизни, формированию жизненных идеалов, системы ценностей и т. д.

Сложности становления образа «Я» современных подростков заключаются в том, что они формируются в обстановке насаждения культа силы, установкой на красивую жизнь, которая легко дается. Наши подростки подчас живут в иллюзорном мире, далеком от жизненных реалий. Очень часто живое общение наших подростков заменяется усовершенствованными электронными игрушками, которыми они поначалу восхищаются. Но, к сожалению, эти игры не могут заменить живого общения и дать жизненный совет, не могут стать живым примером для наследования. Названные выше факторы способствуют процессу торможения формирования настоящих идеалов, а вследствие этого и идеального «Я» подростка в целом. Поэтому на вопрос «кем ты хочешь быть», «каким ты хочешь быть», « как ты видишь свою дальнейшую жизнь» многие подростки и старшеклассники ответить не могут.

Учитывая важность заявленной проблемы, мы считаем необходимым обозначить пути комплексного подхода к проблеме формирования идеального «Я» подростка. Для этого нам видится обязательным определиться с основными направлениями деятельности по изучению процесса становления его идеального «Я».

Учитывая основные факторы, которые влияют на процесс формирования образа «Я» подростка, а конкретнее, такие как: принятие иногда за основу те идеалы, которые являются деформированными, большое расхождение между реальным и идеальным образом «Я», негативная заниженная самооценка, отсутствие живых примеров для подражания в семье и среди своих сверстников нам видится обязательным создание комплекса методик для диагностики развития идеального «Я». Подобные методики, по нашему мнению должны включать инструментарий для диагностики самооценки, видения себя в идеальном образе, методики по изучению влияния социального окружения, методики, которые диагностируют наличие и качественные характеристики ценностей подростка, опросчики, включающие перечень тем, касающихся взглядов диагностируемого на данную тему.

Безусловно, вопрос становления и формирования идеального «Я» подростка имеет в своей основе серьезную теоретическую базу, без анализа которой мы не можем приступать к изучению современных тенденций развития этого вопроса.

Так, психологические исследования последних лет указывают на тот факт, что подростки являются наиболее дезадаптированой категорией среди учеников школы. Современная психологическая наука обладает определенным арсеналом изданий, которые предлагают широкий спектр методик для диагностики, но все они предлагаются достаточно разрознено.

В целом, изучая наследие традиционных и современных психологов мы опираемся на опыт, изложенный в работах Л.И.Божович, Л.С. Выготского, С.Л. Рубинштейна, а так же Г.М. Прихожан, Г.А. Цукерман, Н.М.Толстых.[3;7]

Практический аспект данной проблемы состоит в исследовании развития самосознания современных подростков, конкретнее «Я» идеального на основе результата психодиагностических исследований.

В практическом преломлении для изучения образа идеального «Я» подростка чаще всего используется метод интроспекции, проективные методики, методы изучения продуктов жизнедеятельности подростка (дневников, сочинений, личных записей и т. д.). Арсенал психодиагностических методик мы поделили на две группы. Одна из них включает методики, которые диагностируют процесс становления идеального «Я». Особенность этих методов состоит в том, что они сначала дают возможность определить как представляют сами подростки свой образ идеального «Я», сравнивая его с образом реального «Я». По этому принципу создана методика «Самооценка реального и идеального «Я»» (модифицированный тест Дембо-Рубинштейн)[5]. На втором этапе нашего исследования определяются содержание и структура идеального «Я» подростка. Как раз на этом этапе анализируются ответы подростков на вопросы о том какими они видят свой идеальный образ «Я». Анализируя ответы подростков можно отметить среди других характерное отличие от ответов других возрастных групп - это амбивалентность этих ответов. Подростки и довольны собой и недовольны, считают себя и умными и не очень. Одновременно с этим описывая свой идеал, характеризуют четко на какой образ хотели бы быть похожими. Поэтому для изучения составляющих образа «Я» подростка мы предлагаем воспользоваться методикой «Рефлексия реального и идеального «Я» М.Л. Рауст фон Врихте, адаптированной И.С. Булах [2;6].

Следующей методикой, которую мы рекомендуем для комплексного использования в изучении идеального «Я» была методика, которую предложили Т.И. Пашукова и О.И. Допира. Она направлена на определения взаимосвязи между реальным «Я» и идеальным «Я» в структуре «Я» - концепции подростка [6].

Учитывая важность понимания места личных ценностей подростка при принятии тех или иных идеалов мы предлагаем включить в комплекс для изучения проблемы идеального «Я» подростка методику Шварца для изучения ценностей личности, которая дает возможность проследить принципы построения связи между идеалами и ценностями развивающейся личности подростка [4].

Таким образом, в данной статье мы рассмотрели идею комплексного подхода к проблеме изучения идеального «Я» подростка, обосновали важность данного подхода, а так же предложили некоторые конкретные методики для использования.

Безусловно данная тема очень важна и занимает серьезное место в академических исследованиях личности подростка в целом и его идеального «Я» в частности.

Литература
1. Божович Л.М.Личность и ее формирование в детском возрасте/ Л.М.Божович.-М.:Просвещение,1968.

2. Булах І.С.Психологія особистісного зростання підлітка:монографія/ І.С.Булах.-К.2002- 657с.

3. Выготский Л.С. Развитие личности и мировоззрение ребенка/ Л.С.Выготский// Психология личности (тексты).-М.,1982.-С.161.

4. Карандышев В.Н. Методика Шварца для изучения ценностей личности: концепция и методическое руководство.- Спб.:РечьЮ 2004-70с.

5. Прихожан А.М. Подросток в учебнике и в жизни/ А.М. Прихожан, Н.Н.Толстых.//Серия «Психология и педагогика».-М.:Знание,1990.-№5

6. ПашуковаТ.І.Практикум із загальної психології/ Т.І.Пашукова,А.І.Допіра-К.,2000.-С.167-174.

7. Рауст фон Врихте М.Л. Образ «Я» как подструктура личности// Проблемы психологии личности.=М.: Наука, 1982.-С.104-111.

8. Цукерман Г.А. Психология саморазвития;задача для подростков и их педагогов / Г.А.Цукерман.-М.-Рига.1995.-239с.

Сатиева Ш. С.
кандидат психологических наук, доцент
Семипалатинский государственный университет им. Шакарима,
г. Семей
E-mail: satieva66@mail.ru
Юупова Л.
студентка 2 курса, кафедры психологии, СГУ им. Шакарима, г. Семей

ПСИХОЛОГИЧЕСКИЕ ОСНОВЫ ПРОФЕССИОНАЛЬНОЙ ПОДГОТОВКИ СПЕЦИАЛИСТОВ И ОБЕСПЕЧЕНИЯ ИХ БУДУЩЕЙ ДЕЯТЕЛЬНОСТИ

В своём новом Послании народу страны Президент Н. Назарбаев отметил: главный вектор развития Казахстана в ближайшем десятилетии это коренной вопрос социально-экономической модернизации. Новый этап Казахстанского пути – это новые задачи укрепления экономики, повышения благосостояния народа. Казахстану жизненно важно найти оптимальный баланс между экономическими успехами и обеспечением общественных благ [1, 2].

В рамках поручений Главы государства, касающихся новой политики развития инновационных исследований, данный проект приобрел особую актуализацию. Министерством образования и науки активно формируется система коммерциализации отечественных технологий [2, 1].

Профессиональная подготовка специалистов предполагает профессиональное обучение, в результате которого обучающийся овладевает системой научных знаний и познавательных умений, навыков. Профессиональное самосознание - это представление о себе как о профессионале, совокупность самооценок, эмоциональных отношений к себе как к профессионалу. Профессорско-преподавательский состав кафедры психологии продолжает традиции классического образования, внедряя современные информационные технологии и инновационные методы обучения, предполагающие изменение характера теоретических занятий, переход от традиционного способа передачи знаний к активным формам занятий, к системному мышлению и междисциплинарному синтезу [3, 61].

Развитие обучения основывается на концепции классического педагогического образования и на признании единства учебного и научного процессов. Приверженность этим идеалам сыграла ключевую роль в укреплении высокой академической репутации кафедры, сохранении научно-педагогических традиций, а также способствовала инновациям в учебной и научной деятельности, созвучным прогрессивным мировым тенденциям развития психолого- педагогического образования.

Психолого-педагогическая подготовка, являющаяся фундаментом системы образования в целом, продолжает оставаться самым приоритетным и ключевым направлением деятельности обучения, которая сохранила за собой роль ведущей кафедры вуза в области подготовки высококвалифицированных педагогических кадров на новом уровне. В условиях высокой конкуренции высшей школе необходимо строить свои бизнес-процессы с учетом всех современных тенденций и достижений. Внедрение современных информационных технологий в сферу образования требует и новых методов обучения. Соответственно, одной из наиболее актуальных проблем в образовании является повышение его качества путем развития инновационной способности. Инновационная способность системы образования должна проявиться в оперативном изучении и освоении хорошо зарекомендовавших себя на практике основ развития навыков критического мышления, интерактивных методов обучения, разработке новых методов и приемов обучения. Особую актуальность приобрели задачи развития мышления студентов, их умений самостоятельно пополнять знания, ориентироваться в новой учебной и трудовой ситуации, в частности, уметь самостоятельно применять теоретические знания к решению практических задач. В педагогический процесс внедряются инновационные технологии, в частности лекционный и диагностический материал на электронном носителе. Был проведён семинар «Инновации в образовательном процессе» среди ППС университета. Анализируя итоги 2011-201 учебного года, можно сделать следующие выводы: в процессе обучения в 2011-2012гг. были использованы интерактивные деловые игры в рамках дисциплин, читаемых на кафедре, был внедрён электронный журнал, отражающий уровень успеваемости студентов. Кроме того, была создана электронная база учебников по психологии. Таким образом, повышение качества обучения, по сравнению с предыдущими годами, за счёт использования мультимедийных технологий возросло до 30%. За данный период повысилась эффективность научных исследований посредством сотрудничества с зарубежными учёными. Так, в 2011 году был проведён ряд лекций приглашенного учёного Питтсбургского университета (США) Г. Мердоки с ППС кафедры и студентами специальности 5В050300 «Психология» с последующим получением сертификатов. В воспитательный процесс кафедры были внедрены воспитательные программы «Формирование здорового образа жизни», а также «Развитие и поддержка молодых талантов», что было заявлено в целях качества кафедры психологии. В течение 2011-2012гг. по результатам проведенной научной студенческой конференции и заседаний секций научных кружков «Гуманист» и «Таным» при кафедре психологии в СНО участвовало 80% студентов. За 2011-2012гг. были разработаны и внедрены 4 программы повышения квалификации для учителей, психологов г. Семей:

«Самопознание»;«Роль практического психолога в современном образовании»; «Инновационные методы в обучении школьников начальных классов»; «Инновационные методы в образовании». По данным программам проводились курсы среди учителей школ и психологов в период с ноября 2011г. по февраль 2012г.

Таким образом, все цели качества образования кафедры психологии на 2011-2012гг. были достигнуты. Постоянное совершенствование научных и методических основ образовательной деятельности, направленной на внедрение в учебный процесс инновационных достижений в науке, новейшей техники и передовой технологии. Основным направлением воспитательной работы является совершенствование работы по формированию социально активной личности студента, обладающей высоким уровнем патриотического сознания, гражданской ответственности. Кафедра психологии ориентирована на становление духовного облика наиболее образованных членов общества, способных развивать избранные сферы деятельности. Выводы и рекомендации по улучшению деятельности кафедры дальнейшее совершенствования контроля и анализа качеств преподавания дисциплин специальностей по ДОТ, а так же подготовка и обеспеченность дисциплин специальностей учебно-дидактическими материалами, соответствующих требованиям и целям новых траектории обучения. Участие профессорско-преподавательского состава в жизни общества (роль в системе образования, в развитии науки, региона, создании культурной среды, участие в выставках, творческих конкурсах, программах благотворительности и т.д.). Обратить внимание на внедрение результатов научных исследований в учебный процесс.

Список литературы:

1.Послание Президента Республики Казахстан – Лидера Нации Н.А.Назарбаева народу Казахстана 13.10.2012

2. Выступление Министра образования и науки РК Б.Жумагулова 25 января, 2013.

3. Маркова А.К. Психология профессионализма. - М., 1996

Мехришвили Л.Л.
д.с.н., профессор Тюменского государственного нефтегазового
университета;
Бараблина С.В.
аспирант Тюменского государственного нефтегазового университета

МОНИТОРИНГ КАЧЕСТВА ПОДГОТОВКИ ВЫПУСКНИКОВ КАК МЕХАНИЗМ ФОРМИРОВАНИЯ И РЕАЛИЗАЦИИ СОЦИАЛЬНОЙ ОТВЕТСТВЕННОСТИ ВУЗА

В современном российском образовании обозначились новые тенденции, обусловленные вступлением России в Болонский процесс, ключевой идеей которого является реализация компетентностного подхода. Новая парадигма высшего профессионального образования предполагает интеграцию процессов становления компетентного специалиста и формирования его как социально ответственной личности, что отражено в современных требованиях к выпускникам вузов. На сегодняшний день нет четкого определения понятия «социальная ответственность вуза», также не разработаны и механизмы ее реализации в отношении студентов, работодателей и общества в целом.

Проблеме ответственности уделяли значительное внимание Р.Декарт, Пьер Шоню Т. Гоббс, Ф. Ницше, М.Вебер, В.Франкл, И. Кант, К.Маркс и др. Вопросы социальной ответственности предприятия рассматривались в трудах Н.Н. Зарубиной, В.Я. Белобрагина, Ю.Е. Благова, Е.Н.Скляра, И.О. Зверковича, Н. Гуняева, Ж. Креймера, Н.В. Михайлова, И.Ю. Цыганова, Ю.А. Гусакова и других. Аспектам управления процессом формирования социальной ответственности образовательных учреждений посвящены работы российских авторов: Л.В. Путилло, И.Н.Шапкина, М.В Ниязовой, А.В. Калачинского и других.

Традиционно в научно-теоретических исследованиях «социальная ответственность» рассматривается в понятийном поле экономических, социально-рыночных категорий, в которых акцентируется внимание на ответственности бизнеса перед обществом. В современной социально-экономической ситуации, по мнению В. Воротникова, М. Анохина, феномен «социальной ответственности» выявляет свою социально-историческую специфику – вступил в стадию трансформации, когда инициатива исходит уже не от общества, а бизнес начинает формировать и даже навязывать определенные представления в общественном сознании в отношении принципов и идей социальной ответственности капитала. [1,48].

Сегодня социальную ответственность относят к действиям организации, которые нацелены на содействие устойчивому развитию общества и окружающей среды, а также сохранение длительного существования организации путем минимизации отрицательных и максимизации положительных воздействий на них, посредством инициативного взаимодействия и обмена информацией с заинтересованными сторонами всех сфер влияния организации. В данном контексте социальная ответственность относится к инициативам организации, которые начинаются с выполнения законодательных требований, но идут далее и вносят вклад в принятие [организации] обществом.

В ракурсе изучения теоретико-методологических основ заявленной проблематики считаем необходимым акцентировать внимание на том, что проблема социальной ответственности вузов сегодня еще не достаточно изучена. Попытку выявления содержания данной дефиниции делает А. В. Калачинский, согласно которой, социальная ответственность вуза выражается в его вкладе в развитие общества и предполагает «добровольное разделение с государством ответственности за социально-экономическое развитие региона, за решение наиболее острых и неотложных социальных проблем, за удовлетворение жизненно важных социальных потребностей населения».

На данный момент формируется и развивается нормативная база в области социальной ответственности. Стандарт SA 8000 (Social Accountability), диктующий нормы социальной ответственности, построен на тех же системных подходах, что и стандарты серий ИСО 9000 (управление качеством) и ИСО 14000 (управление экологическими аспектами). Внедрение системы социальной ответственности в соответствии с требованиями SA 8000 позволит образовательному учреждению не только улучшить условия труда и учебы, укрепить взаимоотношения с государством, повысить имидж, но и также сертифицировать ее.[3,5].

Высшее учебное заведение, реализующее принцип социально – ответственного института, осуществляет следующие функции: 1) воспроизводство общественного интеллекта – предоставление обществу образовательных услуг, направленных непосредственно на обучение человека и его развитие; 2) подготовка высококвалифицированных кадров – элиты общества, а также обеспечения научно-технического и социально-экономического прогресса страны; 3) формирование рынка труда; 4) развитие культуры и норм поведения, соблюдение которых во многом определяет психологический климат в вузе и его рыночную капитализацию; 5) стабилизация социальных отношений (образовательное учреждение выступает активным участником социальных взаимодействий с заинтересованными сторонами и множеством представителей социальной среды региона).

Таким образом, высшее учебное заведение, в котором создаются общественные блага (образовательные услуги) и нормативы, образцы поведения, взаимоотношений как в коллективе, так и с внешней средой, обладает следующими базовыми свойствами: устойчивостью формы организации совместной деятельности людей; способностью интегрироваться с социально-политической, идеологической и ценностной структурой региона; направленностью образовательных услуг на обслуживание и развитие человека; наличием материальных средств и условий, обеспечивающих успешное осуществление социальных функций вузом. [4,17].

Логично предположить, что категория «социальная ответственность» детерминирует сущностный, содержательный смысл понятия «социальная ответственность вуза».

По мнению авторов статьи, системообразующим фактором социальной ответственности вуза, является качество образования, что обуславливает необходимость моделирования процесса обучения посредством систематической оценки качества подготовки будущих специалистов.

В Тюменском государственном нефтегазовом университете проводится ежегодный мониторинг мнения работодателей, ориентированный на предмет изучения удовлетворенности качеством подготовки выпускников.

В экспертном опросе принимают участие руководители нефтегазодобывающих предприятий партнеров университета, традиционных работодателей, среди них, Schlumberger, Baker Hughes, ОАО «ЛУКОЙЛ», ОАО «Газпром», ОАО «НК «Роснефть», ОАО «АК «Транснефть», ОАО «Славнефть-Мегионнефтегаз», ОАО «Газпромнефть», ООО НОВАТЭК, ОАО ««ФСК ЕЭС» — Магистральные электрические сети Западной Сибири» и др. Количество экспертов в 2008г. составило 70 человек, в 2009г.- 76; в 2010г. – 82, в 2011 году – 128 человек, в 2012 – 175. Увеличение числа экспертов обеспечивает высокую репрезентативность исследования. Инструментарий исследования ежегодно модернизируется, в соответствии с актуальностью и комплексностью самой проблематики.

Так в 2008 г. одной из задач мониторинга было определение уровня соответствия знаний, умений и навыков выпускников потребностям рынка труда. Было выявлено, что на момент проведения исследования данный уровень в значительной мере соответствовал ожиданиям рынка труда. Результаты показаны на рисунке 1.

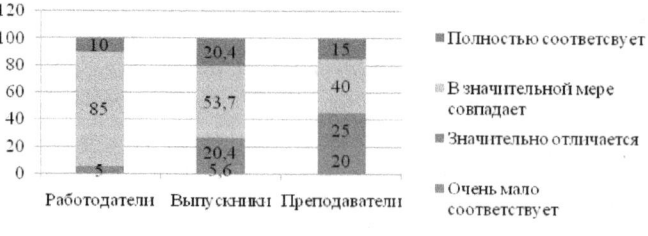

В опросе 2009 года экспертам предлагалось выбрать из списка сформированные профессионально – личностные качества. Основные результаты исследования приведены в Таблице 1.

Таблица 1

Качества выпускника	Кол-во положительных ответов в %
Устойчивое, осознанное, положительное отношение к своей профессии	92
Умение осуществлять информационный поиск и анализировать научно–техническую литературу	80
Умение на основе анализа результатов производственной деятельности прогнозировать их развитие и последствия	78
Умение осуществлять контроль за производственной и трудовой дисциплиной	75
Умение формулировать цели и задачи при заданных производственных критериях	74
Умение осуществлять анализ результатов исследований с использованием математических и компьютерных методик обработки результатов	74
Умение выбрать исходные данные для проектирования и выявления приоритетов решения задач с учетом производственных, экологических, технических, нравственных аспектов деятельности	73
Умение на основе моделей разрабатывать планы и программы, экспериментальных исследований	73
Умение внедрять новые инженерные решения в практическую деятельность	72
Умение координировать прямую и обратную связь в рамках производственной деятельности	72
Умение учитывать производственную необходимость и вносить изменения в условиях изменений потребностей рынка	72
Саморегуляция – принятие субъектом собственной активности и самоопределение собственной деятельности	72
Умение вести оперативную и техническую документацию	70
Умение осуществлять производственные процессы с помощью технических средств, систем объектов в профессиональной деятельности	68
Дисциплинированность - умения работать в соответствии с регламентом и инструкциями	65
Умение производить расчеты технологических – производственных процессов	64
Умение работать в команде единомышленников и оппонентов	63

Также, по мнению экспертов, общий уровень удовлетворенности выпускниками университета в 2009 году, являлся выше среднего.

Исследование 2010 года было нацелено на анализ удовлетворенности работодателей через оценку групп компетенций выпускника, выявление мнений работодателей об уровневой системе подготовке.

Оценка конкурентоспособности выпускников ТюмГНГУ, осуществлялась по шкале оценок: неудовлетворительно (2 балла), удовлетворительно (3 балла) и хорошо (4 балла). Такие показатели как применение полученных знаний на практике, общекультурный уровень, фундаментальные знания выпускников в среднем оценены на 3,4 балла, наивысшей оценкой респонденты оценили умение выпускников работать в коллективе – 3,71 баллов.

В качестве пожеланий эксперты отметили необходимость участия работодателей в организации учебного процесса и формировании профессиональных компетенций студентов, посредством создания практикоориентированной среды.

С 2011г. в исследование включены индикаторы, позволяющие выявить степень эффективности формирования компетенций студентов в процессе обучения в университете; приоритетность личностных качеств необходимых для карьерного роста на предприятии; а также возможность сотрудничества университета с предприятиями по различным направлениям. Акцентирование внимания авторов статьи на организации взаимодействия вуза с предприятиями определяет следующую приоритетную задачу в сфере социальной ответственности. Основными партнерами для университетов выступают региональные органы власти, промышленные предприятия и бизнес-сообщество. Этот тандем свидетельствует о слаженном партнерстве, для решения приоритетных задач: повышение качества образования, удовлетворение потребностей рынка труда, удовлетворение потребностей предприятий в научных исследованиях и разработках для развития той или иной экономической отрасли или кластера. Таким образом, работа с предприятиями-партнерами в вузах должна носить комплексный характер и, кроме трудоустройства, включать в себя: - организацию совместных профориентационных мероприятий; - подготовку выпускников по целевому направлению: - повышение квалификации сотрудников предприятий; - привлечение представителей предприятий к реализации учебного процесса; проведение научно-исследовательских работ; организацию совместных социально-культурных, спортивных мероприятий; - реализацию проектов в области информационных технологий и др. Крупные предприятия, как правило, имеют серьезную систему привлечения и отбора выпускников для трудоустройства, в которую кандидаты вовлекаются еще будучи студентами, посредством организации производственных и преддипломных практик.

В настоящее время основными направлениями сотрудничества ТюмГНГУ с предприятиями являются трудоустройство выпускников и заключение договоров на организацию практики студентов. Высокую заинтересованность предприятия проявили по отношению к таким вариантам сотрудничества, как проведение совместных мероприятий (конференции, «Дни предприятия», мастер-классы, круглые столы, и т.д.), участие представителей организации в корректировке учебных планов и повышение квалификации сотрудников Предприятия (МВА, Президентская программа техническая специализация, языковая подготовка, и пр.). Перспективными для дальнейшего развития являются такие направления взаимодействия, как стажировка преподавателей на предприятии, участие представителей предприятия в учебных процессах (преподавание, членство в ГАК, ГЭК, и т.п.) и дистанционное обучение сотрудников предприятия рис. 2.

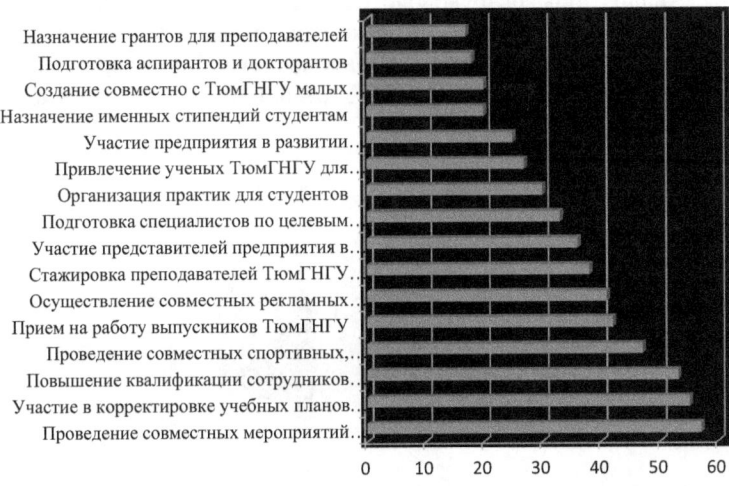

Рис. 2. Основные направления, по которым предприятия готовы сотрудничать с ТюмГНГУ.

Приступая к анализу значимых критериев оценки конкурентоспособности вуза необходимо отметить, что, на сегодняшний день одним из важных показателей, по мнению респондентов, является, качество подготовки выпускников, так считают – 85,1%; уровень квалификации профессорско-преподавательского состава (ППС) - 79%; наличие современной материально-технической базы - 70%. (Рис 3).

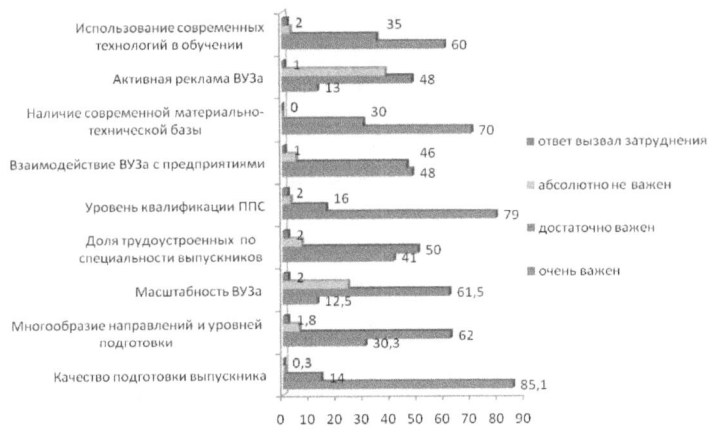

Рис. 3. Критерии оценки конкурентоспособности ВУЗа

Анализ отзывов руководителей предприятий в 2012 году показал, что качество подготовки выпускников в ТюмГНГУ удовлетворяет и соответствует требованиям современного производства. Уровень подготовки выпускников ТюмГНГУ респонденты оценили выше среднего как показано на рисунке 4:

Наиболее значимые факторы, оказывающие значительное влияние на карьерную успешность в бизнесе, эксперты распределили следующим образом: «Трудолюбие» - 60%; «Серьезность мотивации к выбранной профессии» - 46,5%; «Профессиональные навыки и умения» - 43,5%; «Умение работать в команде» - 43%; «Способность получать результат» - 41%; «Склонность к саморазвитию» - 36%; «Профессиональный этикет» - 34,5%; «Здоровье» - 32%. (Рис. 5.).

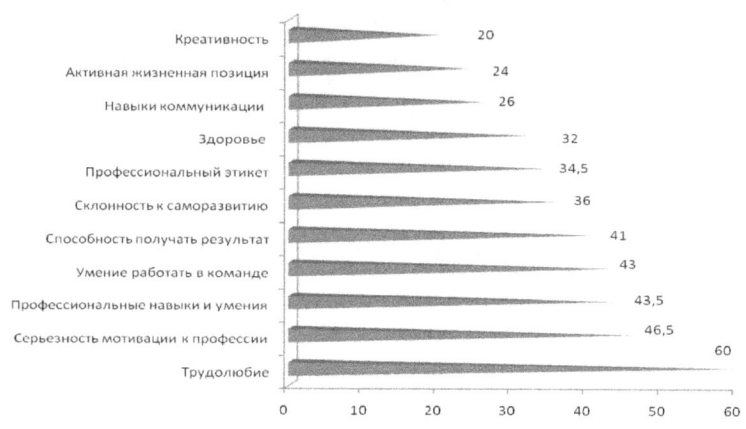

Рис. 5. Качества необходимые для карьерного роста на предприятии

Проведение мониторинга качества подготовки выпускников на постоянной основе, позволяет получать объективную оценку уровня и качества подготовки выпускников и степени конкурентоспособности университета, которая, в свою очередь детерминирует основные направления деятельности по реализации принципа социальной ответственности вуза перед выпускниками, работодателями и обществом в целом.

1. Белобрагин В.Я. Социальная ответственность предприятий - новый подход к их системам управления // Стандарты и качество. - 1999. - № 5

2. Калачинский, А. В. Социальная отчетность вуза: [социальная ответственность вуза перед обществом] / А. В. Калачинский // Университетское управление: практика и анализ .— Б.м. — 2008 .— №6 .— С. 32-38.

3. Савчик Е.Н. Формирование системы качества образовательного учреждения на основе международных стандартов социальной ответственности. - 2011.- С.5.

4. Благов Ю. Е. Концепция корпоративной социальной ответственности и стратегическое управление // Российский журнал менеджмента. – 2003. - № 3. – С. 17-24.

Надуткина И.Э.
кандидат социологических наук, доцент,
профессор кафедры социальных технологий ФГАОУ ВПО «Белгородский
государственный национальный исследовательский университет»,
НИУ «БелГУ».
nadutkina@bsu.edu.ru

НЕОБХОДИМОСТЬ ПРИНЦИПИАЛЬНЫХ ИЗМЕНЕНИЙ ХАРАТЕРА ВЗАИМООТНОШЕНИЙ МУНИЦИПАЛЬНЫХ ВЛАСТНЫХ СТРУКТУР С ШИРОКОЙ ОБЩЕСТВЕННОСТЬЮ

Участие граждан в управлении, как непосредственное, так и опосредованное является исходным, необходимым условием демократизации общества и его властных структур. Все активнее граждане общества настаивают на том, что их волеизъявление должно осуществляться не только в их участии в голосовании и выборах в органы власти, но и в решении повседневных волнующих их проблем и вопросов, обсуждение которых до недавнего времени было исключительной прерогативой органов власти, тенденция роста и развития гражданского общества эту тенденцию усилит многократно. Сегодня нельзя управлять не взаимодействуя с этим обществом, рядовыми гражданами, нужно добиваться и завоевывать их поддержку, одобрение при решении тех или иных жизненно важных задач.

Сила государственного управления, всех ветвей его власти, в особенности на уровне муниципального управления, все больше оценивается не мощью репрессивного аппарата, объемом богатства, а силой и широтой охвата технологий общественных связей, ведущих через соответствующие структуры постоянный диалог с населением и объединениями граждан. Эти структуры должны быть достаточно профессиональными, их деятельность должна быть сконцентрирована на решении группы достаточно специфичных задач, связанных с созданием первоначальных условий для взаимодействия, взаимопонимания, доверия.

Деятельность информационных служб по связям с общественностью при местных органах власти имеет свои особенности в отношении поставленных целей и применяемых средств. Специалисты PR, по необходимости, объединенные в те или иные структуры на уровне муниципального управления, берут на себя распространение социального контроля, технологий отношений с широкой общественностью, связей с ней. Если центральные органы власти могут активнее использовать медиа, то местная администрация способна добиться большего успеха при личных контактах с населением.

На уровне местного самоуправления в городе Белгороде было произведено четко разделение властей: на представительную власть - Совет депутатов города и исполнительно-распорядительную власть - Администрацию города. При представительном органе власти работу по связям с общественностью осуществляет отдел по работе со СМИ управления протокола, по связям с общественностью и средствами массовой информации Совета депутатов города Белгорода. При исполнительно – распорядительном органе власти работой по связям с общественностью занимается пресс-секретарь главы администрации города. Частично выполнение некоторых функций возложено на отдел наказов, писем и приема граждан и отдел организационно-контрольной и аналитической работы.

Основным средством общения органов местного самоуправления города Белгорода с населением являются средства массовой информации. При этом используются все возможности и привлекаются максимально возможное количество местных, региональных и центральных печатных изданий, телевизионных и радиовещательных компаний. Особое значение при работе со СМИ отводится сотрудничеству с местными газетами, радио и телевидением. Все они приглашаются для участия в значимых городских мероприятиях, официальных заседаниях, конференциях, совещаниях, сессиях, пресс-конференциях, рейдах, объездах и т.д. В целях расширения читательской аудитории для наиболее полного ознакомления жителей города с информацией о деятельности органов государственной власти и местного самоуправления, об основные нормативно - правовых актах и Законах Белгородской области, а также об основных событиях города и области, подразделения по связям с общественностью ведут работу по активизации подписки на местные издания [1].

В основе всей деятельности администрации города и Совета депутатов города Белгорода заложен принцип максимального взаимодействия с населением, использование общественного мнения при принятии наиболее важных для города и горожан решений. При главе местного самоуправления города созданы общественные Советы по самым разным направлениям, куда входят представители предприятий, организаций и учреждений города. Регулярно проводятся личные встречи главы местного самоуправления города, заместителей главы администрации, руководителей структурных подразделений с трудовыми коллективами предприятий, организаций и учреждений города, группами граждан. Они носят как плановый (участие в единых информационных днях администрации города, культурно-массовых мероприятиях, тематических встречах, «открытых» уроках, выпускных вечерах и т.д.), так и оперативный характер (сходы жителей города, рабочие объезды и обходы городских территорий).

Отметим особенность сложившихся отношений такова, что в нашем случае речь идет о режиме патернализма властных институтов и управленческих структур по отношению к общественному мнению, где муниципальные органы управления и общественное мнение неравномерны по отношению друг к другу, органы муниципального управления имеют приоритет по отношению к общественному мнению, но господство это осуществляется в мягкой форме. При этом муниципальные власти ни в коем случае не подавляют, тем белее не игнорируют общественное мнение, это качественно другой режим, это отношения ведущего и ведомого, в которых за ведомым, подчиненным признаются определенные права, а сам он считается «младшим» участником диалога. В рассматриваемом режиме массовые оценки и общественное мнение в целом выступает как единый субъект, хотя и существенно ограниченный другим субъектом в правах и возможностях. В принципе в реалиях реализуется классический вариант отношений, когда в патерналистском режиме институты власти достаточно редко обращаются к общественному мнению за консультацией и советом, не широк и предметный ареал их апелляций [2,3].

Особое внимание подразделениям по связям с общественностью необходимо уделять вопросам, связанным со спецификой функционирования органов местного самоуправления, которые призваны отображать объективную, а не фрагментарную картину жизни муниципального сообщества, его потребности и стремления. Местные органы власти не вправе отказаться и от обязанностей отражая общественное мнение и опираться на него при принятии управленческих решений.

Работу с населением целесообразно осуществлять через процедуры изучения общественного мнения. Это позволит вовлечь граждан в процесс управления, объединить их усилия для решения конкретных задач, выявить наиболее острые проблемы, стоящие перед обществом, оценить точки зрения целевых групп, сформировать в массовом сознании имидж администрации в целом и осуществляемых ею проектов и создать предпосылки для принятия наиболее качественных управленческих решений в экономических и социальных сферах развития города.

Основными целями работы с населением являются: повышение доверия горожан к власти, т.е. формирование положительного имиджа администрации и ее деятельности, направленной на устойчивое развитие города; вовлечение населения в процесс управления городом, что является принципиально важным при реализации общегородских проектов; получение объективной информации о настроениях в обществе, о социально-политической ситуации в городе.

Таким образом, необходимо до конца сформировать структуру управления муниципального образования по вопросам организации подразделений по связям с общественностью, которая бы отвечала требованиям современного гражданского общества с учетом того, что само гражданское общество имеет тенденцию к постоянному обновлению и совершенствованию. Созданные подразделения по связям с общественностью должны быть ориентированы на планомерную работу, с реально представленными в муниципальном образовании г. Белгород группами гражданского общества, партиями, общественными объединениями. Особое значение подразделениям по связям с общественностью необходимо уделять работе со средствами массовой информации - сотрудничеству с местными газетами, радио и телевидением, их участию в значимых городских мероприятиях, официальных заседаниях, конференциях, совещаниях, сессиях, пресс-конференциях, рейдах, объездах и т.д. Связь с жителями муниципального образования должна быть двусторонней. Органы регионального управления не только должны качественно выполнять функции, возложенные на них обществом, но и систематически информировать население о своей деятельности, с одной стороны, и с другой стороны - регулярно чувствовать реакцию, резонанс жителей на свои действия и решения.

Самое важное здесь уйти от излишней заидеологизированности таких служб, клиентской направленности на обслуживание лично руководителя областного органа исполнительной власти, а такая тенденция в работе ряда подразделений прослеживается, но обеспечить диалог, взаимопонимание между властями и населением и поддержку последними органов власти.

Подразделения по связям с общественностью должны быть в большей мере ориентированы на решение своих, региональных проблем, учитывать традиции и исходить из местных особенностей региона.

Тем не менее, процесс организации обратной связи с населением характеризуется рядом недостатков и упущенных возможностей, что проявляется в неэффективности работы местных органов власти, их недостаточной гибкости, отсутствии необходимого операционного обеспечения. Одной из главных причин этих и других недостатков является отсутствие знаний у работников местного самоуправления в области современных технологий «паблик рилейшнз», посредством которых субъекты управления должны осуществлять свое информационное воздействие на сознание и поведение населения.

Именно поэтому для совершенствования организации связей с общественностью в муниципальном образовании г.Белгород необходимо проведение информационной политики. Практика муниципального управления требует решения нового типа управленческих задач. Для того, чтобы провести анализ ресурсов местного сообщества, выявить его сильные и слабые стороны, нужна минимально необходимая и достаточно объективная информация. Для этого необходимо налаживание современной информационно-аналитической деятельности в местном сообществе. Основополагающим принципом управления является необходимое количество достоверной информации, переработанной и освоенной на современной технической основе, достаточной для принятия управленческих решений и осуществления разносторонних мер контроля за их реализацией. Информационные ресурсы занимают особое место в структуре ресурсов местного самоуправления. Роль информационных ресурсов в системе ресурсного обеспечения местного самоуправления связана с их исключительными особенностями, а именно: непосредственной отнесенностью к субъекту самоуправления, возобновленностью, многообразием. Необходимой процедурой в эффективной организации обратной связи в сфере муниципального образования является социальная диагностика.

Изучение процесса организации обратной связи в муниципальном образовании города Белгорода привело к разработке программы, которая позволит оптимизировать сложившуюся ситуацию. Инновационная программа города Белгорода ориентирована на достижение главной цели деятельности органов власти местного самоуправления - повышение качества организации обратной связи с населением. Для достижения этой цели в программе разработаны необходимые PR - механизмы и предложены новые формы информирования населения. Систематическое изучение общественного мнения с помощью организации социологических исследований и опросов граждан поможет эффективнее установить надежную обратную связь органов власти с населением. Для достижения этой цели программа рекомендует проведение социальных мониторингов. Завершающим этапом программы являются текущие и потенциальные выгоды от ее реализации.

Таким образом, проводимая работа в создаваемых подразделениях по связям с общественностью позитивно преобразует интеллектуальный потенциал муниципального управления. Технологии «паблик рилейшнз» позволяют активизировать и эффективно использовать информационные ресурсы местного сообщества, которые сегодня становятся стратегически важным фактором развития. Они помогают оптимизировать разнообразные информационные процессы, которые в последние годы занимают все большее место в различных сферах социальной активности местного сообщества.

Список литературы:
1. Текущий архив муниципального образования г. Белгород // Фонд отдела по связям с общественностью.
2. Надуткна И.Э., Конев И.В. Стратегия информационной поддержки инновационных процессов в регионе // Научные ведомости БелГУ. Серия «Философия. Социология. Право». – 2010. – №2(73). – Вып. 11. С.77-84.
3. Чумиков А.Н. Креативные технологии «паблик рилейшнз». – М.: Дело, 2000. с.272.

Андреева О. А.
ассистент кафедры социальных технологий ФГАОУ ВПО
«Белгородский государственный национальный исследовательский
университет», НИУ «БелГУ»

ГОСУДАРСТВЕННО-ОБЩЕСТВЕННОЕ УПРАВЛЕНИЕ ШКОЛОЙ В УСЛОВИЯХ МОДЕРНИЗАЦИИ

Управление современной системой образования предполагает согласованное взаимодействие между государством и обществом в решении различных вопросов, связанных с возможностью ответственно и результативно влиять на образовательную политику и принятие управленческих решений.

При этом следует понимать, что и существующая государственная и проектируемая общественная составляющие системы управления имеют свои сильные и слабые стороны и объективные ограничения, которые необходимо учитывать при обеспечении их практического взаимодействия.

Муниципальные органы в российских условиях выступают своего рода посредником между государством и населением, проживающим на территории муниципалитета, пользуются для решения вопросов полномочиями, полученными от государства. В этом смысле муниципальные органы управления, а также назначаемые и подконтрольные им руководители муниципальных общеобразовательных учреждений фактически представляют собой «государственную составляющую» в государственно-общественном управлении. Сложнее дело обстоит с обеспечением «общественной составляющей» в управлении общеобразовательными учреждениями, поскольку при этом многое зависит от активности, организованности и информированности заинтересованных граждан – представителей общественности.

Население взаимодействует с государством посредством общественного участия, которое объединяет социальные технологии, обеспечивающие любому человеку возможность вносить свой вклад в выработку государственных или корпоративных решений, затрагивающих его интересы. В связи с этим, миссия общеобразовательных учреждений как фактора социально-экономического развития не может быть реализована, если школы по-прежнему будут оставаться закрытыми по отношению к местному сообществу, поэтому важнейшим фактором обеспечения качества образования является развитие партнерских отношений общеобразовательных систем с другими сферами общественной практики. Долгосрочное, продуктивное партнерство может быть построено только на основе взаимной выгоды и взаимной ответственности. Однако в настоящий момент примеры развитого партнерства школ с субъектами внешней среды остаются скорее исключением, чем правилом. Причина такого положения дел заключается в отсутствии методов и механизмов участия общественности в решении задач образования.

Сама идея государственно-общественного управления предполагает, что инициатива должна исходить снизу, то есть от населения, но как показывает практика общественно-активных школ, что бы привлечь общественность к соуправлению необходимо приложить немало усилий, и в первую очередь администраций общеобразовательных учреждений. Важно понимать, что процедура вовлечения родителей в дела школы дело сложное, кропотливое и требующее в первую очередь осознанного желания руководства учебного заведения.

Для успешного развития взаимодействия родителей и детей в жизнедеятельности общеобразовательной школы необходима реализация следующих условий: информирование родителей о жизни классных коллективов и школы; выявление готовности родителей сотрудничать со школой, удобного режима и форм возможного сотрудничества; осознание педагогами необходимости включения родителей в жизнедеятельность коллективов детей и взрослых; интенсивная психолого-педагогическая подготовка учителей к работе с родителями – участниками воспитательного процесса; поэтапное усложнение задач, содержания, методов и форм организации совместной деятельности родителей и детей в условиях школы; диагностика и анализ динамики внутрисемейного взаимодействия в связи с включением родителей в жизнедеятельность школы [1, 56].

Можно выделить три блока, по которым необходимо осуществлять совершенствование практики государственно-общественного управления общеобразовательными учреждениями: 1. Привлечение общественности к деятельности школ, их потребностям и проблемам. 2. Развития форм и методов общественного участия в управлении общеобразовательными учреждениями. 3.Стимулирование и повышение уровня правовой культуры участников образовательного процесса и общественных управляющих в вопросах государственно-общественного управления.

Решение перечисленных выше задач можно осуществить, применив проектный подход, который позволит взаимоувязать необходимые сроки и мероприятия, а так же выделить зоны ответственности. В этой связи, главным элементом привлечения общественности должна стать школа при опоре на муниципальный орган управления образованием.

Между тем опыт общественно-активных школ показывает, что при наличии реальной «общественной составляющей» в управлении образовательным учреждением можно привлечь в школу дополнительные ресурсы, обеспечить материально-техническое развитие, оперативно удовлетворять актуальные образовательные запросы семьи и общества, разрешать возникающие конфликтные ситуации между участниками образовательного процесса и даже обеспечивать защиту школы и поддержку его руководителя, в т. ч. и при проведении проверок[2,129].

Развивающееся взаимодействие родителей и детей в школьной жизнедеятельности требует этической и практической готовности родителей и педагогов. Эта готовность формируется как непосредственно в процессе взаимодействия, так и в специально организуемой для этого деятельности, ведущая роль в которой принадлежит педагогам-профессионалам.

Обеспечение эффективности работы общеобразовательных учреждений в условиях модернизации определяется широкой поддержкой со стороны общественности, расширением общественных связей организации, формированием её позитивного имиджа. Однако гражданская пассивность и иждивенчество большинства родителей, их потребительское отношение к школе как к производителю бесплатных общеобразовательных услуг, является существенным препятствием для эффективного освоения и использования этого ресурса. Это препятствие может быть преодолено, только через работу в родительском сообществе в направлении развития потребности и навыков социального партнёрства, добровольной общественной работы и благотворительности, общественной самоорганизации и гражданской инициативы.

Существующие сегодня проблемы связаны с отсутствием необходимых правовых, экономических и управленческих знаний у представителей общественных структур, неготовностью общественных институтов к взаимодействию с общеобразовательными институтами. Поэтому разнообразные меры по изучению общественного мнения, привлечению общественности к аттестации общеобразовательных учреждений, экспертизе общеобразовательных результатов, организации общественного обсуждения проблем образования являются необходимым условием повышения уровня общественной активности в сфере образования.

Таким образом, если образовательное учреждение сможет привлечь общественность к своей деятельности, то это будет способствовать решению различных проблем школы в более короткие сроки.

Список литературы:
1. Буйновская, Т. Развитие общественно-ориентированного образования в России [Текст] /Т. Буйновская. – Омск : ТРИС, 2010 – 436 с.
2. Гусаров, В. Взаимодействие общества и государства в управлении школой [Текст] / В. Гусаров // Народное образование. – 2007. – № 8. – С. 126-134.

Самарин А.В.
Тюменский государственный университет

РОЛЬ СОЦИАЛЬНОЙ СРЕДЫ В ФОРМИРОВАНИИ ЗДОРОВОГО ОБРАЗА ЖИЗНИ СТУДЕНЧЕСКОЙ МОЛОДЁЖИ

Формирование здорового образа жизни в студенческой среде - сложный системный процесс, охватывающий множество компонентов образа жизни современного общества и включающий основные сферы и направления жизнедеятельности молодых людей. Ориентированность молодежи на ведение здорового образа жизни зависит от множества условий. Это и объективные общественные, социально-экономические условия, позволяющих вести, осуществлять здоровый образ жизни в основных сферах жизнедеятельности (учебной, трудовой, семейно-бытовой, досуга), и система ценностных отношений, направляющая сознательную активность молодых людей в русло именно этого образа жизни.

Преодоление многочисленных проявлений безграмотности в области культуры здоровья среди студенческой молодежи требуют усиления роли социальной среды как социального института в высших учебных заведениях. Однако наряду с этим существуют негативные явления окружающей среды, которые отрицательно сказываются на формировании культуры здорового образа жизни студентов.

Исходя из определения окружающей среды как совокупности условий и влияний, в которых существуют, функционируют, изменяются студенты, т.е. происходит их личностное развитие, напрашивается вывод, что формирование культуры здоровья без среды не существует.

Университет должен создавать благоприятные условия для обучения студентов. Социальная среда ВУЗа должна быть здоровьесберегающей и объединяющей как учебную, так и внеучебную деятельность студентов. Необходимо совершенствовать процесс подготовки и переподготовки педагогических кадров, формировать их готовность работать в условиях личностно-ориентированного обучения. Одной из задач преподавательского состава ВУЗа является усиление пропаганды идеи сохранения и укрепления здоровья студентов, которая должна стать как национальной так и корпоративной идеей и интегрировать все направления образовательной деятельности ВУЗа.

Немаловажна роль физического культуры как одного из компонентов социальной среды высшего учебного заведения в формировании здорового образа жизни студенческой молодежи. Физическая культура как никакая другая учебная дисциплина влияет на сохранение и развитие здоровья студентов.

С. Г. Добротворская, Р. В. Рожнов, В. Е. Фертик выделяют несколько основных подходов к переосмыслению содержания физкультурно-спортивной работы в образовательных учреждениях [1,2,3]. Один из подходов ориентирует студентов на усвоение определенных знаний в сфере физической культуры, спорта, здоровья. В рамках другого подхода акцентируется внимание на развитие физических качеств путем увеличения объема занятий физической культурой или организации альтернативных тренировочных занятий за пределами академического расписания. При этом студенты сами выбирают форму занятия в соответствии с их интересами, а перед преподавателем ставится задача формирования у студентов привычки систематически заниматься избранными видами двигательной активности. Третий подход, предлагает в качестве высшей ценности рассматривать здоровье студентов и их соответствующий уровень физического развития.

Таким образом, модернизацию и оптимизацию системы физического воспитания можно считать одним из условий формирования здорового образа жизни студентов в учреждении высшего профессионального образования.

Список литературы:

1. Добротворская, С. Г. Проектирование и реализация системы педагогической ориентации студентов на здоровый образ жизни, С. Г. Добротворская. – Казань, 2003.

2. Рожнов, Р. В. Преемственность формирования культуры здоровья учащихся в образовательной среде региона: коллективная монография / науч. ред. Р. В. Рожнов. – Пенза : Информационно-издательский центр ПГУ, 2006. – 104 с.

3. Фертик, В. Е. Профессионально-творческое совершенствование студентов-хореографов в условиях здоровьесберегающей среды, Фертик, В. Е. – Москва, 2009 – 25 с.

Есназаров Т.М.
Казахский университет Международных Языков имени Абылай хана,
Магистрант 2 курса

СТАНОВЛЕНИЕ ИНФОРМАЦИОННОГО ОБЩЕСТВА В КАЗАХСТАНЕ

В настоящее время осознаны предпосылки и реальные пути формирования и развития информационного общества в Казахстане. Этот процесс имеет глобальный характер, который влечет за собой вхождение нашей страны в мировое информационное сообщество. Казахстан должен войти в семью технологически и экономически развитых стран на правах полноценного участника мирового цивилизационного развития с сохранением политической независимости, национальной самобытности и культурных традиций, с развитым гражданским обществом и правовым государством.

История становления информационного общества Казахстана не так богата, но уже имеет свой стержень. Основой для ее развития является Конституция страны, Стратегия развития Казахстана до 2030г., законы о деятельности средств информации, о национальной безопасности, государственная программа формирования и развития национальной информационной инфраструктуры Республики Казахстан, а также такие нормативные документы, как «Концепция развития конкурентоспособности информационного пространства РК на 2006-2009 годы», «Программа снижения информационного неравенства в РК на 2007-2009 годы» и другие.[1,85-89]

Для реализации своей информационной политики Казахстан предпринимает ряд шагов.

В первую очередь, за последние годы фактически обновлена технологическая база казахстанского телевидения и радио, государство перешло от слов к делу, то есть от заявлений о стремлении к Информационному обществу, к практическим действиям. Фактически даны все условия для развития онлайновых медиа, для универсального доступа к Интернету в каждом городе, ауле страны, повышено качество предлагаемых услуг.

Здесь стоит отметить быстрое развитие интернета в Казахстане. Еще в 2000-х нам рассказывали о нем только на теоретических занятиях, на уроках ИВТ, а сейчас он является неотъемлемой частью нашей жизни. По рейтингу, ранжированных по Индексу развития Интернета (The Web Index) - показателю, характеризующему уровень влияния Интернета на различные сферы общественной жизни, Казахстан занял 28е место в мире, при этом обогнав Россию и Китай. Казахстанцы стали больше общаться в социальных сетях, развилась интернет журналистика и блоггинг. Развитие онлайн изданий на казахском языке – отдельная тема исследования, поскольку это направление развивается в геометрической прогрессии.[2]

Казахстанцы стали делать больше покупок в Интернете. Согласно данным, озвученным директором интернет-премии AWARD.kz Константином Горожанкиным, рынок электронной коммерции в Казахстане составляет порядка $200 млн, или 0,45% от общего рынка ритейла в стране, в то время как в России соответствующий показатель оценивается в 8%, а в США — в 11%. В соответствии с другими сведениями, обнародованными финансовым директором одной из наиболее известных казахстанских компаний в области электронной торговли Chocolife.me Анваром Бакиевым, по итогам 2011 года объем рынка электронной торговли составил $133 млн.[3]

Огромным шагом в развитии информационного общества в нашей стране я считаю открытие электронного правительства Республики Казахстан. Портал «электронного правительства» – ресурс, формирующий новый уровень оказания государственных услуг. eGov.kz – это минимум предоставляемых документов, временных затрат и отсутствие бюрократических препонов.

В 2012 году уровень развития «электронного правительства» в Казахстане был высоко оценен мировым сообществом. В рейтинге ООН по индексу развития e-правительства и индексу e-участия, по сравнению с 2010 годом государство поднялось с 46-го на 38-е место. При этом индекс онлайн услуг вырос на 10 позиций, а телекоммуникационной инфраструктуры – на 14 позиций. По индексу e-участия, который определяет возможность общения граждан с правительством, Казахстан занял 2-ое место в мире.

Если взглянуть на статистику, то количество обычных пользователей в 2011 году выросло почти в 2 раза по сравнению с 2006 годом; основными целями использования интернета казахстанцами в 2011 году, это коммуникации 69,8 , поиск информации и онлайн услуги 83,8 , покупка и продажа товаров и услуг 20,2 , контакт с общественными и государственными организациями 14,5 , занятие, образование и повышение квалификации 18,5.

Вторым шагом реализации информационной политики было формирование медиа-системы, что привело к ускорению развития современной технологической инфраструктуры СМИ, к активному использованию кабельного и спутникового телевидения, существенным изменениям в сфере производства как традиционных, так и новых СМИ страны. В частности, 3 июля 2012 года в Казахстане официально запущена сеть цифрового эфирного телевещания в Астане, Алматы, Караганды, Жезказгане и Жанаозене. В скором будущем, в общей сложности сеть будет включать в себя 827 радиотелевизионных станций.

Также многие субъекты медиа пространства становятся активными участниками процесса демократических преобразований, поскольку масс-медиа стали общепризнанным инструментом целенаправленного конструирования политических порядков. Роль СМИ важна в силу их воздействия на общественное сознание. С помощью масс-медиа формируются демократические ценности, принципы и демократическая политическая культура, достигается национальная консолидация граждан, происходит приобщение к ценностям мирового порядка. Так, к примеру, по состоянию на 25 июня 2012 года в Республике Казахстан действуют 2765 СМИ. Из них: 439 государственных и 2326 негосударственных СМИ. Подавляющее большинство составляют газеты (1666) и журналы (848), 238 – электронные СМИ (51 телекомпании, 48 радиокомпании, 133 оператора кабельного телевидения, 6 операторов спутникового вещания) и 13 информационных агентств. [4]

Кроме вышесказанного, я хочу отметить и изменение качества вещания СМИ в лучшую сторону. Изменилось отношение к информационному и развлекательному вещанию. Появилось много программ, которые, в какой-то степени, заимствуют внешне форму российских или западных программ, но, по сути, существенно отличаются, внося свой восточный колорит, казахстанское содержание. Казахстанские журналисты стали участвовать в больших проектах, в которых представлены звезды спорта, кино и эстрады разных стран как США, Россия, Китай и др. Это высоко позиционирует Казахстан среди отечественной аудитории.

Контент казахскоязычных газет также существенно изменился в лучшую сторону. Их содержание во многом отличается от того, что публикуется в русскоязычной отечественной прессе. Это те темы, которые больше соответствуют духу и сущности казахского народа. Это использование таких стилевых и семантических оборотов, которые понятны только владеющему казахским языком, это тот дух, который не переведешь на другой язык, поскольку внутренний генный код этих слов и словосочетаний непередаваем. Другая сторона казахскоязычной прессы в том, что она динамично отошла от историко-ностальгического поиска истины к созиданию нового образа жизни общества в условиях рыночной конкуренции и новых информационных технологий. Это значительно продвигает журналистику Казахстана вперед, делает ее конкурентоспособной, созидательной и действенной.

Ведущая роль в построении информационного общества сегодня отводится молодежи. И если молодежь будет постоянно применять информационные технологии в повседневной жизни, то к ИТ смогут приобщиться и близкие к молодому поколению социальные группы, благодаря чему постепенно должно установиться информационное равенство между всеми членами нашего общества.

Заглядывая в недалекое будущее, я вижу очень большие перспективы в нашем информационном обществе. Несмотря на высокое развитие информационного общества в Казахстане, мы продолжаем совершенствоваться в этой области. Глава государства Н. Назарбаев уже подписал указ Об утверждении государственной программы «Информационный Казахстан – 2020». Госпрограмма направлена на решение задач по обеспечению эффективности системы государственного управления, доступности инновационной и информационно-коммуникационной инфраструктуры, созданию информационной среды для социально-экономического и культурного развития общества, а также развитию отечественного информационного пространства. Новая программа затронет многие аспекты повседневной жизни: диалог между гражданином и органами управления, повышение компьютерной грамотности улучшение качества информационных государственных услуг, улучшение безопасности в области электронной торговли. Ожидается, что в рамках данных направлений посредством повсеместного внедрения ИКТ будут решены задачи по совершенствованию государственного управления, созданию открытого и «мобильного правительства», развитию доступности информационной инфраструктуры, получению гражданами доступа к услугам электронного образования, здравоохранения и т.д.[5,48-51]

В целом на данный момент в стране реализованы и активно увеличиваются основные принципы формирования гражданского общества:

- Нарастание роли информации в стране, задействование новых информационных технологий в жизни каждого казахстанца.

- Возрастание числа людей, занятых в сфере информационных технологий, коммуникаций и в производстве информационных продуктов и услуг, рост их доли в валовом внутреннем продукте

- Нарастает всеобщая информатизация общества с использованием телефонии, радио, сети интернет,

- создается вливание нашего общества в глобальное информационное пространство, обеспечивающего: эффективное информационное взаимодействие людей, удовлетворение их потребностей в информационных продуктах и услугах;

- развитие электронного правительства, информационной экономики, электронной демократии, цифровых рынков.

Я считаю, что Казахстан вполне справляется с задачей развития информационного общества в Казахстане. Если быть очень кратким, то Казахстан во многом преодолел цифровое неравенство, решил проблемы с доступностью информационно-коммуникационных технологий и развил электронную и цифровую демократию. А именно эти три задачи, на мой взгляд, являются основными в формировании информационного общества. В нашей стратегии развития информационного общества и электронного правительства уже заинтересованы некоторые страны, как Украина и Эстония; Казахстан уже делится опытом построения электронного правительства с Афганистаном. Все это уже является показателем успешного развития нашего информационного общества.

Список использованной литературы.

1. Конституция Республики Казахстан
2. http://www.zakon.kz/4513863-kazakhstan-obognal-rossiju-po-indeksu.html Казахстанский информационный портал
3. http://www.profit.kz/articles/1823-Razvitie-elektronnoj-torgovli-v-Kazahstane/#.UQOGMvL_mSo Сетевой ресурс о новостях и событиях казахстанского рынка информационных технологий.
4. http://www.stat.kz Агентство Республики Казахстан по статистике
5. Государственная информационная политика в Казахстане: взгляд в будущее / Ахметова Л.С., - Алматы, 2010.

Буза М.К.
профессор, д.т.н., кафедра многопроцессорных систем и сетей,
Белорусский государственный университет, Минск;
Деева Н.В.
старший преподаватель кафедры программного обеспечения
интеллектуальных и компьютерных систем, Гродненский государственный
университет имени Янки Купалы, Гродно
bouza@bsu.by; ndeeva@grsu.by

ПОСТРОЕНИЕ КРАТКОГО ФАКТОЛОГИЧЕСКОГО ОПИСАНИЯ ПО ТЕКСТУ ПРОТОКОЛА ДОПРОСА

Научный прогресс в области информационных технологий, компьютерной лингвистики, а также стремительное вовлечение в электронный документооборот различных сфер жизнедеятельности человека представляют возможным и даже необходимым решение задачи анализа текстовой информации на естественном языке. Задача поиска релевантной информации в огромных массивах данных (интернет, локальные хранилища данных) активно решается совместными усилиями коммерческих организаций и исследовательских центров по всему миру. Наиболее ярким примером такой работы в области изучения русского языка является реализация проекта по созданию Национального корпуса русского языка (НКРЯ)[1], который выполняется совместно с компанией Yandex представителями академических кругов: Институт языкознания РАН, МГУ, Институт лингвистических исследований РАН и др.

НКРЯ представляет собой мощную базу для проведения исследований лингвистами, так как включает в себя текстовый материал разных жанров, стилистических окрасок, в некоторых случаях со снятой омонимией и с проведенным на них морфо-синтаксическим анализом. Особый интерес вызывают архивы по частотам словоформ, в том числе по 2-6-граммам. Корпус действительно является мощным инструментом для решения лингвистических задач, особенно в части использования статистических и стахостических методов, в том числе в задачах поиска и машинного перевода.

Однако, корпус не может решить всех проблем современной лингвистики, требования, к задачам которой, стремительно возрастают. Ситуация осложняется еще и особенностями русского языка, синтаксический анализ которого, в силу нежесткого порядка слов в предложении и в словосочетаниях, представляет собой совсем не тривиальную задачу. А семантический анализ произвольного русского предложения автоматическими средствами пока не достижим. Исследователи в области автоматического анализа естественно-языковых текстов на разных этапах сталкиваются с проблемами снятия омонимии, разрешения кореференций, а в случае, семантического анализа – разрешения синонимии (антонимии). Таким образом, решение лингвистических задач сегодня видится либо в строгих онтологических рамках, либо с учетом жанровых характеристик текста или других, сужающих область поиска решений, ограничениях.

В данной статье предлагается решение задачи построения фактологического описания на основе естественно-языкового текста протокола допроса комбинацией нескольких лингвистических инструментов: выделение стилистически-жанровых особенностей данного типа текстов [2;3]; комбинация лексического, морфологического и поверхностно-синтаксического анализов [4;5]; анализ частот встречаемости, выделенных в тексте, словоформ и словосочетаний (n-грамм) в корпусе НКРЯ [6]; анализ характеристики принадлежности семантическому классу по семантическому словарю Н.Ю. Шведовой.

Согласно исследованиям в [5], протокол допроса состоит из следующих сегментов: статическая формулировка, повествовательный и вопросно-ответный. Первый сегмент является шаблонным, содержит сведения о субъекте(ах) и объекте допроса, а также включает в текст допроса выдержки из Кодексов и статические формулировки. Наибольший интерес представляет изучение стилистических характеристик повествовательного и вопросно-ответного сегментов, так на основании исследований Татарниковой Н.М. [3], текст указанных сегментов характеризуется, как правило, линейным изложением фактов упорядоченным по времени. Сегменты могут содержать статические фрагменты-описания, референтны и нацелены на отражение реальных фактов. Такое описание соответствует официально-деловому стилю юрисдикциональных текстов, которые характеризуются как информативный нарратив-воспоминание с перфектной перспективой диктума.

Согласно исследованиям [7], которые проводились над протоколами допросов, большую часть лексики такого типа документов составляют стилистически нейтральные слова: имена существительные, обозначающие конкретные предметы – до 40%; имена прилагательные, как правило, качественные – до 4%; стоп-слова (предлоги, союзы, частицы), в среднестатистическом диапазоне – 15-20%. Тексты характеризуются также перегрузкой числительными, в основном представленных в числовом формате.

Задачей данного исследования является выделение из текста протокола, его повествовательной части, набора субъектов, предметов, географических объектов, а также временных и пространственных характеристик, которые и составляют краткое фактологическое описание.

На этапе лексического и морфологического анализов с использованием полученных выше характеристик выполняем первую фазу снятия омонимии и разрешения кореференций. Следующий этап – поверхностно-синтаксический анализ, в результате которого, выделяются словосочетания. Большую часть словосочетаний типа согласование получаем исходя из морфологических характеристик словоформ и степени удаленности слов друг от друга. Словосочетания типа управление, а также оставшиеся невыделенными на предыдущем этапе словосочетания типа согласование и примыкание, выделяем на основе базы частот n-грамм.

Используя семантический словарь Н.Ю.Шведовой и классификацию лексики, использованную в этом словаре, определяем классы для основных словоформ (существительное, глагол). Согласно характеристике стилистических особенностей протоколов допроса, а также принципу построения иерархии классов в словаре, семантические пометы являются образующими характеристиками для построения онтологии расследуемого дела, а набор словоформ, отнесенных к типу фактологических (географические объекты, временные промежутки, предметы и лица) – образуют краткое фактологическое описание протокола.

Полученные результаты могут быть использованы для оперативного сбора данных из массивов протоколов и построения семантической сети как онтологии расследуемого дела, а также для поиска несоответствий в показаниях допрашиваемых лиц.

Источники

1. Национальный корпус русского языка. Режим доступа: http://www.ruscorpora.ru/index.html
2. Губаева Т.В. Стилистико-смысловые свойства протоколов допроса (к проблеме диалогичности официальной письменной речи)//Типология текста в функционально-стилистическом аспекте. Пермь, 1990. - С.133-139
3. Татарникова Н.М. Стилевая черта vs коммуникативная стратегия (на материале жанров юрисдикционного подстиля)/Проблемы концептуализации действительности и моделирования языковой картины мира: сб. науч. тр.: вып. 4 / сост., отв. ред. Т.В. Симашко. – М.; Архангельск, 2009. – С. 90-95.
4. Деева Н.В. Построение объектной модели естественно-языкового предложения на основе К-представлений/ Информационные системы и технологии (IST`2009). В 2 ч.Ч.1./ редкол.: Н.И.Листопад [и др.]. - Минск: А.Н. Вараксин, 2009. – С. 130-131.
5. Буза М.К., Деева Н.В. Информационная модель следственного процесса/ Журн. Информатика. 2009. №4(24). С. 112-123
6. Частоты словоформ и словосочетаний. Режим доступа: http://ruscorpora.ru/corpora-freq.html
7. Кыркунова Л.Г. Функционально-смысловые типы речи в аспекте внутристилевой дифференциации следственно-судебных текстов// Стереотипность и творчество в тексте. Пермь, ПГУ, 2004. Вып.7 С.290-312

Лапицкая Н.В.

кандидат технических наук, доцент, заведующий кафедрой программного обеспечения информационных технологий Белорусского государственного университета информатики и радиоэлектроники,

lapan@mail.ru

Хведченя М.В.

магистр технических наук, EPAM Systems

ЛОГИКО-ВЕРОЯТНОСТНАЯ МОДЕЛЬ ОЦЕНКИ КАЧЕСТВА СПЕЦИФИКАЦИИ

В условиях быстро растущей конкуренции на международном рынке аутсорсинга вопрос качества поставляемых ИТ-услуг становится все более и более актуальным. Проблема повышения качества программного продукта рассматривается многими авторами (Jag Sodhi, Prince Sodhi, James Robertson, Karl E. Wiegers), в целом сводится к необходимости улучшения и модернизации процесса разработки программного обеспечения. Статистически установлено, что наибольший урон качеству программного продукта приносит некорректно составленная система требований (спецификация). Использование приоритетного подхода для оценки каждого требования по таким параметрам как: важность, функции, вариант использования, дает возможность выстроить корректный график реализации требований и снижает риск получения на выходе системы, несоответствующей ожиданиям заказчика, но не дает возможность оценить полноту и адекватность системы.

Использование логико-вероятностного (ЛВ) подхода в анализе качества спецификации позволяет дать объективную оценку системе требований в целом. В модели каждое функциональное требование описываются имеющими градации параметрами качества (признаками) : полнота (Z_1), корректность (Z_2), осуществимость (Z_3), необходимость (Z_4), назначение приоритетов (Z_5) , недвусмысленность (Z_6), проверяемость (Z_7) и т.п.

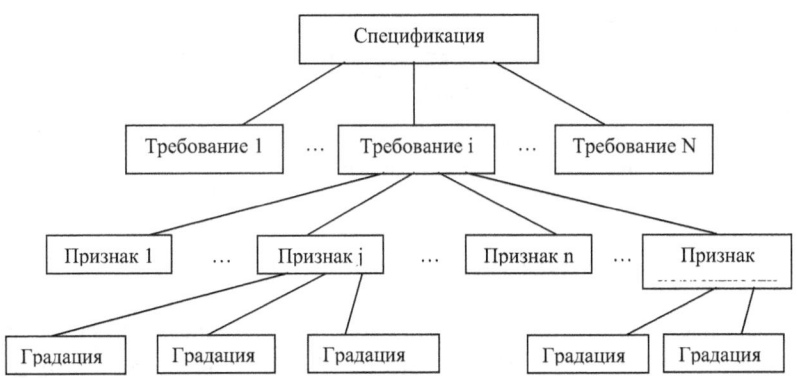

Рисунок 1. Структура данных спецификации

Для апробации модели качества спецификации Y использованы признаки, основанные на характеристиках предложенных Карлом И. Вигерсом. Будем считать что Y является бинарной величиной (корректно – спецификация удовлетворяет ожиданиям заказчика, либо некорректно – требуемый функционал опущен, неверно интерпретирован и т.д.) Структура данных спецификации программного продукта представлена на рисунке 1. Основные элементы структуры: множество требований системы, требование, признаки, характеризующие качество требования, градации признаков. Пример требований и их признаков, выраженных градациями, определяемыми экспертным путем, представлен в таблице 1. Выходной параметр Y (признак корректности требования) будет определен на основе созданной логико-вероятностной модели.

Таблица 1. Требования и их признаки

№	Наименование требования	Z_1	Z_2	Z_3	Z_4	Z_5	Z_6	Z_7
1	Распечатка списка данных по безопасности материалов.	8	3	1	4	2	1	3
2	Запрос о статусе заказа поставщика.	6	2	1	7	3	1	2
3	Создание отчета об инвентаризации склада химикатов.	3	3	3	9	3	1	3
4	Просмотр истории использования каждого контейнера с химикатом.	7	2	2	9	2	2	2
5	Поиск химиката по каталогам поставщиков.	4	3	8	9	3	1	3
6	Поддержка списка опасных химикатов	5	3	4	8	3	3	2
7	Модификация невыполненных заявок на химикаты.	2	2	2	7	2	2	2
8	Создание отчетов об инвентаризации отдельных лабораторий.	7	3	3	8	3	1	3

Таблица 1. Требования и их признаки

№	Наименование требования	Z_1	Z_2	Z_3	Z_4	Z_5	Z_6	Z_7
9	Проверка наличия записи о прохождении обучения по обращению с опасными веществами в базе данных.	9	3	2	6	2	1	3
10	Импорт химических структур из инструментальных средств для рисования структур.	4	3	7	9	1	1	3

Далее кратко приведем положения ЛВ-теории риска с группой независимых событий (ГНС), применительно к описанию модели оценки качества (корректности) спецификации [1,165]. Признаки требований и их градации будем считать случайными событиями: событиями-признаками и событиями-градациями. Эти события с определенной вероятностью приводят к получению корректного требования, а набор корректных требований приводит к получению корректной спецификации. Сценарий некорректного требования является ассоциативным и формулируется для полного множества требований так: требование является некорректным, если происходит какое-либо одно событие-признак, каких-либо 2 … или все инициирующие события признаки. Бинарная логическая переменная Z_j равна 1 с вероятностью p_j, если признак j является причиной некорректности требования, и равна 0 с вероятностью $q_j=1-p_j$ в противном случае. Бинарная логическая переменная Z_{jr}, соответствующая градации r признака j, равна 1 с вероятностью p_{jr} и равна 0 с вероятностью $q_{jr}=1-p_{jr}$. Вектор $Z(i)=(Z_1,…,Z_j,..,Z_n)$ описывает i-е требование системы.

Запишем Л-функцию риска некорректности выбранных требований

$$Y=Z_1 \vee Z_2 \vee … \vee Z_7 \qquad (1)$$

Тогда Л-функция риска некорректности требования в эквивалентной форме после ее ортогонализации

$$Y=Z_1 \vee Z_2 \overline{Z_1} \vee Z_3 \overline{Z_2}\,\overline{Z_1} \vee … \vee Z_7 \overline{Z_6}\,\overline{Z_5}\,\overline{Z_4}\,\overline{Z_3}\,\overline{Z_2}\,\overline{Z_1} \qquad (2)$$

Перейдем от логического описания риска некорректности требования к арифметическому описанию. В-модель (В-полином) риска некорректности требования в рамках нашего примера

$$P=p_1+p_2 q_1+p_3 q_2 q_1+… +p_7 q_6 q_5 q_4 q_3 q_1 q_1 \qquad (3)$$

Для каждого события-градации в ГНС будем рассматривать три вероятности: $P_{2_{jr}}$ - относительная частота градации в объектах таблицы 1; $P_{1_{jr}}$ - вероятность события-градации в ГНС; P_{jr} – вероятность события градации, подставляемая в формулу (3) вместо вероятности P_j.

Вероятности P_{jr} будем оценивать при алгоритмической итеративной идентификации В-модели риска по данным таблица 1: нужно определить вероятности $P_{1_{jr}}$, а затем перейти к вероятностям P_{jr}. Количество независимых оцениваемых вероятностей для нашего примера равно 32.

Зададим значения априорным вероятностям P_{jr} и для всех ГНС вычислим $P_{2_{jr}}, P_{jm}$, $P_{1_{jm}}$, K_j и далее апостериорные вероятности $P_{1_{jr}}$ с использованием формулы Байеса [2,43].

Таблица 2. Исходные вероятности событий-градаций

Признаки	Градации	P_{jr}	$P_{2_{jr}}$	P_{jm}	$P_{1_{jr}}$	K_j
Z_1	1	0.05	0.11	0.233	0.024	2.1
	2	0.05	0.11		0.024	
	3	0.10	0.11		0.048	
	4	0.20	0.11		0.095	
	5	0.50	0.11		0.238	
	6	0.50	0.11		0.238	
	7	0.30	0.11		0.143	
	8	0.20	0.11		0.095	
	9	0.20	0.11		0.095	
Z_2	1	0.21	0.33	0.33	0.212	0.99
	2	0.45	0.33		0.455	
	3	0.33	0.33		0.333	
Z_3	1	0.500	0.11	0.403	0.138	3.624
	2	0.558	0.11		0.154	
	3	0.410	0.11		0.113	
	4	0.315	0.11		0.087	
	5	0.500	0.11		0.138	
	6	0.300	0.11		0.083	
	7	0.481	0.11		0.133	
	8	0.320	0.11		0.088	
	9	0.240	0.11		0.066	
Z_4	1	0.05	0.11	0.340	0.016	3.060
	2	0.12	0.11		0.039	
	3	0.20	0.11		0.065	
	4	0.25	0.11		0.082	
	5	0.18	0.11		0.059	
	6	0.48	0.11		0.157	
	7	0.76	0.11		0.167	
	8	0.56	0.11		0.183	
	9	0.51	0.11		0.232	
Z_5	1	0.41	0.33	0.687	0.199	2.060
	2	0.85	0.33		0.413	
	3	0.80	0.33		0.388	
Z_6	1	0.50	0.33	0.35	0.476	1.05
	2	0.30	0.33		0.286	
	3	0.25	0.33		0.238	
Z_7	1	0.05	0.33	0.367	0.045	1.10
	2	0.45	0.33		0.409	
	3	0.60	0.33		0.545	

Теперь можно вычислить риски P_i всех требований по принятым значениям вероятностей событий-градаций P_{jr}.

Таблица 3. Требования и их признаки

Номер требования	Оценка риска P(Y)	Признак класса Y_i	d(i)
1	0.538	1	0,122259913
2	0.641	1	0,019337981
3	0.711	1	0,050553566
4	0.977	0	0,317362094
5	0.691	0	0,031164809
6	0.612	1	0,048234385
7	0.976	0	0,316495537
8	0.655	1	0,004900358
9	0.483	1	0,176848142
10	0.666	0	0,006464305

Введем пороговое значение - допустимый риск P_{ad}, тогда для P_{ad} =0.660 в примере N_b=4 – число «некорректных» требований из заданных N=10, Ng = число «корректных» требований из заданных N=10.

Мера степени риска требования i есть расстояние между риском P_i и допустимым риском P_{ad}

$$d_i = |P_i - P_{ad}| \qquad (4)$$

может использоваться для вычисления цены за риск, например по формуле

$$C_i = C_{ad} + C(P_i - P_{ad}), \qquad (5)$$

где C_{ad} – цена за допустимый риск; С – коэффициент.

Для идентификации ЛВ-модели риска введем некоторые дополнительные обозначения:

N_g – «хорошие» объекты;

N_b – «плохие» объекты;

N_{bs} – объекты «плохие» по статистике;

N_{gs} – объекты «хорошие» по статистике;

N_{gc} – расчетное число «хороших» объектов;

E_{gb} – несимметричность распознования «плохих» и «хороших» объектов;

E_g – ошибки в «хороших» объектах;

E_b – ошибки в «плохих» объектах;

E_m – средняя ошибка в классификации объектов;

P_{av} – средние риски по таблице;

P_m – средние риски объектов по В-модели.

Используем следующую схема решения задачи. Пусть известны в первом приближении вероятности для градаций P_{jr} (таблица 2) и вычислены риски P_i (таблица 3). Определим допустимый риск P_{ad} так, чтобы принятое нами расчетное число корректных требований N_{gc} имело риск меньше допустимого. На шаге оптимизации нужно изменить вероятности P_{jr}, чтобы число правильно распознаваемых объектов увеличилось. При этом стоит заметить, что переменные P_{ad} и N_{gc} взаимно однозначно связаны. В алгоритме решения задачи удобнее задавать N_{gc} и определить допустимый риск P_{ad}, так как последний параметр пришлось бы задавать с точностью до 7-го знака после запятой. Условие $P_i > P_{ad}$ выделяет следующие типы объектов:

g/g (N_{gs}) – «хорошие» по методике и статистике;

g/b ($N_g - N_{gs}$) – «хорошие» по методике и «плохие» по статистике;

b/g ($N_{bs} - N_{bs}$) – «плохие» по методике и «хорошие» по статистике;

b/b ($N_{bs} - N_{gs}$) – «плохие» по методике и статистике.

Риски g/g, g/b, b/g, b/b перемещаются относительно P_{ad} при изменении P_{jr}. При переходе обних объектов вправо от P_{ad} по величине риска такое же число объектов переходит влево. Оптимальным будет такое изменения P_{jr}, которое переводит объекты g/b и b/g через P_{ad} навстречу дру другу: целевая функция при этом должна увеличиваться на 2 единицы. Таким образом, идентификация B-модели риска заключается в определении оптимальных вероятностей P_{jr}, r=1,2,…,N_j; j=1,2,…,n событий-градаций и допустимого риска по статическим данным. Задача обучения B-модели риска сформулирована следующим образом.

Заданы: таблицы 2 и 3, имеющие N_g «корректных» и N_b «некорректных» требований и B-модель риска (3).

Требуется определить: вероятность P_{jr} для событий градаций и допустимый риск P_{ad}, разделяющий требования на корректно и некорректно сформулированные. Целевая функция (ЦФ): число корректно задаваемых требований должно быть максимально

$$F = N_{bs} + N_{gs} \Rightarrow \max_{p_{jr}} \quad , \qquad (6)$$

где N_{gs}, N_{bs} – количества требований, классифицируемых как «корректные» и «некорректные» одновременно и статистикой, и B-моделью (совпадающие оценки) [2,264].

Из выражения для целевой функции следует, что ошибки или показатели точности B-модели риска в классификации «корректных» требований E_g, «некорректных» требований E_b и в целом E_m равны

$$E_g = (N_g - N_{gs})/N_g; \quad E_b = (N_b - N_{bs})/N_b; \quad E_m = (N-F)/N. \qquad (7)$$

Ограничения:

1) вероятности P_{jr} должны удовлетворять условию

$$0 < P_{jr} < 1, \, j=1,2,…,n; \, r=1,2,…,N_j; \qquad (8)$$

2) средние риски требований по B-модели и по табл 4 должны быть примерно равны; при обучении B-модели риска будем корректировать вероятности P_{jr} на шаге оптимизации по формуле

$$P_{jr} = P_{jr}(P_{av}/P_m); \, r=1,2,…,N_j; \, j=1,2,…,n; \qquad (9)$$

3) допустимый риск P_{ad} следует определить при заданном отношении некорректно классифицируемых «корректных» и «некорректных» требований (несимметричность распознавания) из-за неэквивалентности ущерба их неправильный классификации

$$E_{gb} = (N_g - N_{gs})/(N_b - N_{bs}). \qquad (10)$$

Для решения поставленной задачи (дальнейшей идентификации) используем итеративный алгоритм идентификации B-модели риска, в котором на каждом шаге оптимизации генерируются такие $P_{1_{jr}}$, P_{jr}, чтобы максимизировать значения целевой функции F.

ЛВ-теория риска в системах с группами несовместных событий позволяет моделировать и анализировать риск в системах, элементы которых имеют несколько состояний и строить ЛВ-модели риска для организационных систем. ЛВ-модель риска ГНС обеспечивает прозрачность результатов оценки и анализа риска и позволяет осуществить управление риском. В данной работе был рассмотрен пример применения ЛВ-модели риска для оценки качества (корректности) требований к программному обеспечению. Дальнейшим развитием этой работы является исследование и практическое решение задачи, по обучению B-модели риска с N>40, что позволяет объективно оценить риск некорректности требований к программному продукту, а значит вовремя обосновать заказчику необходимый финансовый и временной ресурс для аналитической стадии проекта.

Литература:

1. Соложенцев Е.Д. Сценарное логико-вероятностное управление риском в бизнесе и технике. 2-е изд. СПб: Бизнес-пресса, 2006. 560 с.
2. Соложенцев Е.Д. И3-технологии для экономики. СПб: Наука, 2011. 366 с.

Yurkova A.I.[1], Chernyavsky V.V.[2]

[1] Professor, doctor of technical science,
National Technical University of Ukraine "Kiev Polytechnic Institute"
[2] Postgraduate student, National Technical University of Ukraine
"Kiev Polytechnic Institute"
yurkova@iff.kpi.ua; vadikv13@gmail.com

FORMATION OF NANOCRYSTALLINE
HIGH ENTROPY SOLID SOLUTION BY MECHANICAL ALLOYING

Introduction High entropy alloys (HEAs) are a new generation alloys and are quite different from traditional alloys, which are based on one or two elements. These multicomponent alloys are solid solutions with equiatomic or near equiatomic compositions. Research on HEAs began with the work of J. Yeh et al. in 2004 [1,2533] and became an interesting field that promised materials with high strength, good thermal stability, high wear and corrosion resistance at room temperature as well as at high temperatures. These alloys are defined to have five or more principal metallic elements with the concentration of each element varying between 5 and 35 at. %. [1,300]. So far, various techniques have been adopted to synthesise HEAs, such as vacuum arc melting, rapid solidification, coating, and mechanical alloying (MA).

Mechanical alloying (MA) is a high-energy ball milling process that can lead to stable microstructures with better homogeneity than other nonequilibrium processing techniques. The extension of solid solubility with good homogeneity and room-temperature processing are the main advantages of MA over the casting route, especially with multicomponent systems with large differences in the melting points. Moreover, MA also can yield a nanocrystalline structure, which is useful to improve the mechanical properties in these alloys [3,2703]. Mechanical alloying of multicomponent alloys is interesting both for the current basic research and for application in engineering practice.

In the current work, an attempt was made to investigate the phase formation of the mechanically alloyed nanocrystalline AlCuNiFeTi equiatomic high entropy alloy.

Experimental details Elemental powders of Al, Cu, Ni, Fe, Ti, all with a purity level higher than 99.5%, in equiatomic ratio were used as the starting materials for mechanical alloying (MA). Their average particle sizes for Al, Cu, Ni, Fe, were ≤ 45 μm and for Ti ≈ 100 μm. Milling of elemental powders was carried out up to 20 h in high energy planetary ball mill at 580 rpm with ball to powder weight ratio of 10:1. Hardened steel vial and balls were used as a grinding media (balls of 10 mm in diameter) and alcohol was used as a process controlling agent. In order to avoid a significant increase in the vial temperature the milling was periodically interrupted at 10 min for cooling. Each milling interval was 30 min. The milled powder samples were taken out of the vials at intervals 2; 5; 7;

10; 15; 20 hours and were characterized by X-ray diffraction (XRD) analysis using Rigaku Ultima IV X-ray diffractometer with Cu K_α (λ=0,15409 nm) radiation to examine the peak intensity evolution of the pure element and solution phase of the milled powders. The crystallite size in the milled powders has been calculated from the XRD peak broadening using peak profile analysis after eliminating the instrumental and strain contributions.

Results and discussion XRD patterns of CuNiAlFeTi alloy powders with different milling times are shown in Fig. The pattern with 0 h exhibits peaks of pure elements in the initial mixture. Drastic decrement of diffraction intensity is observed after 2 h of milling. It can be seen that peaks of Al decrease more rapidly than that of other elements. Al peaks essentially disappear while peaks of Cu, Ni, Fe, and Ti still remain after milling for 2 h. It is believed that Al has already been dissolved in other elements due to its low melting point.

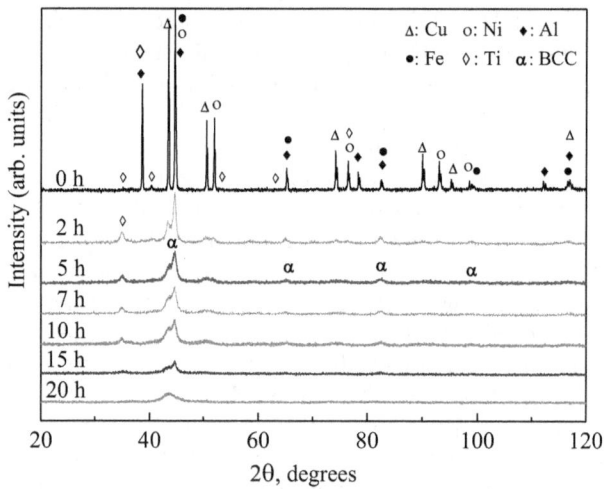

Fig. XRD patterns of AlCuNiFeTi high entropy alloy powder under different milling time

After milling for 5 h a BCC solid solution phase forms accompanying with the disappearance of XRD peaks of Cu, Ni, and Fe, except Ti. The slowest dissolution of Ti is due to its highest bonding energy (the highest melting point) among the five elements and thus the lowest diffusion rate for other elements to diffuse into its matrix.

The XRD pattern also indicates that there is a decrease in the crystalline size and increase in mean lattice strain. This can be inferred from the significant peak broadening. Many diffraction peaks can hardly be seen after milling for 7 h. The disappearance of diffraction peaks can be seen as the beginning of the solid solution formation. Only the most intensive diffraction peaks can be clearly seen in the 15 h ball milled powder, which indicates the complete formation of solid solution structure. As the milling time reaches 20 h the diffraction pattern exhibits no change except for the broadening.

The intensity decrease and peak broadening in the diffraction can be attributed to the nanocrystalline formation and high lattice strain induced by deformation during MA processing [4,14]. Usually, the increase in lattice strain can be due to the size mismatch effect between the constituents, increasing grain boundary fraction and increasing dislocation density produced by sever plastic deformation [5,217]. The 10 h mechanically alloyed powder exhibits a crystal size of 20 nm. The crystalline size is greatly refined as the milling duration increases.

The BCC phase was confirmed from the values of $\sin^2 \theta_i / \sin^2 \theta_1$ calculated and theoretical from the Table. After 10 h of MA the lattice parameter calculated for BCC solid solution using $\theta = 41.195$ from the XRD pattern is $a = 0.28692$ nm.

Table. Determination of crystal structure of AlCuNiFeTi alloy

S. No	2θ	θ	$\sin\theta$	$\sin^2\theta$	$\sin^2 \theta_i / \sin^2 \theta_1$ colculated	$\sin^2 \theta_i / \sin^2 \theta_1$ theoretical
1	44,.22	22,11	0,3764	0,14165	1	1
2	65,264	32,632	0,5392	0,29074	2,052	2
3	82,39	41,195	0,6586	0,43378	3,062	3

Conclusions

Five-component high entropy AlCuNiFeTi alloy has been synthesized by mechanical alloying. A single phase solid solution of BCC crystal structure has been formed with a lattice parameter of $a = 0.28692$ nm.

References

[1] J.W. Yeh, S.K. Chen, J.Y. Gan, S.J. Lin, T.S. Chin, T.T. Shun, C.H. Tsau, and S.Y. Chang. Metall. Mater. Trans. A 35 (2004) 2533– 2536.

[2] J.W. Yeh, S.K. Chen, S.J. Lin, and et. al. Nanostructured High-Entropy alloys with multiple principle elements: Novel Alloy Design Concept and outcomes. Advanced Engineering materials. 5, No5 (2004) 299-303.

[3] S.Varalakshmi, M. Kamraj, B.S. Murthy. Formation and stability of equiatomic and nonequiatomic nanocrystalline CuNiCoZnAlTi high entropy alloys by mechanical alloying. Materials Science and Engineering A 527 (2010) 1027-1030

[4] M. Umemoto, Y. Todaka, Li J. and K. Tsuchiya. Nanocrystalline structure in steels produced by various severe plastic deformation processes. Materials Science Forum. 503-504 (2006) 11-18.

[5] S. Takaki. Limit of dislocation density and ultra-grain-refining on severe deformation in iron. Material Science Forum. 426-432 (2003) 215-222.

Баубеков К.Т.
докт. техн. наук, профессор[*]
Баубеков А.К.
студент[*]
[*]Евразийский Национальный университет имени Л.Н. Гумилева
г. Астана, Республика Казахстан

ОБЗОР ПРОБЛЕМ И ПЕРСПЕКТИВЫ РАЗРАБОТКИ ВЫСОКОЭФФЕКТИВНЫХ И ЭКОЛОГИЧЕСКИ БЕЗОПАСНЫХ ГАЗОМАЗУТНЫХ КОТЛОВ

Анализ состояния и основных направлений развития внутритопочных методов снижения оксидов азота (NO_x) в процессе горения, а также обобщение результатов теоретических и экспериментальных работ, выполненных в области исследования топочных процессов и образования NO_x, позволили нам выявить ряд проблемных и нерешенных вопросов в этой области [1, 428; 2, 82-83; 3, 18-19; 4, 11]:

1. Основным источником антропогенного загрязнения воздушной среды, как известно, являются процессы горения топлива, а основным компонентом оказывающим токсическое воздействие на людей, животных и растения - NO_2. Оксиды азота, также, способствуют уменьшению озонового слоя. Актуальность данной проблемы несомненно высокая, этому способствует также принятие тенденциозных национальных ПДК в развитых странах. При этом, приняв самые жесткие требования по ПДК оксидов азота, в том числе, работающих на природном газе и мазуте [5, прил. 3], мы не можем технологически и законодательно подкрепить их соответствующими снижениями уровня выброса в атмосферу.

2. Как показало обобщение результатов наладочных и режимных испытаний, а также аналитическое исследование паровых и водогрейных котлов, основной причиной образования вредных веществ в продуктах сгорания, коррозии металла, накипеобразования экранных поверхностей нагрева, их разрыв, увеличение габаритных размеров и металлоемкости является: неравномерное распределение локальных тепловых потоков по экранным поверхностям нагрева топочного пространства из-за неравномерности полей температур факела и топочных газов в топочном объеме [6, 7].

3. Неравномерность распределения локальных тепловых потоков, в свою очередь, вызывает перегрузку одних и недогрузку других поверхностей нагрева, т.е. приводит к их нерациональному использованию в теплообмене [3, 20; 6, 344-345; 7, 57-59]. Последний снижает к.п.д. установки и приводит к

неоправданному увеличению толщины металла поверхностей нагрева и габаритных размеров котла.

4. Изучение опубликованных работ [6, 3-5; 7, 4-6], посвященных исследованию топочных и теплообменных процессов в топливоиспользующих установках показало, что вопросы повышения равномерности распределения локальных тепловых потоков и интенсификации суммарных теплообменных процессов во взаимосвязи с экологическими характеристиками практически не изучены, следовательно, в современных тепловых расчетах котлов не учитываются.

5. Несмотря на скрупулезный подход на суммарный теплообмен в камере горения (по методам ЦКТИ и ВТИ-ЭНИН), практически при разработке внутритопочных методов не учитывается ее значительная гипертрофированность по высоте топки традиционного котла. Вследствие условности подхода [8, 88; 9, 39] и того, что в расчетах используется модель факела, неадекватная натуре, результаты расчетов в локальных (высокотемпературных) зонах могут значительно отличаться от реального теплообмена (усредненного), происходящего в топках котлов [10, 123-124].

6. Выбор технологических мероприятий по подавлению «термических» NO_x ($NO_x^{одб}$) в соответствии с принятой в МЭИ подходом [11, 16-17] будет определяться не конструкцией топки и компоновкой горелок, а характеристиками зоны активного горения (ЗАГ). Это значит, что подавление $NO_x^{одб}$ будет лимитироваться только существующими характеристиками ЗАГ и вполне возможно, что на некоторых существующих котлах не будет достигнут уровень ПДК даже при внедрении нескольких внутритопочных мероприятий [11, 15-16]. С учетом того, что для Казахстана действуют довольно жесткие удельные нормативы выбросов NO_x в атмосферу [5, прил. 3], добиться такого уровня будет невозможно внутритопочными методами без разработки котлов нового поколения.

7. Нами на газомазутных котлах ТГМ-94 установлены объективные показатели несовершенства используемых внутритопочных методов, заключающиеся в увеличении концентрации канцерогенных ПАУ и сажи, а также, в гиперканцерогенности не налаженного режима горения и изношенного состояния оборудования [2, 84; 4, 26-27]. Отсутствуют, также, надежные внутритопочные (гипоканцерогенные) методы подавления и конструкции топочно-горелочных устройств, обеспечивающие полное предотвращение образования $NO_x^{одб}$ [2, 82; 4, 26].

8. В связи с тем, что норматив выбросов бенз(а)пирена в атмосферу еще не установлен, не исключен паллиативный путь к сокращению внутритопочными методами выбросов оксидов азота. Это, зачастую, достигается путем некоторого ухудшения процесса горения (включая на

практике изношенное состояние оборудования, не налаженные режимы горения, отсутствие приборов контроля химического недожога и т.д. при которых поддерживаются режимы «с малыми избытками воздуха» с недожогом, иногда превышающим нормативные) или сознательным игнорированием некоторого роста образования бенз(а)пирена и других канцерогенных ПАУ [2, 85-86; 12, 32-33; 13, 21-22]. Причем, наличие в продуктах сгорания целого ряда канцерогенов может быть не менее опасно для биосферы Земли, чем выбросы NO_x. В перспективе по канцерогенным веществам не должно быть превышения фона.

9. Методика расчета распределения мощности по длине факела в топках паровых котлов, предложенная Макаровым А.Н. [4, 22-23] позволила достоверно установить неравномерное распределение мощности по высоте факелов топок и плотности интегральных потоков по оси симметрии экранов, а также их неравномерное распределение по периметру фронтальных, задних, боковых экранов топок, что не позволяли сделать существующие методы расчета. Однако, применение данной методики моделирования факела в топках котлов для инженерного расчета не представляется возможным из-за трудности расчета обобщенных угловых коэффициентов и излучательной способности системы «факел-тепловоспринимающие поверхности нагрева». Необходимо разработать более упрощенные методы, основанные на инженерных методах расчета суммарного теплообмена [8, 26-27; 9, 179], которые позволят профилировать топки с более равномерным температурным полем, обеспечивающим отсутствие эмиссии $NO_x^{ôâôî}$.

10. Не достаточно выявлена роль локального темпа нагрева и темпа охлаждения газов по высоте топки, которая раскрывает суть большинства гиперканцерогенных внутритопочных методов снижения образования $NO_x^{ôâôî}$. При этом, необходимо глубже разобраться с понятием ЗАГ, выявить его связь с основными характеристиками факельного горения в топке, системно проанализировать распределение мощности и плотностей интегральных потоков излучений факела по высоте и периметру стен топки и выявить несоответствующие для снижения оксидов азота причины для дальнейшей разработки необходимых путей изменения в конструкции котла [3, 21].

11. Отсутствуют упрощенная методика анализа и обобщенные зависимости для расчета малотоксичных режимов сжигания с целью создания новых принципов конструирования экологически безопасных газомазутных котлов [4, 26].

Результаты наших ранее выполненных экспериментальных исследований в ЗАГ путем зондирования топочной камеры и сравнения результатов экспериментального измерения температуры с рассчитанными в точках замера [3, 20-21] позволили установить закономерности механизма и кинетики образования «термических» оксидов азота. Эти данные позволили с техногенных позиции выявить большие резервы в оптимизации конструкции котла и сформировать научную основу проектирования малотоксичных топочных устройств, заключающуюся в строго обоснованной и более точной форсировке радиационных поверхностей, чем в существующих котлах.

Предложенная методика анализа выявила возможность устранения истинной причины проблемы образования $NO_x^{ôàôì}$, позволила нам глубже разобраться с внутрипоточными методами снижения токсичности газа и мазута, выявить его связь с основными характеристиками факельного горения в топке, системно проанализировать распределение мощности и плотностей интегральных потоков излучений факела по высоте и периметру стен топки и выявить несоответствующие для снижения $NO_x^{ôàôì}$ причины для дальнейшей разработки необходимых путей изменения в конструкции котла [4, 27-28]. Интенсивность излучения, сила излучения, плотность потока излучения зависят от формы источников излучения [7, 3], поэтому при разбиении излучающих газовых объемов на элементарные объемы при физическом моделировании теплообмена излучением важно правильно выбрать геометрическую форму элементарного газового объема, стремиться, чтобы геометрическая модель камеры сгорания по возможности адекватно отражала реальную форму факела.

Указанное обобщение результатов теоретических и экспериментальных работ, позволили нам разработать общую физическую картину в топках котлов, позволяющую конструктивно предотвратить образование $NO_x^{ôàôì}$ (см. рис. 1) [3, 1-20; 4, 23-24]. Отметим, изменение температуры по высоте топочной камеры в основном определяется соотношением между тепловыделением при сгорании топлива и теплоотдачей от факела к тепловоспринимающим поверхностям нагрева, т.е. темпом нагрева и охлаждения газов. В корне факела, т.е. в зоне активного горения, интенсивность тепловыделения превышает интенсивность теплоотвода от факела, что и предопределяет интенсивность образование $NO_x^{ôàôì}$. В результате температура топочных газов повышается от начального до некоторого максимального значения. Далее, по мере снижения интенсивности тепловыделения превалирующей становится теплоотвод от факела. Температура газов постепенно уменьшается в направлении к выходному окну топочной камеры. Таким образом, в корне факела происходит быстрый подъем температуры газов, обусловленный интенсивным (несбалансированным с экранной системой) тепловыделением при сгорании топлива, а в зонах догорания – постепенный спад, вызванный теплоотдачей сгоревшей топливовоздушной смеси. В связи с этим, по характеру распределения основных параметров топочных процессов по высоте топочную камеру мы разбили на три характерные зоны [3, 20]:

I - зону пассивного радиационного и конвективного теплообмена, а так же массообмена. К этой зоне относится объем топки, расположенной ниже уровня горелок. Эта зона характеризуется отсутствием интенсивного тепловыделения и относительным застоем движения продуктов горения (см. зону II, на рис. 1 и рис. 2, а), следовательно не может повлиять на ход образования $NO_x^{àáñ}$;

II - зону активного горения (ЗАГ), основного тепловыделения, интенсив-ного тепло-массообмена, а также, активного образования $NO_x^{àáñ}$. К этой зоне относится зона размещения горелочных устройств, через которые поступает топливовоздушная смесь в топочную камеру с достаточно большой скоростью. Эта зона характеризуется активным горением, высоким темпом тепловыделения, намного (более >40 %) превосходящим балансовый темп охлаждения экранной системы топки (см. зону II, на рис. 1 и рис. 2, а). При этом за разделяющую границу ЗАГ мы предлагаем взять зону, где темп нагрева газов превышает балансовый темп охлаждения газов экранной системы топки. Этот вывод принципиально важен. В этой зоне II необходимо увеличить темп охлаждения газов и для этого надо установить двухсветные экраны или повысить степень экранирования топки путем увеличения периметра топки;

III - зона вялого радиационного и конвективного теплообмена. К этой зоне относится объем топки, расположенный выше уровня горелок. Эта зона характеризуется вялым тепловыделением (до ~10 % от общего) и неоправданно высокой степенью экранирования топки (примерно на ~ 40-60 %). В этой зоне практически завершены процессы горения и образования оксидов азота, но есть еще незначительные количества продуктов неполного горения (CO и H_2), сажи и канцерогенных ПАУ (см. зону II, на рис. 1 и рис. 2, а). В этой зоне для снижения темпа охлаждения газов необходимо снизить степень экранирования топки путем уменьшения периметра топки.

Таким образом, обобщение вышеуказанных результатов теоретических и экспериментальных работ, выполненных в области исследования топочных процессов и образования оксидов азота, позволили разработать нам общую физическую картину в топках котлов, позволяющую конструктивно предотвратить образование $NO_x^{àáñ}$ (рис. 1). При этом, методика анализа теплофизических процессов осуществляется нами на основе феноменологического подхода к анализу, сущность которого заключается в отказе от рассмотрения динамики процессов горения и замене реальных дискретных сред моделью материального континуума в виде формального сохранения баланса между тепловыделением и теплосъемом экранной системой в отдельных зонах по высоте топочной камеры, а также, расчете адекватной натурному факелу тепловоспринимающей поверхности стен каждой зоны. Методика анализа содержит минимальное число уравнений в упрощенном виде, достигаемом использованием условий симметрии, выбором подходящих систем координат, ограничением числа независимых переменных, участвующих в описании процессов [4, 21-22]. При этом характер семейства кривых, описывающих основные процессы, протекающих в топке, и теплообменных характеристик топки уточнены нами с помощью программы Mathlab (рис. 3, 4) [4, 22-23].

Нами для вновь создаваемых котлов выявлены большие резервы в повышении показателей надежности и экономичности тепловой работы, снижении выбросов оксидов азота за счет разработки профиля котла, обеспечивающего в каждой зоне по высоте топки более равномерную тепловую нагрузку ее радиационных поверхностей нагрева. Анализ неизотермичности топочных процессов и излучательной способности системы «факел-тепловоспринимающие поверхности нагрева», раскрыл гипертрофированность суммарного теплообмена в топках существующих котлов, который позволит предотвратить образование $NO_x^{ôâôî}$ без увеличения образования канцерогенных веществ за счет корректирования темпов нагрева и охлаждения газов в отдельных зонах топки [4, 27].

Предложенная нами методика анализа и обобщенные зависимости для создания новых принципов конструирования экологически безопасных газомазутных котлов, выравнивая неравномерность распределения тепловой нагрузки по высоте топки, сохраняя баланс между тепловыделением и теплосъемом в отдельных зонах топочной камеры, позволяет рассчитать адекватную натурному факелу тепловоспринимающую поверхность стен каждой зоны (см. рис. 3, 19; 4, 27-28). В результате найдены пути реального совершенствования новых котлов и рекомендован ряд конструкции экологически безопасных котлов, позволяющие выйти на устойчивое развитие энергетики [4, 28; 14, 1-2]. Эта методика анализа может быть использована и для устранения проблемы внутритрубных отложений на наиболее теплонапряженных участках котлов, снижения образования высокотемпературных коррозий металла, разрыва экранных труб, снижения металлоемкости котлов [4, 28; 15, 72-73].

Моделирование профиля топки котла, обеспечивающего равномерное распределение тепловой нагрузки по высоте топки, показало, что форма топки в идеале приближается к форме натурного факела, при этом диаметр такой топки по длине факела изменяется пропорционально температуре факела.

В таблице приведен пример выравнивания теплового напряжения поверхности нагрева топочных экранов с помощью коэффициента неравномерности распределения лучистого тепловосприятия по высоте топки η_{e} котла ТГМ-94 в зависимости от относительной высоты h/H_{m}. Результаты расчета приведены в таблице и рис. 2, б, из рассмотрения которого видно, что в каждой зоне получено равномерное распределение тепловой нагрузки по высоте топки и при этом не обязательно профилировать топку в виде факела, можно ступенчато или наклонно менять поверхности нагрева по высоте топки [4, 24], подбирая необходимую ширину.

Предложенная модель анализа позволяет с достаточной для инженерных расчетов точностью рассчитать адекватную натурному факелу тепловоспринимающую поверхность стен каждой зоны (рис. 4). В результате найдены пути реального совершенствования газомазутных котлов и рекомендован ряд новых конструкции топок, которые с учетом ряда вопросов, связанных с технологией изготовления поверхностей нагрева котла, их транспортировки, монтажа, удобства эксплуатации и обслуживания, ремонтопригодности, рациональной организации рабочих процессов и т.д., могут быть первоначально опробованы в котлах небольшой и малой мощности [4, 24].

В заключении следует отметить, что создание новых типов экологически чистых котлов это дело не одного поколения ученых и конструкторов, но предложенный путь, возможно, будет востребован, поскольку в ближайшие годы не произойдет существенных изменений в технологиях производства тепла и энергии, а потребность в решений излагаемых природоохранных задач является все возрастающейся и усложняющейся с течением времени проблемой.

Выводы

1. С учетом объективных показателей несовершенства используемых внутритопочных методов, обусловленных их гиперканцерогенностью, невозможно для некоторых типов котлов достижение нормативов выбросов NO_x в атмосферу внутритопочными методами, без разработки газомазутных котлов нового поколения.

2. Анализ положений современной теории горения и теплообмена позволил нам выявить неиспользованные возможности совершенствования методов выравнивания тепловой неравномерности, а также наиболее эффективные способы устранения гипертрофированности теплообмена в топке традиционного котла. Показаны влияния темпа нагрева и темпа охлаждения газов по высоте топки, раскрывающие суть образования «термических» оксидов азота.

3. Системный подход к созданию экологически безопасных газомазутных котлов показал, что для новых котлов имеются большие резервы в улучшении экологических показателей. При этом для газомазутных котлов небольшой и малой мощности предлагаются более упрощенные инженерные методы профилирования по логически обоснованной и с более точной форсировкой радиационных поверхностей, чем в существующих котлах. Предлагаемая методика анализа и

перерасчета позволит путем корректировки тепловыделения в основных зонах по высоте, предотвратить сильную неизотермичность по высоте топки и большие погрешности в отдельных зонах по сечению, что приведет к следующим результатам: к комплексному снижению образования оксидов азота, сажи и канцерогенных ПАУ; к снижению внутритрубных отложений на наиболее теплонапряженных участках котлов и повышению надежности их работы; к снижению высокотемпературной коррозий металла, разрыва экранных труб, габаритных размеров и металлоемкости котлов.

4. К сожалению, глобальные экологические проблемы и природные катаклизмы с каждым годом нарастают. Это результат упущенных возможностей и слишком большого промедления в прошлом. В связи с этим, предложенный автором упрощенный подход к анализу и созданию экологически безопасных газомазутных котлов может быть полезен, и принят для дальнейшего развития и реализации заинтересованными специалистами и котлостроительными заводами в свете новых интеграционных процессов и рамках единого экономического пространства.

Литература

1. Reducing the emission of nitrogen oxides by employing three-stage combustion of gas and oil in the TGM-94 boiler. Tsirul'nikov L.M., Vasil'ev V.P., Sokolova Ya.I., Baubekov K.T., Abdullaev Sh.A., Ertsenkin O.G., Panov O.A. Thermal Engineering. – Houston, 1988. - Т. 35. - № 8. - С. 428-432.

2. Баубеков К.Т. /Экологическая безопасность и показатели токсичности газомазутных котлов. // Экологическая безопасность регионов России и риск от техногенных аварий и катастроф: сборник трудов X Международной научно-практической конференции. – Пенза. - 2010. – С. 82-87.

3. О гипертрофированности суммарного теплообмена в существующих котлах и предотвращении образования термических оксидов азота. (About hypertrophy of integral heat exchange in the exploited boilers and prevention of thermic nitric oxide formation in them). / Matters of International Scientific Internet Conference: «Current trends in scientific thought». 21-28 November – Cranendonck. Netherlands // ISSN 2076-9970, International scientific journal «Global Science Communications», 2011, No. 6 (12), p. 18-23.

4. Баубеков К.Т. Разработка научных основ создания экологически безопасных газомазутных котлов: Автореферат дис. ... докт. техн. наук. – Тараз, ТарГУ, 2010. – 32 с.

5. «Требования к эмиссиям в окружающую среду при сжигании различных видов топлива в котлах тепловых электрических станций». Постановление Правительства Республики Казахстан от 14 декабря 2007 года № 1232.

6. Макаров А.Н. Теплообмен в электродуговых и факельных печах и топках паровых котлов. Тверь: ТГТУ, 2003. - 348 с.

7. Макаров А.Н. Теория и практика теплообмена в электродуговых и факельных печах, топках, камерах сгорания: монография / А.Н. Макаров. Ч. 1. Основы теории теплообмена излучением в печах и топках. Тверь: ТГТУ, 2007. - 184 с.

8. Тепловой расчет котельных агрегатов (нормативный метод). 2-е изд. перераб. - М.: Энергия, 1973. – 296 с.

9. Тепловой расчет котельных агрегатов (нормативный метод). 3-е изд. перераб. и доп. СПб.: НПО ЦКТИ, 1998. – 257 с.

10. Баубеков К.Т. / О некоторых аспектах расчета теплообмена для совершенствования конструкции котлов при ступенчатом сжигании топлива. // Вестник ПГУ, серия «Энергетическая». – Павлодар, 2008. - № 4. - С. 109-131.

11. Росляков П.В., Двойнишников В.А., Зелинский А.Э., Тимофеева С.А., Бурков В.Ю., Наздрюхина Г.В. / Разработка рекомендаций по снижению выбросов оксидов азота для газомазутных котлов ТЭС // Электрические станции. – Москва, 1991. - № 9. - С. 9-17.

12. Оценка суммарной вредности уходящих газов котельной установки / Росляков П.В., Закиров И.А., Ионкин И.Л., Егорова Л.Е. // Теплоэнергетика. 2005. - № 9. - С. 30-34.

13. Эффективное сжигание топлив с контролируемым химическим недожогом / Росляков П.В., Ионкин И.Л., Плешанов К.А. // Теплоэнергетика. - 2009. - № 1. - С. 20-23.

14. Баубеков К.Т. Способ сжигания топлива и котел для его осуществления. Предварительный патент РК № 21062, 15.04.2009, бюл. № 4.

15. Давидзон М.И. О влиянии плотности теплового потока на образование внутритрубных отложений // Теплоэнергетика. – Москва, 2001. - № 1. - С. 72-73.

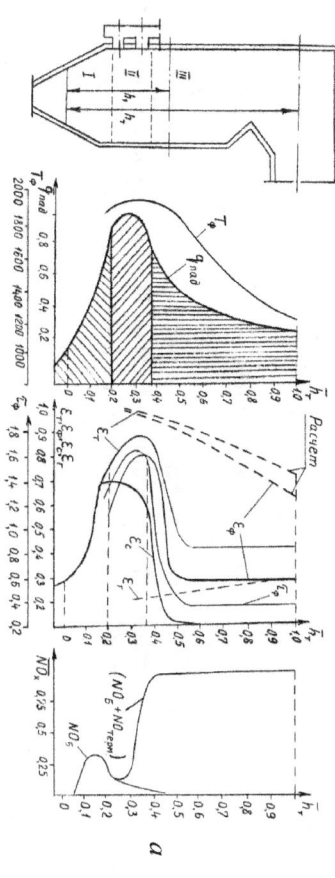

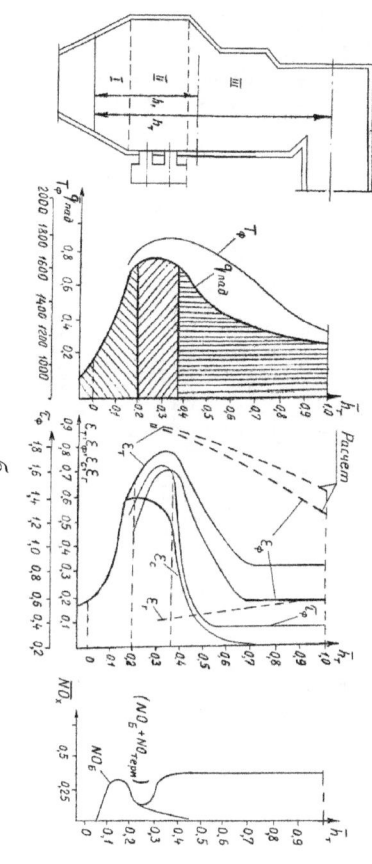

б

а

$q_{пад}$ – поверхностная плотность потока падающего излучения; ε_{δ} – степень черноты топки; $\varepsilon_{\eth}$ – степень черноты факела; $\varepsilon_{\eth}$ – степень черноты частиц сажи; ε_{a} – степень черноты трехатомных газов; NO – оптическая толщина слоя; τ_{δ} – относительная концентрация оксидов азота

Рис. 1 – Физическая картина распределения основных характеристик поточного процесса по высоте традиционного (а) и предлагаемого (б) котла

177

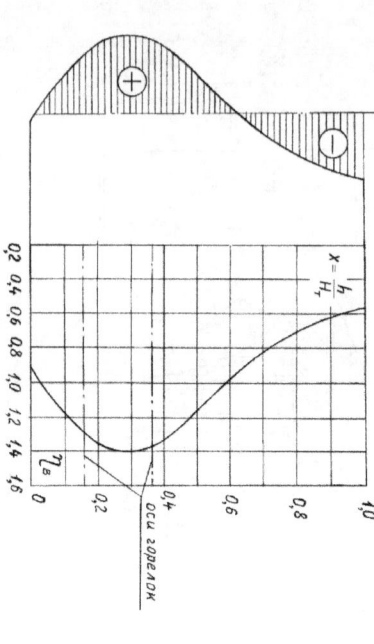

а)

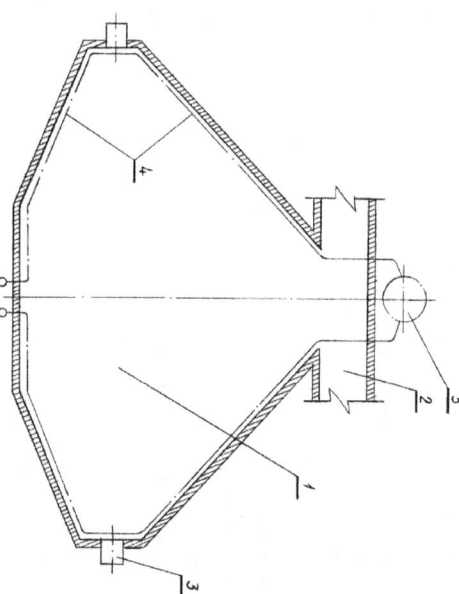

б)

Рис. 2 - Профилирование газомазутной топки: при настенной компоновке горелок с помощью коэффициента распределения тепловосприятия по высоте топки [6] (а) и котла ТГМ-94 с выравниванием неравномерности удельного тепловосприятия в каждой зоне (при уменьшенной ширине $b = 10,64i$ и неизменной высоте топки $i_{\delta} = 20,5 \cdot i$) (б).

1 – топка котла; 2 – конвективная шахта; 3 – горелки; 4 – радиационные поверхности нагрева; 5 – барабан котла

178

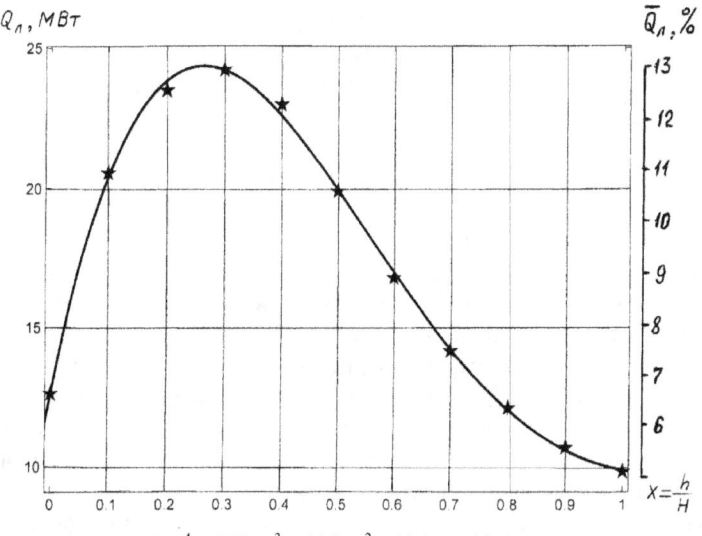

$$Q_{e} = -76{,}5 \cdot x^4 + 259 \cdot x^3 - 289 \cdot x^2 + 104 \cdot x + 12{,}6$$

Рис. 3. Обобщенная кривая распределения тепловыделения по высоте топки

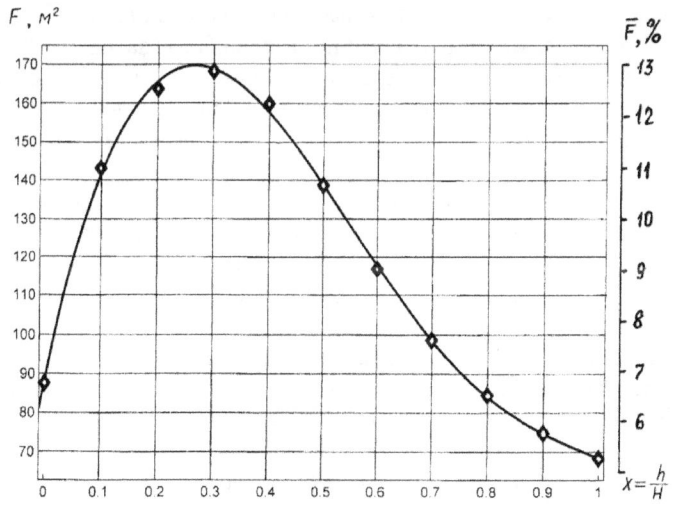

$$F = -311 \cdot x^5 + 228 \cdot x^4 + 1153 \cdot x^3 - 1787 \cdot x^2 + 697 \cdot x + 88$$

Рис. 4. Обобщенная кривая тепловоспринимающей поверхности нагрева F для обеспечения равномерного распределения тепловой нагрузки по высоте топки и предотвращения образования «термических» оксидов азота

Петренко В.А.
д.т.н., профессор
Швец Е.С.
аспирант кафедры интеллектуальной собственности
Национальная металлургическая академия Украины

ОСОБЕННОСТИ УПРАВЛЕНИЯ РИСКАМИ В ПРОЕКТАХ И ПРОГРАММАХ НА ПРОМЫШЛЕННОМ ПРЕДПРИЯТИИ В УСЛОВИЯХ НЕОПРЕДЕЛЕННОСТИ

Вопросы управления рисками возникают перед руководителем проекта уже на ранних стадиях его развития. Так, считается оправданным определиться с примерным перечнем рисков реализации проекта уже на стадии инициализации проекта. Это в первую очередь диктуется не только необходимостью определения долей финансового и другого участия участников проекта, но и финансовой ответственностью команды риск-менеджера за наступление рисковых случаев.

В связи с коррекцией парадигмы управления проектами наблюдается процесс перехода от ресурсного типа экономического развития к инновационному. Именно с помощью инновационного развития, путем увеличения значимости интеллектуальных ресурсов можно увеличить количество материальных и других ресурсов на предприятии, а также значительно сократить материальные и нематериальные затраты.

Но, к сожалению, инновационный тип развития несет за собой не только увеличение прибыльности предприятия, но и долю повышенного риска. Это необходимо учитывать при покупке или собственном производстве инновационного продукта. Особое внимание при этом необходимо уделить способности участвовать в производстве конкурентоспособной инновационной продукции. В противном случае, неизбежно появление рисков, особенно в условиях неопределенности.

Актуальность данной работы объясняется тем, что на сегодняшний день ещё не решена в полной мере задача поиска и внедрения в широкую практику таких форм и методов управления рисками, которые позволили бы осуществлять эффективное управление ними и снижение их воздействия до минимально возможного уровня в условиях неопределенности.

Неопределенность – ситуация, когда полностью или частично отсутствует информация о возможных состояниях системы и внешней среды [1]. В процессе принятия решений могут возникать различные виды неопределенности: количественная, обусловленная значительным числом объектов или элементов в ситуации; информационная; стоимостная; профессиональная; ограничительная; внешней среды, связанная с ее поведением или реакцией конкурента на процесс принятия решения.

Категория "риск" характеризует такую ситуацию, когда наступление неизвестных событий весьма вероятно и может быть оценено количественно, а категория "неопределенность" – когда вероятность наступления таких событий оценить заранее невозможно [2, 45]. Неопределенность может быть устранена полностью или частично двумя путями: приобретением недостающей информации или с помощью более углубленного изучения имеющейся информации.

Т.к. проектная деятельность осуществляется в условиях неопределенности, возникает возможность возникновения рисков. Анализируя многочисленные определения риска, можно выделить следующие основные моменты, которые являются характерными для рисковой ситуации: случайный характер события; наличие альтернативных решений; известны вероятности исходов и ожидаемые результаты; вероятность возникновения убытков; вероятность получения дополнительной прибыли [3, 24].

Риск является угрозой того, что предприятие понесет дополнительные расходы и низкие доходы от продажи конечной продукции. Допустимый риск влечет за собой потерю прибыли, критический – полной стоимости проданного товара, катастрофический риск приводит к утрате имущества и банкротства.

С целью исключения возможности провала либо предупреждения значительного ущерба при принятии решений необходимо анализировать риск и определять его последствия. Критерий выбора решений зависит от субъективных оценок лиц, принимающих решение. Источником возникновения рисков при принятии решения могут быть и психологические особенности руководителя, которые в отношении к риску могут проявляться в диапазоне от перестраховки (риск бездействия) до авантюризма (действия за пределами оправданного риска).

Назначение анализа риска – дать руководителям и потенциальным партнерам необходимые данные о целесообразности участия в проекте и предусмотреть меры по защите от возможных финансовых потерь [2, 46].

Управление проектами и программами в условиях развивающегося предприятия носит дискретный характер в условиях цепочки взаимосвязанных (циклических) производств для выпуска готовой продукции. В этом случае риски управления проектами и программами имеются во всех звеньях предприятия, в том числе и для подразделения (цеха), которое подлежит частичной или полной реконструкции. Авторами данной работы предлагается квалификация рисков управления проектом приведенная на рисунке 1.

Системные риски связаны в основном с обеспечением производства финансовыми и материальными ресурсами, которые в свою очередь диктуются внешними (поставка сырья, оборудования, комплектующих запасных частей и т.д.) и внутренними факторами (культура производства, квалификация персонала, уровень производственного менеджмента, проектно-конструкторские изыскания и др.). Несистемные риски в основном связаны с покупательским спросом на продукцию, установлением оптимальной цены на продукцию, качеством инженерного обеспечения производства).

Рис. 1 – Риски в проектах на промышленном предприятии

С учетом вышесказанного авторы данной работы считают, что управление рисками должно включать в себя: выявление всех рисков данного проекта или программы их описания и формализации неопределенности; классификацию и группировку возможных рисков; программного расчета показателей риска с разработкой предупреждающих мер (одной из мер при достижении показателя риска выше критического значения может рекомендоваться страхование указанного риска); разработку дополнительных управленческих решений менеджера по соответствующей корректировке состава работ и регламента проекта или программы; оптимизацию распределения финансовых рисков среди участников проекта с учетом их долевого участия.

Литература:

1. Словарь Лопатникова [Электронный ресурс] – Режим доступа к данным: http://slovar-lopatnikov.ru

2. Ю.И.Башкатова Управленческие решения / Московский международный институт эконометрики, информатики, финансов и права. [Электронный ресурс] – М., 2003 – Режим доступа к данным: http://www.smartcat.ru

3. Корнилова Т. Понятие «риска», «неопределенности» и принятие решений //Управление риском. 1997. №1.

Руликова Н.С.
доцент, к.т.н., Национальная металлургическая академия Украины;
Драч И.Е.
аспирант, Национальная металлургическая академия Украины

ОПРЕДЕЛЕНИЕ КРИТЕРИЕВ ОТБОРА ПРОЕКТОВ ПРИ ФОРМИРОВАНИИ ПОРТФЕЛЯ НАУЧНЫХ ПРОЕКТОВ ВЫСШЕГО УЧЕБНОГО ЗАВЕДЕНИЯ

Необходимость внедрения современных методов и средств управления проектами в организациях и предприятиях обусловливает возрастание количества научных трудов, посвященных актуальным проблемам управления проектами, в т.ч. методологическим подходам к управлению портфелями проектов. Среди ученых, занимающихся данными вопросами, следует выделить Кендалл Д., Роллинз С., Буркова В.Н., Матвеева А.А., Новикова Д.А., Цветкова А.В., Суханова А.Л., Рача В.А. и других.

Согласно определению, представленному в Руководстве PMBOK (4 издание), портфель проектов является совокупностью проектов, программ и других работ, объединенных вместе с целью эффективного управления данными работами для достижения стратегических целей [1, 8].

В работе [2, 5] портфелем проектов является набор проектов (не обязательно технологически зависимых), реализуемым организацией в условиях ресурсных ограничений и обеспечивающим достижение стратегических целей.

Управление портфелем проектов является постоянным процессом определения, установки приоритетов и инвестирования в проекты в соответствии со стратегией. Т.е. жизненный цикл управления портфелем проектов является непрерывным и соотносится с периодами пересмотра стратегии организации [3].

Жизненный цикл управления портфелем проектов представлен на рисунке.

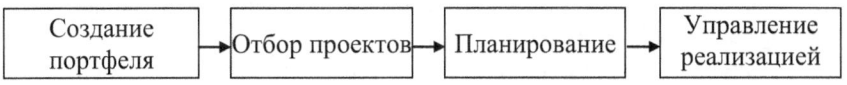

Рисунок – Этапы жизненного цикла управления портфелем проектов [4]

На фазе создания портфеля проектов осуществляется формирование пула проектов, которые потенциально затем могут быть инициированы и приняты к реализации (на основе проектных заявок без учета ограничений).

На следующей фазе из полученного пула потенциальных проектов создается тот портфель, который будет принят к реализации с учетом финансовых и иных ограничений портфеля. На этом этапе производят процесс ранжирования проектов по различным критериям и их отбор.

На фазе планирования портфеля проектов осуществляется запуск проектов, допланирование и выделение ресурсов.

На фазе управления реализацией проводят мониторинг выполнения проектов в портфеле, анализ отклонений при реализации проектов и их влияния на связанные проекты и портфель в целом координацию ресурсов [4].

Остановимся подробнее на этапе отбора проектов, на котором, по сути, осуществляется формирование портфеля проектов применительно к деятельности высшего учебного заведения.

Формирование портфеля проектов является важным этапом жизненного цикла управления портфелем проектов, при котором происходит отбор проектов в портфель, принятого к реализации, с учетом разного рода ограничений. При этом в результате процесса ранжирования в портфель в первую очередь должны попасть наиболее эффективные и стратегически значимые научные проекты. В работе [5, 5] научный проект определяется как ограниченный во времени целенаправленный процесс выработки, теоретической систематизации и применения нового научного знания с установленными требованиями к качеству результатов, расходу ресурсов и специфической организацией.

Как отмечалось ранее, формирование критериев отбора является стратегическим этапом в процессе проектного ранжирования. Учитывая, что продукт проекта может быть внедрен не только в самом ВУЗе, но и имеет перспективу реализации в промышленном секторе, критерии отбора должны учитывать интересы промышленников-инвесторов. В ходе исследования были предложены четыре блока критериев, каждый из которых включает четыре подкритерия, предназначенные для отбора научных проектов в портфель ВУЗа.

Рассмотрим критерии отбора научных проектов ВУЗа, где в скобках указан вес показателя:

1) инновационный потенциал проекта:

– количество объектов авторского права: учебников, монографий, компьютерных программ и т.п. (4);

– количество объектов промышленной собственности: изобретений, полезных моделей, промышленных образцов и т.п. (5);

– текущая стадия жизненного цикла продукта проекта (10);

– влияние на другие проекты (6);

2) предварительный инновационный опыт команды проекта:

– опыт по внедрению инноваций (количество в год) (8);

– ежегодный объем научно-исследовательских работ, грн. (6);

– количество исполнителей проекта, которые имеют опыт стажировок за рубежом (5);

– количество сотрудников, имеющих опыт стажировки (работы) на производстве (6);

3) ресурсная обеспеченность проекта:

– степень развитости собственной лабораторной базы (6);

– уровень доступа к эксплуатационной базе на предприятиях (6);

– степень программно-компьютерной обеспеченности (4);

– объем инвестиций в проект, грн. (9);

4) стратегия проекта:

– степень соответствия приоритетным направлениям научных исследований и инновационной деятельности страны (5);

– степень соответствия стратегии развития вуза (4);

– возможность внедрения продукта проекта в образовательный процесс (8);

– возможность использования в различных направлениях деятельности вуза (8).

На базе предложенных критериев планируется разработать методику оценки проектов на основе методов многокритериального анализа.

Литература

1. Руководство к Своду знаний по управлению проектами (Руководство PMBOK®) — Четвертое издание. - Project Management Institute, Inc.

2. Матвеев А.А., Новиков Д.А., Цветков А.В. Модели и методы управления портфелями проектов. М.: ПМСОФТ, 2005. – 206 с.

3. Все об управлении проектами [Электронный ресурс]. – Режим доступа: http://www.pmphelp.net/index.php?id=1

4. Белозеров А. Управление портфелем проектов. Новые методологические подходы и инструменты [Электронный ресурс]. – Режим доступа: http://www.iteam.ru/publications/project/section_38/article_3258/

5. Новиков Д.А., Суханов А.Л. Модели и механизмы управления научными проектами в ВУЗах. М.: Институт управления образованием РАО, 2005. – 80 с.

Стенин А. А.

Профессор кафедры Технической кибернетики, д.т.н., Национальный технический университет Украины «КПИ»

Тимошин Ю. А.

Зав. відділом НИИ "Системных технологий", к.т.н., с.н.с., доцент кафедры технической кибернетики, Национальный технический университет Украины «КПИ»

Шемсединов Т. Г.

н.с. НИИ "Системных технологий", e-mail: timur.shemsedinov@gmail.com

МЕТОД ДИНАМИЧЕСКОЙ ИНТЕРПРЕТАЦИИ МЕТАМОДЕЛЕЙ В РАЗРАБОТКЕ ПРИКЛАДНЫХ ИНФОРМАЦИОННЫХ СИСТЕМ

При создании ИС, разработчики имеют дело с построением информационной модели предметной области, это подразумевает создание абстракций первого порядка. Например, для объектно-ориентированного подхода, это классы, имеющие определенные параметры, связи и поведение. Чем сложнее задача, тем больше классов содержит модель. Мы выделяем общее у группы классов и строим из них иерархию, что позволяет обобщить их параметры, связи и поведение, повышая повторное использование программного кода и его управляемость. Современные условия ставят перед прикладными ИС новые задачи [1;2]:

• динамичность информационной модели, что обусловлено постоянно меняющейся предметной областью, которая, в свою очередь зависит от динамических изменений в бизнес-процессах;

• необходимость переходить от закрытых и монолитных систем к открытым многокомпонентным, то есть, централизованная и продуманная раз и навсегда интеграция уже не возможна, и нужно двигаться в сторону динамического связывания и гибкой интеграции;

• распределенность систем и использование каналов связи общего пользования для объединения территориально удаленных офисов и пользователей в прикладные сети или сети приложений; гетерогенность систем, как со стороны серверной платформы, так и со стороны пользовательских устройств, включая широкое распространение планшетов, смартфонов, ноутбуков и нетбуков, неттопов, комбинированных устройств под управлением большого количества различных операционных систем;

• необходимость межкорпоративной интеграции и развитие Business-to-Business взаимодействий, которые, так же должны часто изменяться.

Перечисленные проблемы уже не удастся решить с помощью классических подходов к связыванию компонентов систем, т.к. они при этом пришлось бы компилировать исполняемые модули таких систем очень часто, а потом обновлять клиентское и серверное программное обеспечение. Поэтому, логично применить уже архитектурные подходы к решению задач, ориентируясь на реализацию открытых стандартов протоколов и форматов кодирования данных, а не на проприетарные технологии и классическое объектно-ориентированное проектирование. Для задач описания объектов в динамических системах требуется более полная и расширенная, гибридная информационная модель, применение техник метапрограммирования, скафолдинга и интроспекции, интенсивное использование метаданных, применение интерпретируемых языков с динамическими классами и не строгой типизацией [2]. Будем называть это семейство технологий, системами с динамической интерпретацией метамоделей. Для этого, нужно дать пояснения, относительно терминов: метамодель, метаданные, динамическая интерпретация, прикладная виртуальная машина.

Мемамодель - это модель модели или абстрактная модель системы не первого уровня абстракции, не содержащая идентификаторов более низких уровней абстракции. Метамодель содержится в программном обеспечении и не требует модификаций при изменении предметной области этого ПО в определенных, достаточно широких рамках. Метаданные - это данные о данных, которые поступают в ПО, и соответственно в метамодель в процессе штатного функционирования прикладной ИС и используются для преобразования абстрактной метамодели в конкретную модель предметной области. Такие метаданные содержат структуру, параметры, события, связи, методы и идентификаторы, которые подставляются в метамодель или напрямую или в процессе динамической интерпретации кода с модификацией структуры классов метамодели [2;3]. Процесс динамической интерпретации проводится прикладной "виртуальной машиной" и может повторяться итерационно, как только новые метаданные получены от другого компонента ИС или считаны из СУБД или файла. Модель предметной области, построенная динамически, может кешироваться достаточно долго в оперативной памяти компонента системы, что оптимизирует производительность и приводит к повторному трудоемкому динамическому связыванию интерпретации лишь когда это необходимо, а общая производительность не снижается существенно.

Задачи для прикладных систем с динамической интерпретацией метамоделей следующие: упростить дальнейшее сопровождение и связывание с другими системами, ускорить процесс модификации прикладной ИС и написания нового функционала. Использовать новые технологии и архитектурные подходы, конечно же, имеет смысл только при определенном объеме работ и стоимости проекта. Для SOA таким пределом можно условно принять 2 месяца работы команды из 5 человек. Системы с динамической интерпретацией позволяют получить эффект от использования архитектурного подхода, начиная с 50-100 рабочих часов программиста. А в некоторых ограниченных случаях, применение одной только техники метанотации может быть эффективным даже на протяжении 5-10 рабочих часов. При этом, программный код становится не просто более понятным и надежным, но и значительно уменьшается в размерах. Например, при повышении степени абстракции и выделении метаданных в простой задаче загрузки SQL скрипта в разные СУБД, можно получить генератор скриптов, модифицирующий декларативные конструкции создания таблиц, связей и индексов, этих трех основных конструкций по шаблонам, занимающим вместе с кодом генератора всего пару килобайт. В то время, как готовые скрипты заняли бы сотни килобайт. Давая метапараметры на вход генератора, можно уже не проверять его вывод, как в случае с ручной генерацией, т.е. тут присутствует момент исключения человеческого фактора и, как следствие, экономия рабочего времени.

Начиная разработку новой системы с использованием архитектуры динамического связывания и метамоделей, необходимо обратить внимание на следующие факторы, чтобы не заблокировать использование новых возможностей, даваемых подходом. Все вызовы и запросы внутри компонента, интегрируемого с другими частями ИС методами динамического связывания, должны обращаться к идентификаторам и именам, предусмотренным метамоделью или API платформы. Любые обращения к параметрам, структурам или логике модели предметной области, создают привязку компонента к более низкому уровню абстракции и ее уже нельзя будет считать абстрагированной от конкретики решаемой задачи (т.е. из система начинает оперировать моделью вместо метамодели). Внешние вызовы и запросы компонента должны строиться динамически, т.е. без метаданных метамодель "знает" ни куда должны быть направлены вызовы, ни какие функции должны быть вызваны и какие структуры данных переданы или получены в результате взаимодействия. Вместо этого метамодель "знает" как интерпретировать метаданные, чтобы установить необходимые связи с другими компонентами и произвести динамическое связывание с применением интроспекции [4]. Необходимо разделять системные классы, реализующие прикладную виртуальную машину и занимающиеся обслуживанием самой технологии и классы, относящиеся к метамодели, описывающие абстракцию предметной области на достаточно высоком уровне. Такое разделение предусматривает взаимодействие между указанными классами только после формирования модели предметной области, уже во время запуска программного компонента и проведения динамической интерпретации. Необходимо строить более абстрактные модели, соответствующие программные классы и процессы их обработки, но не следует подниматься в абстракции более 2-3 уровней, чтобы проблема оставалась все еще доступной для решения алгоритмическими методами программирования и доступна для понимания разработчиками. Обычно, вынесение всего нескольких десятков параметров модели в метаданные, позволяет создать метамодель, которая может быть применена в сотнях и тысячах смежных предметных областей. А построение двухуровневой системы абстракций дает уже десятки тысяч и миллионы возможных применений системы. Подниматься до второго уровня абстракции в построении метамоделей, то есть создавать метамодели второго порядка и т.д. необходимо крайне редко, и это требует специальной подготовки кадров, что может сделать систему слабо управляемой и сложно модифицируемой.

Для уже разработанных систем, применение динамической интеграции на межкорпоративном уровне с помощью архитектуры с интерпретацией метамоделей, затруднено тем, что в них уже реализована привязка к идентификаторам прикладных моделей, как внутри компонентов, так и между компонентами. То есть, повышена связанность компонентов и она примерно совпадает с уровнем связанности программного кода внутри компонентов. В то время, как в метамоделях внутренняя связанность на несколько порядков превосходит межкомпонентную связанность, благодаря отсутствию прямых привязок к идентификаторам. Таким образом, для включения уже функционирующих (наследуемых) систем в инфраструктуру с динамическим связыванием, для них необходимо разрабатывать специальные адаптеры, позволяющие транслировать вызовы, запросы и события. Но подобный подход не всегда дает полный доступ ко всем возможностям корпоративной инфраструктуры с архитектурой динамической интеграции со стороны наследуемых систем, т.к. в их арсенале часто нет соответствующих инструментов, которые можно было бы поставить в соответствие функционал веб-сервисов с состоянием или брокера трансляции событий [5].

Последовательность действий для определения возможных путей интеграции следующая:

1. Установить архитектуру наследуемой системы (клиент-серверная, трехзвенная, SOA, Database-Oriented и т.д.) и определить две основных особенности, зависящие от архитектуры: наличие состояния между вызовами и возможность динамического двухстороннего обмена событиями, т.е. поддержка интерактивного взаимодействия между компонентами.

2. Если наследуемая система не поддерживает сохранения состояния между вызовами, то адаптер, создаваемый для интеграции этой системы будет так же пассивным транслятором, работающим по принципу REST веб-сервиса.

3. Если наследуемая система не поддерживает событийной модели обмена сообщениями и подписки на трансляцию событий, то на адаптер накладывается дополнительное ограничение, выражающееся в невозможности применения принципа PUSH-уведомлений и откату к более ресурсоемкому принципу PULL-опросов.

4. Для интеграции на уровне данных, могут быть применены репликации, что исключает необходимость разработки дополнительных адаптеров, но так же, не дает воспользоваться всеми преимуществами динамического связывания.

5. В случае, если ни какие другие методы интеграции недоступны, то остается только импорт/экспорт данных через внешние файлы, например CSV, SQL или форматы сериализации типа XML. Подобный способ исключает задачи в реальном масштабе времени и приемлем только для отложенных синхронизаций через FTP или другие протоколы с интенсивностью не чаще одного раза в сутки.

Далее сформулируем требования к метаданным и метамоделям, для систем с динамической интеграцией. Динамическая интерпретация метамоделей обеспечивается с помощью параметрической подстановки или структурной модификации модели при выполнении сценариев и применении шаблонов, поступающих в метамодель вместе с данными и называемых общим термином метаданные. Интерпретация становится возможной, если определен достаточный набор метаданных над метамоделью, позволяющий ее отображение в модель предметной области. Такой набор метаданных должен быть определен еще на стадии разработки метамодели, а процесс построения соответствующих абстракций будем называть декомпозицией метамоделирования. Последовательность процесса декомпозиции следующая:

● определить предметную область решаемой задачи и построить ее информационную модель;

● определить смежные предметные области и описать различия в моделях (такие модели могут быть получены из исходной, благодаря предсказанию ее развития во времени или из опыта разработки других прикладных информационных систем);

● построить абстрактную модель предметной области, покрывающую как базовую модель, так и дополнительные ее модификации или смежные модели;

● выделить из метамодели набор метаданных, которые могут быть вынесены как внешние по отношению к общим абстрактным методам обработки и модифицированы для получения параллельных моделей предметной области;

● определить достаточный набор метаданных, т.е. необходимый для получения базовой модели из описанной абстрактной метамодели;

• определить максимальный набор метаданных и разницу между ним и достаточным набором, что даст дополнительный набор, значения которого должны быть включены в метамодель как значения по умолчанию, однако, могут быть и переопределены;

Для определения требований к наборам метаданных, которые необходимо выделить при декомпозиции метамоделирования, следует дать классификацию метаданных и описать задачи, в которых они применяются.

Функциональная классификация метаданных:

• метаданные модели предметной области;

• метаданные информационной модели (служат для адаптации параметров и структуры объектов предметной области);

• метаданные обработки (служат для адаптации поведения, событий и сценариев, т.е. бизнес-логики предметной области);

• метаданные визуализации (служат для адаптации системные метаданные обработки и управления;

• метаданные платформы (служат для адаптации среды окружения или прикладной виртуальной машины);

• метаданные хранения (служат для адаптации глобальных параметров хранения, включая реляционные СУБД, бессхемные хранилища, key-value и другие типы баз данных);

• метаданные распределенного обмена (служат для адаптации сетевых взаимодействий, трансляции, вызовов, запросов и синхронизации);

• метаданные рендеринга (служат для адаптации параметров системы визуализации, отрисовки, рендеринга);

Разделение метаданных на относящиеся к метамодели предметной области, и на системные метаданные, относящиеся к метамодели прикладной виртуальной машины очень важно. Это позволяет создавать модели для запуска в прикладных виртуальных машинах без привязки к их технологической реализации и конкретным технологиям. Системные метаданные при этом могут быть не выделены вовсе или быть ограничены очень малым набором параметров. А с метаданными модели дело обстоит иначе, они должны быть определены все для того, чтобы система могла отобразить модель, обработать модель, хранить и передавать модель.

Выводы

Предложенный метод интеграции прикладных приложений для распределенных информационных систем на базе динамической интерпретации метамодели, которая существенно упрощает процесс интеграции, модификации и поддержки прикладных приложений, и позволяет решать новые бизнес-задачи в условиях динамично изменяющегося рынка, порождающего динамично изменяющуюся модель решаемой задачи. Описанный подход для разработки приложений, расширяющий подход SOA и устраняющий его недостатки, в частности, предложены способы перехода от статической интеграции к динамической в корпоративных и межкорпоративных ИС для современных сервисных технологий. Представленные способы разработки являются развитием парадигмы метапрограммирования, включая методы динамического автоматического изменения кода и данных. Предложенная концепция прикладной виртуальной машины, на базе динамической интерпретации метамоделей, управляемых метаданными, позволяет динамически формировать структуру, параметры и поведение модели решаемой задачи.

Список литературы

1. Моделирование информационных систем. Шелухин О.И. М.:Радиотехника.2005.—368с.

2. А. Стенин Ю. Тимошин, В. Галаган, М. Ткач, В. Ярченко, Т. Шемсединов и другие, Отчет про НИС № 2415-п Разработка принципов и средств интеграции распределенных информационных систем с динамической интерпретацией метамоделей обработки и управления на межкорпоративном уровне, 2012. – 309с.

3. Исайченко Д. Измерение процессов управления ИТ.– в журн. «Открытые системы», № 07, 2011

4. Шемсединов Т. Слой ИС с динамической интерпретацией метаданных. http://blog.meta-systems.com.ua/2011/01/blog-post_28.html

5. А.А.Стенин, Ю.А. Тимошин, Т. Г.Шемсединов, С.О.Шуст. Разработка физических и логических метрик в задаче многокритериальной оптимизации информационной нагрузки при структуризации корпоративного центра данных. "Адаптивные системы автоматичного управления, Днепропетровск, ДНВП Системные технологии, 2009-Вип.12(32).-С.86-91

УДК 615.849

Огородник А.М.
к.т.н., ст. преподаватель, Черноморский государственный
университет имени Петра Могилы
kassmail@ukr.net

КОМПЛЕКСНЫЙ МЕТОД ПЫЛЕПОДАВЛЕНИЯ ТЕХНОГЕННО-НАРУШЕННЫХ ЭКОСИСТЕМ (НА ПРИМЕРЕ НИКОЛАЕВСКОГО ГЛИНОЗЕМНОГО ЗАВОДА)

Сохранения экосистем окружающей среды от разрушительного воздействия промышленных технологий является важной проблемой современности. Сегодня взаимодействие промышленности с окружающей средой характеризуется масштабными изменениями естественного состояния ландшафтов, атмосферы, образованием новых веществ и их выбросам в окружающую среду, увеличением количества твердых, жидких и пылеобразующими отходов. В Украине существуют мощные предприятия цветной металлургии: Запорожский алюминиевый комбинат, Восточный горно-обогатительный комбинат (г. Желтые Воды), Днепропетровский алюминиевый и Николаевский глиноземный завод (НГЗ). Чрезвычайную опасность представляют хвостохранилища этих предприятий, которые несут угрозу возникновения техногенной катастрофы [2, 4, 6].

Как показывает практика, экологические проблемы, связанные с загрязнением окружающей среды поллютантами хвостохранилищ, возникают как при эксплуатации предприятий, так и после вывода последних из эксплуатации. Поступление вредных веществ в окружающую среду из хвостохранилищ происходит за счет пылеобразования, дефляции и миграции в подземные водоносные горизонты. Дефляция приводит к выдувания из поверхностного слоя частиц, которые могут переноситься на значительное расстояние и оседать в местах, где ослабляется подъемная сила ветра. Одним из путей снижения техногенной нагрузки является захоронения красного шлама.

Материалы и методы исследований. Исследования проводились в лабораторных и естественных условиях. В экспериментальных естественных условиях на хвостохранилище НГЗ было обрано три вида поверхности: дороги, откосы внутри дамбы и пляжи. На сложившейся экспериментальном участке хвостохранилища площадью 550 м^2 размещался определенный вид покрытия: дернина - 100 м^2, камышовые маты - 300 м^2 и контрольный вариант (без покрытия) - 150 м^2. День проведения эксперимента было обрано таким образом, чтобы сила ветра была минимальной (1,3 м/с), а относительная влажность воздуха в пределах 60-70%.

Количество пыли над опытными участками хвостохранилища и в лабораторных условиях (кюветы) определяли весовым методом путем пропускания через фильтры типов АФА-10, АФА-18.

Коэффициент пылеподавления для исследованных материалов рассчитывали за формулой:

$$N = 1 - \frac{M_n^{\;d}}{M_n^{\;\kappa}},$$

где N – коэффициент пылеподавления, M_n^{κ} – масса пыли в контрольном варианте, а $M_n^{\;d}$ – масса пыли в варианте с покрытием d ($d_д$ – покрытие с дернины, $d_{о.м.}$ – с камышовых матов).

Показатель пылеподавления определено как отношение массы пыли в контрольном варианте к варианту с покрытием.

Определение коэффициента устойчивости C покрытия d к действию метеорологических факторов среды и агрессивных факторов хвостохранилища определяли над каждым участком C_i:

$$C = \frac{S(t)}{S(0)},$$

где $S(0)$ – площадь участка (кюветы, дм^2), которая покрыта материалом d до начала экспозиции, м^2; $S(t)$ – площадь участка (кюветы, дм^2), которая покрыта покриттям материалом d после окончания экспозиции t ($t = 1$-12 месяцевв), м^2.

Достоверность полученных данных в экспериментах составляла 95%, погрешность эксперимента – 5 %.

Пылеподавление поллютантов хвостохранилища покрытием из дернины. Результаты эксперимента по определению массы пыли для покрытия с дернины (табл. 1) свидетельствовали, что и в лабораторных, и в полевых условиях запыленность воздуха была невысокой: не превышала 1% от контроля.

Таблица 1.

Результаты эксперимента по определению массы пыли над участком (кюветой) в лабораторных и естественных условиях

t эксперимента, мес.-	Масса $M_i^{\bar{d}}$ пыли над экспериментальным участком (кюветою), г										Масса пыли в контроле, г
	Среднеарифметическое значение	Мода	Медиана	Минимум	Максимум	Верхний квартиль	Нижний квартиль	Среднеарифметическое отклонение	Коэффициент вариации, %		
0,25	(2,9)	(1,82)	(1,63)	(1,35)	(3,2)	(2,2)	(1,4)	(0,4)	(14)		(60±3)
0,75	(0,8)	(0,88)	(1,47)	(0,64)	(1,3)	(1,68)	(0,78)	(0,03)	(3)		(61±5)
1	9 (0,5)	6 (1,0)	8 (0,64)	3 (0,3)	12 (1,0)	10 (0,7)	5 (0,5)	0,3 (0,05)	13 (5)		140±5 (58±4)
3	6	4	8	2	16	12	4	0,4	3		140±3
5	1,8	2,3	2,1	1,5	2,3	2,1	1,1	0,3	16		140±5

7	1,6	1,4	1,3	1,1	1,86	1,6	0,9	0,2	12	138±2
9	1,2	0,8	1,3	0,7	1,8	1,6	0,6	0,3	16	140±5
12	1,05	0,7	0,9	0,7	1,6	1,2	0,5	0,4	27	145±4

Кроме того, было определено, чем больше прошло времени с начала эксперимента, тем меньшее количество пыли наблюдали над участком (кюветой): если после месяца с начала эксперимента масса пыли составляла 9,0±0,6 г (после недели исследований в лабораторных условиях 2,9±0,4 г), то после 12 месяцев эксперимента масса пыли над экспериментальным участком составила 1,05±0,04 г (0,5±0,05 г в лабораторных условиях).

Коэффициент устойчивости C дернины в течение эксперимента (12 месяцев) был высоким и стабильным (составлял 0,9-0,98). Приближение коэффициента до 1,0 свидетельствовало о приспособленности дернины к токсическим факторам красного шлама.

В течение эксперимента показатель пылеподавления для покрытия с дернины составлял 80-140, т.е. уровень пылеподавления шламовых поверхностей с помощью дернины составил 0,96

Длительное наблюдение за участками показало, что дернина не потеряла своих морфологических и физиологических свойств: сохранилась способность расти, и не происходило изменений в цвете, что свидетельствовало о нарушении систем фотосинтеза растений. Регулярные наблюдения показали, что дернина прочно держалась на шламе и без видимых нарушений. Корневище плотно вплеталось в шлам и предотвращало действие ветровой эрозии. Дернина выдерживала длительное, многократное колебания температуры воздуха, порывы ветра до 15 м/с, замерзание пульпы хвостохранилища, затопление хвостохранилища во время дождей и таяния снега. Это свидетельствует, что дернина может выступать хорошим покрытием поверхности хвостохранилища для уменьшения дефляции.

Пылеподавления поллютантов путем покрытия хвостохранилища камышовыми матами. Результаты эксперимента по определению массы пыли в лабораторных и естественных условиях над экспериментальным участком (кюветой) (табл. 2) свидетельствовали, что как и через месяц с начала эксперимента масса пыли над участком, покрытым камышовыми матами, составляла 4,5±0,8 г (6,0±0,6 г после недели исследований в лабораторных условиях), так и после 12 месяцев эксперимента масса пыли над экспериментальным участком составляла 2,5±0,5 г (после шести недель эксперимента над кюветой - 4,5±0,5 г).

Таблица 2.

Результаты эксперимента по определению массы пыли над участком (кюветой) в лабораторных и естественных условиях

t эксперименту, мес.	Масса $M_i^{d.}$ пыли над экспериментальным участком (кюветою), г									Масса пыли в контроле, г
	Среднеарифметическое значение	Мода	Медиана	Минимум	Максимум	Верхний квартиль	Нижний квартиль	Среднеарифметическое отклонение	Коэффициент вариации, %	
0,25	(6,4)	(5,6)	(5,8)	(3,3)	(7,91)	(6,8)	(3,4)	(0,2)	(30)	(60±3)
0,75	(1,8)	(1,5)	(1,47)	(0,82)	(2,0)	(1,68)	(0,9)	(0,5)	(27)	(61±5)
1	4,5 (0,9)	5,0 (1,2)	3,8 (1,2)	3,1 (0,63)	6,3 (1,4)	6,1 (0,7)	3,4 (0,7)	0,3 (0,03)	6 (22)	140±5 (58±4)
3	3,5	4,0	2,9	2,5	5,8	5,3	2,7	0,4	11	140±3
5	3,1	2,9	3,6	2,6	5,4	5,0	2,8	0,3	9	140±5
7	2,3	1,8	2,5	1,9	3,7	3,2	2,2	0,4	17	138±2
9	2,0	1,8	1,7	1,5	2,8	2,4	1,7	0,2	10	140±5
12	1,7	1,5	1,2	0,9	2,7	2,2	1,3	0,2	12	145±4

Коэффициент устойчивости C камышовых матов протяжении всех 12 месяцев эксперимента оставался достаточно высоким (около 1,0) и стабильным, что свидетельствовало о приспособленности камышовых матов к токсическим факторам красного шлама.

В течение исследований показатель пылеподавления для камышовых матов составлял 60-80, т.е. уровень пылеподавления шламовых поверхностей с помощью матов составил 0,92.

Длительное пребывание матов в щелочной среде хвостохранилища показало их надежность и долговечность, как пылеподавляющего материала для хвостохранилищ промышленных объектов. Маты показали высокую эффективность и сохранения своих морфологических и физиологических свойств в различных климатических условиях (колебания температуры, ветер, замерзания пульпы, затопления хвостохранилища во время дождей и таяния снега).

Выводы. По результатам лабораторных и полевых (на хвостохранилище Николаевского глиноземного завода) исследований предложено новое решение актуальной прикладной задачи экологической безопасности хвостохранилищ, связанной со снижением дефляции их поверхности, которое заключается в разработке комплексного метода пылеподавления и закрепления поверхности хвостохранилищ. Разработан комплексный метод, основан на применении биологических средств пылеподавления, которые не осуществляют дополнительной нагрузки на технобиогеоценоз хвостохранилища и биогеоценоз территорий вокруг хвостохранилища и позволяют использовать шламовые отходы после их захоронения.

Литература

1. Бересневич П.В., Кузменко П.К., Неженцева Н.Г. Охрана окружающей среды при эксплуатации хвостохранилищ. - М.: Недра, 1993. - 123 с.

2. Гальперин А.М., Ферстер В., Шеф Х.Ю. Техногенные массивы и охрана окружающей среды: Учебник для вузов. Изд. 2-е. - М.: МГГУ, 2001. — 534 с.

3. Іщук С.І. Промислові комплекси України. – Київ, 2003. – 157 с.

4. Нохрина О.И., Прошунин И.Е., Рожихина И.Д. Образование пыли, окалины, шлама и их утилизация на металлургических заводах Германии. // Stahl und Eisen, 2006. - №9 - C. 25-32.

5. Пашкевич М.А. Техногенные массивы и их воздействие на окружающую среду. - СПб.: СПГГИ, 2000. - 230 с.

6. Разработка методов и средств закрепления пляжей шламохранилища Николаевского глиноземного завода: Отчет о НТР (заключительный) / КНУ им. Т. Шевченко. № 268-П от 28.08.2004. – К., 2004. – 74 с.

7. Vlasova E., Yandyganov Ya, Nikulina N. Ecolocical and economic segurity is in aspect of interaction of contiguous territories (balance method of estimation) / The international collected scientific work by economic seguritys problem: society, state and region. Valencia (Spain), Ekaterinburg (Russia), 2008. S. 188–196.

Ю.В. Зеленько
к.т.н., доцент кафедры «Химия и инженерная экология»
Днепропетровского национального университета железнодорожного
транспорта имени ак. В. Лазаряна (ДНУЗТ)
М.С. Безовская
ассистент кафедры «Химия и инженерная экология» ДНУЗТ

РАЗРАБОТКА КОМПЛЕКСНОЙ ТЕХНОЛОГИИ УТИЛИЗАЦИИ НЕФТЕСОДЕРЖАЩИХ ОТХОДОВ ЖЕЛЕЗНЫХ ДОРОГ

Одной из наиболее актуальных экологических проблем железных дорог Украины является ежегодное образование значительного количества отходов различных классов опасности. Наибольший процент из общего количества этих отходов составляют нефтесодержащие, чаще всего относящиеся к третьему классу токсичности, то есть к умеренно опасным. По расчетам общее количество нефтесодержащих отходов структурных подразделений Укрзализныци составляет ежегодно до 2000 т, среди которых самыми ценными являются отработанные моторные масла. На предприятиях железнодорожного транспорта в двигателях тягового подвижного состава чаще всего используют дизельные масла групп $В_2$ и $Г_2$, а для некоторых типов подвижного состава - группы $Б_2$.

Нами проводились исследования разных методов восстановления отработанных масел марок М-14$В_2$ и М-14$Г_2$ЦС локомотивных депо Приднепровской железной дороги. В ходе исследования масло с исходной загрязненностью 1305,00 см$^{-1}$ нагревали до 50–55°С, смешивали его на протяжении 30 мин. со скоростью 1500 об./мин. с каждым ПАВ по очереди при количестве каждого ПАВ 1, 2, 3 мас.%, а далее отстаивали масло с ПАВ на протяжении 168 часов, то есть 7 суток. Далее, после удаления осадка, пробы центрифугировали на протяжении 1 часа в лабораторной центрифуге. Для интенсификации процесса выпадения осадка была исследована возможность использования такого кислого агента, как алкилбензосульфокислоты (АБСК). В дальнейших исследованиях она выступала в качестве коагулянта, а ПАВ – флокулянтов.

На основании экспериментальных исследований была установлена зависимость степени их осветления (уменьшения загрязненности) после добавления разных типов ПАВ и ПАВ с АБСК (табл. 1, 2) в разных количествах.

Из результатов, приведенных в табл. 1 и 2, можно сделать вывод о том, что наибольшая эффективность для масла М-14$В_2$ отмечена при таких комбинациях реагентов, как неонол, Евроксид СРО, кокамидопропилбетаин; и неонол и Emal 270 d для масла М-14$Г_2$ЦС соответственно. Сочетание АБСК (в количестве 1 мас.%) с ПАВ (в количестве 3 мас.%) дало результат только в случае сочетания ее с неонолом, причем эффективность осветления заметно увеличилась; во всех остальных случаях необходимых изменений не произошло.

Таблица 1. Сравнение степени осветления масла М-14В$_2$ после добавления ПАВ и ПАВ с АБСК

Количество ПАВ, %	Реагент	Название ПАВ							
		аспарал Ф	неонол АФ 9-12	кокамидо пропилбе таин	Emal 270 d	Еврокс ид СРО	стеарокс	синтано л	сульфо нол
1	ПАВ	1299,11	1304,00	1116,72	1253,12	1265,12	1287,41	1287,67	1245,12
	ПАВ и АБСК	1300,14	1301,00	1231,51	1297,46	1297,55	1299,24	1295,54	1278,32
2	ПАВ	1215,25	1005,00	879,15	1168,32	875,68	1225,88	1239,33	1221,34
	ПАВ и АБСК	1285,24	811,78	1068,85	1265,22	1244,28	1219,45	1267,84	1233,48
3	ПАВ	1203,58	156,32	455,67	1104,99	417,69	1192,32	1197,82	1201,92
	ПАВ и АБСК	1256,11	64,21	987,32	1231,14	1146,77	1203,44	1207,19	1214,47

Таблица 2. Сравнение степени осветления масла М-14Г$_2$ЦС после добавления ПАВ и ПАВ с АБСК

Количество ПАВ, %	Реагент	Название ПАВ							
		аспарал Ф	неонол АФ 9-12	кокамидо пропилбе таин	Emal 270 d	Еврокс ид СРО	стеарокс	синтано л	сульфо нол
1	ПАВ	1187,3	877,34	1154,81	1110,31	1103,32	1187,14	1177,14	1177,14
	ПАВ и АБСК	1187,9	541,1	1188,12	1199,49	1158,97	1201,5	1200,5	1192,1
2	ПАВ	1160,55	315,38	1148,7	507,22	1007,84	1179,33	1169,33	1171,33
	ПАВ и АБСК	1114,47	165,43	1127,98	1189,34	1125,15	1200,26	1195,26	1188,3
3	ПАВ	1024,11	99,6	1055,97	154,78	906,74	1178,65	1158,65	1163,65
	ПАВ и АБСК	1020,64	45,12	1015,45	1188,91	1086,35	1198,67	1182,67	1185,2

Исследуемые показатели достигли оптимальных неизменных значений после обработки отработанного моторного масла неонолом и АБСК с последующим центрифугированием. При этом: для масла М-14В$_2$ минимальная доза неонола, при введении которой процесс седиментации проходил быстро и эффективно, составила 2,7 мас.%, максимальный выход очищенного масла при этом составил 90,01%; для масла М-14Г$_2$ЦС минимальная доза неонола - 2,0 мас.%, а максимальный выход очищенного масла в этом случае составил 94,12%.

На основании полученных экспериментальных данных предложен новый высокоэффективный метод осветления моторных масел марок М-14В$_2$ и М-14Г$_2$ЦС с использованием ПАВа неонола и алкилбензосульфокислоты. Предложенные в результате способы защищены патентами Украины [1, 1; 2, 1].

Кроме того, нами была проведена проверка свежих, отработанных и восстановленных по предложенным выше схемам масел М-14В$_2$ та М-14Г$_2$ЦС на содержание в них бенз(α)пирена, тяжелых металлов (свинца, никеля, меди, кобальта, хрома, цинка) и хлор-ионов (качественная) [3, 15; 4, 102]. В результате нами были получены следующие результаты:

• при работе масел обоих марок в них появляется бенз(α)пирен в количестве 13 мг/кг в масле М-14В$_2$ и 14 мг/кг М-14Г$_2$ЦС, который обнаруживается в маслах в незначительных количествах (следы) после обработки их по предложенным схемам;

• отсутствие в маслах хлорид-ионов на всех стадиях подтверждает их безопасность с этой стороны и экологичность предложенных схем восстановления;

• в отработанном масле М-14В$_2$ были выявлены свинец (69 мг/кг), никель (26 мг/кг), медь (34 мг/кг), цинк (24 мг/кг); в отработанном масле М-14Г$_2$ЦС - свинец (17 мг/кг), никель (15 мг/кг), медь (88 мг/кг), цинк (22 мг/кг);

• присутствие в отработанных маслах тяжелых металлов повышает их экологическую опасность; значительное снижение количества этих токсичных элементов (для масла М-14В$_2$ – свинца на 82,61 %; никеля на 84,62 %, меди на 85,29 %, цинка на 87,50 %; для масла М-14Г$_2$ЦС – свинца на 88,24 %, никеля на 86,67 %, меди на 84,09 %, хрома на 83,33 %, цинка на 90,91 %) после обработки масел по предложенным схемам подтверждает безопасность восстановленных масел и экологичность самих схем.

Внедрение предложенной схемы обращения с отработанными маслами на железной дороге минимизирует количество таких отходов, возвратит ценное сырье (масло) в технологический процесс в виде восстановленного моторного масла и промывной жидкости для масляных систем тепловозов.

Литература

1. П.В. 95154 Україна. МПК С 10 М 175/00. Спосіб регенерації відпрацьованої моторної оливи / Безовська М.С., Зеленько Ю.В., Яришкіна Л.О., патентовласник Дніпропетровський національний університет залізничного транспорту імені академіка В. Лазаряна. – № а 2009 13563; Заявл. 25.12.2009; Опубл. 11.07.2011, Бюл. № 13. – 4 с.

2. П.К.М. 70077 Україна. МПК С 10 М 175/00. Спосіб очистки відпрацьованої моторної оливи для дизелів / Безовська М. С., Зеленько Ю. В., патентовласник Дніпропетровський національний університет залізничного транспорту імені академіка В. Лазаряна. – № u 2011 13558; заявл. 18.11.2011; опубл. 25.05.2012, Бюл. № 10. – 3 с.

3. Маркизова Н. Ф. Токсикология нефтепродуктов: [методическое пособие] / Н. Ф. Маркизова, А. Н. Гребенюк, В. А. Башарин. – СПб: Невский диалект, 2003. – 128 с.

4. Смазочные материалы и проблемы экологии / А. Ю. Евдокимов, И. Г. Фукс, Т. Н. Шабалина, Л. Н. Багдасаров. – М.: ГУП Издательство «Нефть и газ» РГУ нефти и газа им. И. М. Губкина, 2000. – 424 с.

П.Ю. Бранцевич

к.т.н., доцент, Белорусский государственный университет
информатики и радиоэлектроники

ОЦЕНКА ТЕХНИЧЕСКОГО СОСТОЯНИЯ ОБОРУДОВАНИЯ ПО ВИБРАЦИОННЫМ ПАРАМЕТРАМ

В настоящее время на многих предприятиях различных отраслей достаточно активно проводятся мероприятия по энерго- и ресурсосбережению. Экономия электрической энергии, тепла, воды, топлива действительно способствуют улучшению экономических показателей предприятий. Однако, для достижения реального повышения их эффективности требуется внедрение современных технологий основного и вспомогательного производства.

В общей сумме затрат расходы на эксплуатацию производственного оборудования достигают значительных величин, причем существенную долю в них занимает ремонтно-эксплуатационная составляющая.

Считается, что наиболее изнашиваемым является оборудование с вращательным движением (турбины, генераторы, двигатели, редукторы, насосы, компрессоры, вентиляторы и т.д.). Снизить затраты на его эксплуатацию можно путем внедрения современных систем технического обслуживания, которые базируются на использовании технологий мониторинга параметров технических объектов, оценки состояния, диагностики, прогнозирования развития дефектов. Это позволяет предотвращать аварийные ситуации, вовремя заменять полностью исчерпавшее свой ресурс оборудование, лишь при необходимости проводить его профилактическое обслуживание, ремонт или наладку.

При реализации систем оценки состояния технических объектов, на основе результатов работы которых принимаются управляющие решения, важно оценить и соотнести затраты на ее создание и ожидаемые результаты. Также следует учитывать, что эффект от внедрения будет не очень быстрым.

Состояние производственного оборудования может характеризоваться многими параметрами основных и вторичных процессов, развивающихся при его работе. Для контроля целесообразно выбирать те параметры процессов, которые достаточно хорошо отражают функциональное состояние объектов и не требуют слишком больших затрат на их измерение. В этом плане, для механизмов с вращательным движением, такими являются параметры вибрации [1].

Системы вибромониторинга.

В зависимости от важности выполняемых оборудованием функций, его стоимости и величины возможного ущерба при внезапной аварии, реализуют периодический или непрерывный стационарный мониторинг параметров вибрации.

При периодическом мониторинге через некоторые промежутки времени (раз в неделю или месяц) с помощью переносных приборов измеряются параметры вибрации подшипниковых опор, а полученные результаты заносятся в специальный журнал или базу данных. Важно, чтобы измерения проводились в сопоставимых условиях при одинаковых или близких режимах работы контролируемого оборудования и частоте вращения ротора. В качестве параметров вибрации чаще всего фиксируют среднее квадратическое значение (СКЗ) в нормированной частотной полосе (для механизмов с частотой вращения ротора более 600 оборотов в минуту это 10−1000 Гц), а также, при наличии возможности, определяются амплитуда оборотной составляющей вибрации (составляющая с частотой, равной частоте вращения ротора), интенсивность низкочастотной вибрации, амплитудный спектр. В результате обработки полученных данных отслеживается выход параметров за нормированные допусковые зоны, строятся тренды изменения параметров вибрации для отдельных механизмов. Далее принимаются решения о проведении расширенных обследований вибрационного состояния подозрительных механизмов, планируются мероприятия по техническому обслуживанию и ремонту. Периодический мониторинг позволяет отследить динамику изменения технического состояния и дать исходные данные для прогнозных оценок, но не дает возможности оперативно отреагировать на внезапные аварийно-опасные ситуации путем отключения оборудования или изменения режимов его работы.

Системы непрерывного стационарного мониторинга внедряют на сложных дорогостоящих агрегатах (турбогенераторах, газоперекачивающих агрегатах и т.п.). Это многоканальная, в большинстве случаев компьютерная, система определяющая и регистрирующая на каком-то носителе информации значения параметров вибрации через небольшие (не более нескольких секунд) промежутки времени, а также осуществляющая допусковый контроль, выполняющая функции сигнализации и даже защитного отключения. Примером такой системы является измерительно-вычислительный комплекс (ИВК) серии «Лукомль», разработанный и производимый научно-исследовательской лабораторией вибродиагностических систем Белорусского государственного университета информатики и радиоэлектроники [2].

Структурно ИВК представляет собой компьютер с типизированным модулем АЦП, подключаемым к ее стандартному интерфейсу (ISA, PCI, USB), блока аналоговой обработки сигналов, к которому подключаются первичные виброизмерительные каналы, и блока управления сигнализацией и защитным отключением. По сути это перепрограммируемый компьютерный измерительный прибор, решающий специальные задачи. Его основными функциями являются:

– определение в режиме реального времени интенсивности вибрации в стандартизованных или задаваемых частотных диапазонах, частоты вращения вала, значений амплитудных и фазовых параметров, по крайней мере, до десяти спектральных составляющих вибрации, кратных частоте вращения (порядковый анализ), пик-фактора исходного сигнала;

– сравнение реально полученных значений с контрольными (величина которых может изменяться от точки к точке и с течением времени) и выработка по определенным алгоритмам сигналов сигнализации, выдаваемых на отображающие и исполнительные устройства.

– реализация алгоритмов защиты технических объектов по вибрационным параметрам. При анализе вибрационного состояния защищаемого объекта учитываются не только стандартизированные критерии, но и факторы низкочастотной вибрации (вибрация на частотах половина и меньше оборотной частоты), оборотной составляющей вибрации, вектора оборотной составляющей, высокочастотной вибрации (вибрация на частотах в два и более раз выше оборотной частоты). Значения конкретных уровней срабатывания предупредительной сигнализации и защиты по каждому фактору устанавливаются индивидуально для конкретного агрегата. Принятие решения о защитном отключении основывается на показаниях, полученных в нескольких точках контроля, и динамике изменения этих показателей во времени.

Системы вибрационной диагностики.

На основе анализа вибрационного состояния группы однотипных механизмов при их функционировании на различных режимах, в различном техническом состоянии и на протяжении длительного времени могут быть обоснованы и сформулированы диагностические признаки для локализации мест и причин повышения вибрации. Это создает условия для построения автоматизированных систем оценки технического состояния и диагностики, значительно облегчающих работу инженерно-технического персонала.

Однако, практически невозможно разработать подобную универсальную систему, так как каждый тип оборудования имеет свои специфические особенности и характеризуется определенным набором параметров. В связи с этим, разработана обобщенная модель системы оценки технического состояния и диагностирования, которая адаптируется под конкретное применение и может быть представлена следующим набором взаимодействующих элементов.

1. Множество информативно значимых параметров, характеризующих техническое состояние объекта $P = \{p_1, p_2, p_3, \ldots p_N\}$. Например, амплитуды спектральных составляющих вибросигнала на фиксированных частотах, мощность или СКЗ вибрации в полосе частот $f_н \div f_в$ (может задаваться несколько полос), пик-фактор, эксцесс, асимптота, коэффициент модуляции огибающей вибросигнала, амплитуды оборотных

составляющих вибрации и т.д. Параметры выбираются на основе теоретических и экспериментальных исследований, экспертных знаний, эвристических предположений.

2. Множество дефектов, требующих обнаружения, для конкретного механизма $D = \{d_1, d_2, d_3, ... d_M\}$. Конкретный состав этого множества определяется типом механизма, его техническими параметрами, выполняемыми функциями, условиями эксплуатации и т. п.

3. Базовые значения каждого из параметров множества P, которые соответствуют нормальному (исправному, бездефектному) состоянию исследуемого объекта $Z = \{z_1, z_2, z_3, ... z_N\}$. Эти значения принимаются:

а) на базе нормативных документов, регламентирующих допустимые уровни вибрации механизмов;

б) на основе исследования вибрационных характеристик достаточно большого количества однотипных механизмов на протяжении продолжительного периода времени;

в) путем теоретических расчетов;

г) в результате проведения натурного или полунатурного моделирования.

4. Подмножества информативно значимых параметров по изменению которых можно идентифицировать проявление каждого из дефектов, и весовые коэффициенты значимости для каждого признака. Весовые коэффициенты $\alpha_{d_j, i}$ принимают значения в диапазоне от 0 до 1.

5. Множество решающих функции для каждого дефекта, отражающих проявление или развитие дефекта. Решающие функции учитывают соотношение текущих и базовых значений информативно значимых параметров и могут быть достаточно разнообразными, например численными, логическими, на основе нечетких правил, прецедентов.

6. Множество рекомендаций по устранению обнаруженного дефекта и предотвращению его развития. Для каждого дефекта формулируется некоторое множество рекомендаций по его ликвидации или снижению его влияния. Примеры таких рекомендаций: заменить смазку в подшипнике; провести балансировку вала; заменить подшипник; проводить ежедневное измерение параметров вибрации механизма; проверить наличие межвитковых замыканий обмоток двигателя и т.п.

Результатом работы системы вибрационной диагностики является набор рекомендаций для пользователя по устранению выявленного дефекта.

Для более достоверных заключений проводится анализ динамики изменения непрерывных вибрационных сигналов, отражающих техническое состояния объекта и зарегистрированных на достаточно длительном временном интервале (минуты, часы и даже сутки). Повышение информативности результатов вибрационного контроля достигается путем раздельного анализа периодической и шумоподобной составляющих вибрационного сигнала. При этом могут выделяться несколько групп периодических составляющих, а кратность в группах может быть нецелочисленной. Такой анализ позволяет более качественно определять причины развивающихся дефектов [3;4].

Заключение.

Применение систем вибрационного мониторинга позволяет получать данные об изменении технического состояния механизмов и агрегатов, планировать мероприятия по техническому обслуживанию и ремонтам оборудования и, таким образом, оптимизировать затраты на их проведение. Стационарные системы мониторинга с функциями сигнализации и защиты помимо этого ориентированы на предотвращение серьезных аварий.

Использование компьютера в качестве базового узла обработки вибрационных данных обеспечивает быструю настройку системы вибрационного контроля под условия применения, гибкость и расширяемость функциональных возможностей.

Задачами вибрационной диагностики является обнаружение зарождающихся дефектов и неисправностей, наблюдение за их развитием и прогнозирование изменения технического состояния. Однако не следует ожидать очень быстрого экономического эффекта от их внедрения, так как требуется определенный промежуток времени на адаптацию системы под конкретное производство и оборудование, а также соответствующую подготовку специалистов и изменение психологии их поведения.

Литература

1. Барков, А.В. Мониторинг и диагностика роторных машин по вибрации / А.В. Барков, Н.А. Баркова, А.Ю. Азовцев. – СПб. : Изд. центр СПбГМТУ, 2000. – 169 с.

2. Бранцевич, П.Ю. ИВК «Лукомль-2001» для вибрационного контроля / П.Ю. Бранцевич // Энергетика и ТЭК. – 2008. – № 12(69). – с.19-21.

3. Бранцевич, П. Ю. Способ анализа вибрационных сигналов при исследовании технического состояния механизмов / П.Ю. Бранцевич // Информационные технологии. Радиоэлектроника. Телекоммуникации (ITRT-2012) : сб. ст. II международной заочной научно-технической конференции. Ч. 1 / Поволжский гос. ун-т сервиса. – Тольятти : Изд-во ПВГУС, 2012. – с. 244 - 250

4. Бранцевич, П.Ю. Анализ вибрационных сигналов, полученных при исследовании влияния механизмов с вращательным движением, на колебания конструкций / П.Ю. Бранцевич, Е.В. Бобрук // Чрезвычайные ситуации: предупреждение и ликвидация. – 2012. – № 1 (31). – с. 5-8.

Фаттахов М.Н., Шакирьянов Э.Д., Усманов С.М.
Башкирский Государственный университет, Бирский филиал

ОБРАТНЫЕ ЗАДАЧИ РАСЧЁТА СПЕКТРА ЭНЕРГИЙ ОБРАЗОВАНИЯ ФЛУКТУАЦИОННЫХ МИКРОПУСТОТ

Исследование кинетики трехмерной свободно-радикальной полимеризации олигоэфиракрилатов (ОЭА) имеет большое научное и практическое значение. Объектом исследований в данной работе был выбран представитель класса полимеризационноспособных соединений – 1,6 ди-(метакрилоилокси) гексаметилен (МГ).

Структурная формула МГ представлена следующим образом:

$$\underset{\substack{| \\ \text{CH}_3}}{} \quad \text{CH}_3 \; \text{O} \qquad\qquad\qquad \text{O} \; \text{CH}_3$$

$$\text{H}_2\text{C} = \text{C} - \text{C} - \text{O} - \text{CH}_2 - (\text{CH}_2)_4 - \text{CH}_2 - \text{O} - \text{C} - \text{C} = \text{CH}_2$$

Молекулярная подвижность сложной мономер-полимерной системы (подвижность атомных групп, фрагментов цепи и т.д.) характеризуется наличием множества флуктуационных элементов свободного объема (ЭСО) v_{h_i}. Вследствие чего, такая система характеризуется не единственным значением объема ЭСО или энергии образования (ε) флуктуационного ЭСО.

При изучении и анализе кинетики полимеризации МГ нами была использована модель свободного объема, предложенная в [3,4].

В работе [*] предложена математическая модель, позволяющая рассчитать спектр энергий образования флуктуационных микропустот в мономер-полимерной системе. В основу этой модели положено уравнение Фредгольма I рода:

$$k_p(\chi) = \int\limits_{\varepsilon_{\min}}^{\varepsilon_{\max}} \left(\frac{1}{k_p^0} + \frac{\exp\left(v_p^* \cdot \left(\dfrac{1}{f^0 \cdot (1-\chi) + \exp\left(-\dfrac{\varepsilon}{RT} \right) \cdot \chi} - \dfrac{1}{f^0} \right) \right) - 1}{k_{pd}^0} \right)^{-1} G(\varepsilon) d\varepsilon \qquad (1)$$

где $k_p(\text{x})$ – зависимость константы скорости роста от степени конверсии; k_{pd}^0, v_p^* – модельные константы; f^0 –свободного объема без конверсии; χ –

конверсия; T – температура; R – универсальная газовая постоянная; ε – энергия образования флуктуационных микропустот.

В одной из предыдущих работ [9] нами была решена модельная задача численного расчета энергий образования микропустот.

Молекулярная подвижность сложной мономер-полимерной системы (подвижность атомных групп, фрагментов цепи и т.д.) характеризуется образованием флуктуационных дырок v_h различных объемов. Вследствие чего, такая система характеризуется не единственным значением объема дырки v_h или энергии образования дырки ε, а целым распределением $G(\varepsilon)$, которое подчиняется условию нормировки:

$$\int_0^\infty G(\varepsilon)d\varepsilon = 1 \qquad (2)$$

Таким образом, учитывая вклады всех элементов флуктуационного объема запишем интегральное представление для константы роста:

где $G(\varepsilon)$ – искомый спектр энергий образования флуктуационных дырок.

Уравнение (1) представляет собой интегральное уравнение Фредгольма первого рода.

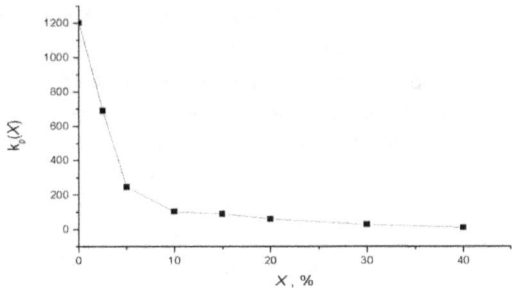

Рис. 1. Зависимость константы скорости роста от конверсии.

В работе [7] приведены экспериментальных данные, выражающие зависимость $k_p(\chi)$. На рис. 1 представлена экспериментальная зависимость для МГ при постоянной температуре $T = 298$ К.

На основе этих измерений нами была решена обратная задача (1) методом регуляризации Тихонова, со следующими модельными параметрами: $k_p^0 = 1{,}31\cdot10^6\cdot\exp(-17300/RT)$; $v_p = 0{,}009$; $k_{pd}^0 = 2$ л/моль·с; $f^0 = 0{,}065$. Параметр регуляризации составил – $\alpha \approx 4{,}37\cdot10^{-4}$, невязки – $\eta \approx 4{,}34\cdot10^{-3}$

Решение обратной задачи приведено на рис. 2.

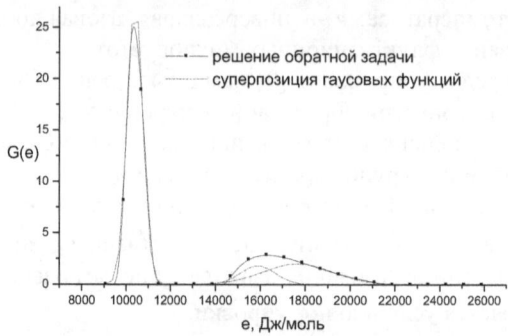

Рис. 2. Спектр распределения энергий образования
флуктуационных микропустот.

Как видно из рисунка, данный спектр энергий образования микропустот может быть приближенно описан суперпозицией трех гауссовых функций (рис. 2 обозначены пунктиром) с максимумами в точках: 10,4 кДж/моль, 15,9 кДж/моль, 17,7 кДж/моль. Наличие трех максимумов можно объяснить на основе модели трехмерной радикальной полимеризации, предложенной в работе [8]. Суть данной модели заключается в следующем: уже на малых степенях превращения ОЭА формируются дискретные полимерные частицы (клубки, микрообразования, микрочастицы, микрогели) с густосетчатым ядром и редкосетчатым приповерхностным слоем (рис. 3.). Они играют роль микрореакторов, в которых полимеризация происходит в основном на активных приповерхностных слоях с ростом густосетчатых ядер. Пока изолированные полимерные структурные образования не достигают размеров, при которых их активные зоны перекрываются, происходит увеличение суммарного объема приповерхностных слоев. При дальнейшей полимеризации имеет место уменьшение суммарного объема приповерхностных слоев. Можно предположить, что каждый из полученных максимумов гауссовых функций соответствует отдельной зоне полимерной частицы.

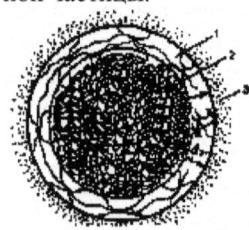

Рис. 3. Модель густосетчатой полимерной частицы:
1 – реакционная зона (оболочка частицы);
2 – густосетчатое ядро полимера
3 – исходный непрореагировавший мономер.

Таким образом, результаты расчетов по модельной задачи показали хорошее соответствие между точным и приближенным решениями. Разработанный программный пакет на основе метода регуляризации А.Н. Тихонова можно применять при расчетах экспериментальных зависимостей констант скоростей роста элементарных реакций от глубины полимеризации. Полученный спектр распределения энергий образования микропустот легко позволяет оценить доли флуктуационного объема и охарактеризовать жидкое состояние вещества.

Литература

1. Френкель Я.И. Кинетическая теория жидкостей. Л.: Наука, 1975.

2. Липатов Ю.С. // Успехи химии. 1978. Т. XLVII, № 2. С. 332.

3. Гришина И.Н., Сивергин Ю.М., Киреева С.М., Жильцова Л.А. // Пастические массы. 2000. № 1. С. 7.

4. Сивергин Ю.М., Киреева С.М., Гришина И.Н. // Пластические массы. 1999. № 11. С. 18.

5. Panke D. // Macromolec Theory Simul. 1995. Vol 4. p. 759.

6. Marten F.L., Hamielec A.E. //Journal of Applied Polymer Science. 1982. Vol. 27. p. 489.

7. Творогов Н.Н. – диссертация к.х.н. – ИХФ АН СССР, 1967.

8. Сивергин Ю.М., Усманов С.М. Синтез и свойства олигоэфир(мет)акрилатов. – М.: Химия, 2000, с. 295-296.

9. ЭВТ в обучении и моделировании: Сб. научн. трудов. / Отв. ред. С.М.Усманов // VI Всероссийская научно-методич. конф. 20-21 апреля 2007 г. – Бирск: Бирск. гос. соц.-пед. акад., 2007, с. 199-204.

Берікханова Г.Е., Анияров А.А.

Семипалатинский государственный педагогический институт

almir84@mail.ru

РЕЗОЛЬВЕНТА КОРРЕКТНЫХ ЗАДАЧ ДЛЯ БИГАРМОНИЧЕСКОГО ОПЕРАТОРА В ПРОКОЛОТОЙ ОБЛАСТИ

Рассмотрим задачу Дирихле для неоднородного бигармонического уравнения Лапласа в проколотой области $\Omega_0 = \Omega \setminus \{M_0\}$

$$\Delta^2 W(x,y) = f(x,y), \quad \Omega_0 \tag{1}$$

$$W(x,y)\big|_{\partial\Omega} - L\left(\Delta^2 W\right)(x,y)\big|_{\partial\Omega} = 0 \tag{2}$$

$$\frac{\partial W(x,y)}{\partial \bar{n}_{x,y}}\bigg|_{\partial\Omega} - \frac{\partial L\left(\Delta^2 W\right)(x,y)}{\partial \bar{n}_{x,y}}\bigg|_{\partial\Omega} = 0 \tag{3}$$

$$\alpha_k(W) = 2\alpha_k\left(L\Delta^2 W\right), \quad (k=1,4)$$
$$\alpha_i(W) = \alpha_i\left(L\Delta^2 W\right), \quad (i=2,3,5,6) \tag{4}$$

где M_0 - некоторая внутренняя точка круга Ω. Ω_0 - будем называть проколотой областью. L - непрерывный в смысле L_2 оператор, отображающий $L_2(\Omega)$ в $\tilde{V}_{2,\{-0\}}$. Нам удобно ввести класс функций $\tilde{V}_{2,\{-0\}}$, который состоит из функции $h(x,y) \in W_2^4(\Omega_0)$, причем в окрестности точки $M_0(x_0, y_0)$ имеют следующие поведения:

$$\sup_{0<\delta<\delta_0} \sup_{y_0-\delta<\eta<y_0+\delta} \left\{ \delta \left(\left|\frac{\partial h(x_0+\delta,\eta)}{\partial \xi}\right| + \left|\frac{\partial h(x_0-\delta,\eta)}{\partial \xi}\right| + \left|h(x_0+\delta,\eta)\right| + \right.\right.$$
$$+ \left|h(x_0-\delta,\eta)\right| + \left|\frac{\partial}{\partial \xi}\Delta_{\xi,\eta} h(x_0+\delta,\eta)\right| +$$
$$\left. \left. + \left|\frac{\partial}{\partial \xi}\Delta_{\xi,\eta} h(x_0-\delta,\eta)\right| + \left|\Delta_{\xi,\eta} h(x_0+\delta,\eta)\right| + \left|\Delta_{\xi,\eta} h(x_0-\delta,\eta)\right| \right) \right\} \leq C \tag{5}$$

$$\sup_{0<\delta<\delta_0} \sup_{x_0-\delta<\xi<x_0+\delta} \left\{ \delta \left(\left|\frac{\partial h(\xi,y_0-\delta)}{\partial \eta}\right| + \left|\frac{\partial h(\xi,y_0+\delta)}{\partial \eta}\right| + \left|h(\xi,y_0-\delta)\right| + \right.\right.$$
$$+ \left|h(\xi,y_0+\delta)\right| + \left|\frac{\partial}{\partial \eta}\Delta_{\xi,\eta} h(\xi,y_0-\delta)\right| +$$
$$\left. \left. + \left|\frac{\partial}{\partial \eta}\Delta_{\xi,\eta} h(\xi,y_0+\delta)\right| + \left|\Delta_{\xi,\eta} h(\xi,y_0-\delta)\right| + \left|\Delta_{\xi,\eta} h(\xi,y_0+\delta)\right| \right) \right\} \leq C \tag{6}$$

и существуют конечные пределы

$$\alpha_1 = -\lim_{\delta \to +0} \int_{y_0-\delta}^{y_0+\delta} \left[\frac{\partial}{\partial \xi}\Delta_{\xi,\eta} h(x_0+\delta,\eta) - \frac{\partial}{\partial \xi}\Delta_{\xi,\eta} h(x_0-\delta,\eta) \right] d\eta +$$

$$+\int\limits_{x_0-\delta}^{x_0+\delta}\left[\frac{\partial}{\partial\eta}\Delta_{\xi,\eta}h(\xi,y_0+\delta)-\frac{\partial}{\partial\eta}\Delta_{\xi,\eta}h(\xi,y_0-\delta)\right]d\xi\right\} \tag{7}$$

$$\alpha_2=-\lim_{\delta\to+0}\int\limits_{y_0-\delta}^{y_0+\delta}\left[\Delta_{\xi,\eta}h(x_0-\delta,\eta)-\Delta_{\xi,\eta}h(x_0+\delta,\eta)\right]d\eta \tag{8}$$

$$\alpha_3=-\lim_{\delta\to+0}\int\limits_{x_0-\delta}^{x_0+\delta}\left[\Delta_{\xi,\eta}h(\xi,y_0-\delta)-\Delta_{\xi,\eta}h(\xi,y_0+\delta)\right]d\xi \tag{9}$$

$$\alpha_4=-\lim_{\delta\to+0}\left\{\int\limits_{y_0-\delta}^{y_0+\delta}\left[\frac{\partial h(x_0+\delta,\eta)}{\partial\xi}-\frac{\partial h(x_0-\delta,\eta)}{\partial\xi}\right]d\eta+\int\limits_{x_0-\delta}^{x_0+\delta}\left[\frac{\partial h(\xi,y_0+\delta)}{\partial\eta}-\frac{\partial h(\xi,y_0-\delta)}{\partial\eta}\right]d\xi\right\}(10)$$

$$\alpha_5=-\lim_{\delta\to+0}\int\limits_{y_0-\delta}^{y_0+\delta}\left[h(x_0-\delta,\eta)-h(x_0+\delta,\eta)\right]d\eta \tag{11}$$

$$\alpha_6=-\lim_{\delta\to+0}\int\limits_{x_0-\delta}^{x_0+\delta}\left[h(\xi,y_0-\delta)-h(\xi,y_0+\delta)\right]d\xi \tag{12}$$

Функция $h(x,y)$ из $\tilde{V}_{2,(-0)}$ непрерывным в смысле L_2 образом зависеть от функции $f(x,y)$ из $L_2(\Omega)$. Условия (2)-(4), накладываемые на функцию $W(x,y)$, можно интерпретировать как дополнительные условия для того, чтобы уравнение (1) при любой правой части $f(x,y)$ имела единственное решение.

В дальнейшем нам удобно вместо $L(f)$ писать $(Lf)(x,y)$ и считать L - линейным оператором. Оператор, соответствующий задаче (1)-(4), обозначим через A_L. Тогда A_0 соответствует задаче Дирихле для бигармонического уравнения в круге [1, 17]. В следующей теореме дано представление резольвенты оператора A_L.

Теорема. Если L - линейный непрерывный оператор, то резольвента оператора A_L имеет вид

$$(A_L-\lambda I)^{-1}f(x,y)=(A_0-\lambda I)^{-1}f(x,y)-$$

$$-\int\limits_{\partial\Omega}\left[\frac{\partial}{\partial\bar{n}_{\xi,\eta}}LA_0(A_0-\lambda I)^{-1}f(\xi,\eta)A_L(A_L-\lambda I)^{-1}\Delta_{\xi,\eta}G(x,y,\xi,\eta)-\right.$$

$$\left.-LA_0(A_0-\lambda I)^{-1}f(\xi,\eta)A_L(A_L-\lambda I)^{-1}\frac{\partial}{\partial n_{\xi,\eta}}\Delta_{\xi,\eta}G(x,y,\xi,\eta)\right]ds_{\xi,\eta}-$$

$$-\alpha_1\left(LA_0(A_0-\lambda I)^{-1}f(x,y)\right)A_L(A_L-\lambda I)^{-1}G(x,y,x_0,y_0)-$$

$$-\alpha_2\left(LA_0(A_0-\lambda I)^{-1}f(x,y)\right)A_L(A_L-\lambda I)^{-1}\frac{\partial G(x,y,x_0,y_0)}{\partial\xi}-$$

$$-\alpha_3\left(LA_0(A_0-\lambda I)^{-1}f(x,y)\right)A_L(A_L-\lambda I)^{-1}\frac{\partial G(x,y,x_0,y_0)}{\partial\eta}-$$

$$-\alpha_4\left(LA_0(A_0-\lambda I)^{-1}f(x,y)\right)A_L(A_L-\lambda I)^{-1}\Delta_{\xi,\eta}G(x,y,x_0,y_0)-$$

$$-\alpha_5\left(LA_0\left(A_0-\lambda I\right)^{-1}f\left(x,y\right)\right)A_L\left(A_L-\lambda I\right)^{-1}\frac{\partial}{\partial\xi}\Delta_{\xi,\eta}G\left(x,y,x_0,y_0\right)-$$

$$-\alpha_6\left(LA_0\left(A_0-\lambda I\right)^{-1}f\left(x,y\right)\right)A_L\left(A_L-\lambda I\right)^{-1}\frac{\partial}{\partial\eta}\Delta_{\xi,\eta}G\left(x,y,x_0,y_0\right) \tag{13}$$

где линейные функционалы $\alpha_i(\cdot)$, $\left(i=1,2,3,4,5,6\right)$ определяются по формулам (7)-(12).

Согласно теореме для вычисления резольвенты на произвольном элементе f достаточно уметь вычислять значения резольвенты на конкретных функциях $\dfrac{\partial G\left(x,y,\xi,\eta\right)}{\partial \overline{n}_{\xi,\eta}}$ при $\left(\xi,\eta\right)\in\partial\Omega$ и $G\left(x,y,x_0,y_0\right)$, $\dfrac{\partial G\left(x,y,x_0,y_0\right)}{\partial\xi}$, $\dfrac{\partial G\left(x,y,x_0,y_0\right)}{\partial\eta}$, $\Delta_{\xi,\eta}G\left(x,y,x_0,y_0\right)$, $\dfrac{\partial}{\partial\xi}\Delta_{\xi,\eta}G\left(x,y,x_0,y_0\right)$, $\dfrac{\partial}{\partial\eta}\Delta_{\xi,\eta}G\left(x,y,x_0,y_0\right)$

В данной теореме вычислена резольвента нелокальной внутренне краевой задачи для бигармонического уравнения Гельмгольца в проколотой области. Однотипная запись граничных условий для сплошной и проколотой областей облегчает вычисление резольвенты при исследований нелокальных внутренне краевых задач для уравнений в проколотой области. Эти задачи не являются самосопряженными, поэтому выше изложенная теорема обобщает известные результаты [3], [38] о резольвентах на случай нелокальных несамосопряженных краевых задач.

ЛИТЕРАТУРА:
1. Берикханова Г.Е., Кангужин Б.Е Резольвенты конечномерных возмущенных корректных задач для бигармонического оператора // Уфимский математический журнал. – 2010. –Т. 2, № 1. – С.17-34.
2. Крейн М.Г. Теория самосопряженных расширений полуограниченных операторов и ее приложения, 1, II // Матем. сб. – 1947. – Т. 20. – С. 62.
3. Павлов Б.С. Теория расширений и явнорешаемые модели // УМН. – 1987. – Т.42, № 6(258). – С.99-131.

Миронина А. Ю.
кандидат филологических наук
Вятский государственный гуманитарный университет

СПОСОБЫ И СРЕДСТВА ЭВФЕМИЗАЦИИ В СОВРЕМЕННОМ ПОЛИТИЧЕСКОМ ДИСКУРСЕ

Все языковые средства, позволяющие уклониться от прямой номинации в политическом дискурсе, могут быть классифицированы исходя из количественного соотношения единиц, составляющих исходное и результирующее наименование, и по характеру преобразований и результирующему смысловому эффекту [1, 176].

С формальной точки зрения все разновидности эвфемистических замен можно свести к трем типам: 1) развертывание: слово → словосочетание (словосочетание с осложненной структурой) (*illegal immigrants → those who enter our country illegally*; *disease → certain medical condition и др.*); 2) свертывание: словосочетание → слово (*administration of the former president → Washington*; *unilateral embargo → quarantine*; *economic crisis → recession, challenge*; *crisis of underproduction → deficit и др.*); 3) эквивалентная замена: количество составляющих не меняется (*to be dismissed → to be laid off, to lose job*; *wage control → budgetary freeze, pay freeze*; *ecological catastrophe → this ordeal и др.*) [2, 84-148].

По характеру преобразований, политическая эвфемия представляет собой прием, который реализуется на морфологическом, лексическом и синтаксическом уровнях языка.

К морфологическим эвфемистическим модификациям формы слова в политической коммуникации относятся негативная префиксация (литота), мейозис и сокращение (аббревиация).

При негативной префиксации образование эвфемизма происходит по модели: негативный префикс + существительное (прилагательное, наречие и т.д.), противоположное по смыслу стигматичному наименованию: *untruth, disinformation, unwaged*. Способ негативной префиксации активно используется в политических текстах в связи с тем, что, с психологической точки зрения, отрицание положительного денотата не так задевает самолюбие коммуникатора, как утверждение отрицательного [3, 85].

Мейозис состоит в замене слова синонимом, выражающим «меньшую степень интенсивности» действий, признаков и состояний [4, 218]. «*Иран должен **приостановить (suspend)** свою ядерную программу, иначе окажется в международной изоляции*» (из заявления госсекретаря США Кондолизы Райс // Радио «Маяк»). Очевидно, что госсекретарь США имеет в виду полный запрет на продолжение ядерных исследований в Иране, а не временную паузу в реализации ядерной программы.

Широкими возможностями для осуществления регулятивного воздействия на сознание адресата в политическом дискурсе обладает аббревиация, которая ведет к редукции семантических признаков заменяемой лексической единицы. Например, в русском и английском языках функционируют аналогичные аббревиатуры для обозначения оружия массового поражения: *ОМП* и *WMD* (weapons of mass destruction).

Эвфемистическая зашифровка в политическом дискурсе в большей степени реализуется на лексическом уровне языка за счет использования следующих способов.

Перефразирование представляет собой один из наиболее распространенных лексических способов эвфемизации в современном политическом дискурсе, суть которого состоит в распределении значения на несколько слов. Например, *management and application of controlled violence* вместо *war*; *low income level* вместо *poverty* [5, 194].

Типичным семантическим способом эвфемизации для политического дискурса является генерализация значения. В английском и русском языках сложилась целая система генерализованных эвфемистических обозначений: *contribution* вместо *tax*; *conflict* вместо *war*; *беспорядки* вместо *массовые акции протеста*; *electronic surveillance* вместо *illegal wiretapping*; *visual surveillance* вместо *spying on a person's activity*; *определенные шаги в этом направлении сделаны, соответствующие указания были даны* и др. [5, 196].

Метафорический перенос представляет собой продуктивный способ образования политических эвфемизмов, поскольку основная задача эвфемизма – избежать прямой номинации, а термин «метафора» в широком смысле «применяется к любым видам употребления слов в непрямом значении» [6, 296]. Например, *ethnic cleansing (этническая чистка)* вместо *уничтожение представителей нацменьшинства*.

Для образования эвфемистической лексики в политическом дискурсе может применяться метонимизация значений. Так, например, военные часто используют эвфемизм *выровнять линию фронта (adjustment of the front)* в значении «отступить» [3, 114].

К увеличению референциальной неопределенности политического дискурса приводит использование семантического эллипсиса, суть которого заключается в нивелировании основной семы, входящей в прагматический фокус, например, *collateral damage* (изъятие сем «человек», «убийство»), *opposition research* вместо *Watergate* (изъятие сем «кража со взломом», «нелегальное прослушивание» и др.), *implementation force* («изъятие сем «войска НАТО», «межправительственное соглашение») [5, 195].

Мощным средством манипулирования массовым адресатом является создание политических эвфемизмов, маскирующих истинный смысл явлений, с помощью малопонятных для потенциального реципиента терминов и заимствований. Например, *nutritionally deficient* вместо *starving; non-contributory invalidity benefits* вместо *welfare disability payment*.

В качестве синтаксических способов эвфемизации в политическом дискурсе выступают чрезмерное усложнение структуры словосочетания и синтаксический эллипсис.

Чрезмерное усложнение структуры словосочетания представляет собой намеренное использование синтаксических структур с большим количеством второстепенных членов, родительного падежа, придаточными предложениями и т.д., которые затрудняют способность реципиента схватывать суть описываемых событий. Например, *those who have already suffered financial devastation; people who are down on their luck* вместо *poor people* [2, 126].

В ряде случаев для образования эвфемизмов, функционирующих в политическом дискурсе, используется синтаксический эллипсис (безобъектное употребление переходных глаголов: *дать* вместо *дать взятку*). Разновидностью синтаксического эллипсиса является замена активной глагольной конструкции на пассивную с опущением субъекта действия, например, *the respected president Leopold Senghor* (respected by whom?), *undesirable discharge* (not desired by whom?) [7, 122].

Таким образом, эвфемистическая зашифровка в политическом дискурсе реализуется различными, типичными для идеологизированного общения, способами и средствами эвфемизации на разных уровнях языка.

Литература
1. Шейгал Е. И. Семиотика политического дискурса. Монография / Е. И. Шейгал. – Волгоград: Перемена, 2000. – 368 с.
2. Миронина А. Ю. Политические эвфемизмы как средство реализации стратегии уклонения от истины в современном политическом дискурсе (на материале публичных выступлений Б. Обамы) // дис. ... канд. филол. наук. – Нижний Новгород, 2012. – 174 с.
3. Баскова Ю.С. Манипуляция в языке СМИ: Эвфемизмы как «слова-прикрытия»: Монография / Ю. С. Баскова. – Краснодар: КСЭИ, 2009. – 182 с.
4. Москвин В.П. Эвфемизмы в лексической системе современного русского языка / В.П. Москвин. – Изд. 2-е. – М.: ЛЕНАД, 2007. – 260 с.
5. Шейгал Е. И. Семиотика политического дискурса / Е. И. Шейгал. – М.: ИТДГК «Гнозис», 2004. – 326 с.
6. Арутюнова Н. Д. Дискурс // Лингвистический энциклопедический словарь / Н. Д. Арутюнова. – М.: Сов. энцикл., 1990. – С. 136-137.
7. Bolinger D. Language – the Loaded Weapon: the Use and Abuse of Language Today / D. Bolinger. – London and New York: Longman, 1980. – 214 p.

М.А. Бессонов
студент VI курса филологического факультета,
НИУ «БелГУ», г. Белгород;
С.А. Кошарная
профессор, доктор филологических наук,
НИУ «БелГУ», Г. Белгород

КОНЦЕПТ «СУДЬБА» В ПОЭЗИИ В. ВЫСОЦКОГО И Н. ГЛАДКИХ

В последние два десятилетия появилось достаточно большое количество исследований, посвященных изучению творчества В.С. Высоцкого (отметим, что первоначально в «высоцковедении» преобладала литературоведческая направленность, но в последние годы резко возросло количество работ, имеющих собственно лингвистический характер). Появились монографии о его творчестве, диссертационные исследования и отдельные статьи: А.А. Евтюгиной, Е. Канчукова, А.В. Кулагина, В.И. Новикова, Н. Рудник, А.В. Скобелева и др. [1]. Тем не менее, научно-лингвистическое освоение творчества В. Высоцкого находится в стадии становления. Тем не менее, всенародная известность и любовь к его творчеству способствуют все более активному изучению его поэтического наследия. Безусловно, имя В. Высоцкого на слуху у каждого русского человека. Но отечественная поэзия всегда двигалась вперед не только отдельными именами, но и целыми плеядами, из которых не каждой «звезде» довелось – особенно при жизни – быть оцененной по заслугам, в соответствии с силой её таланта. Нередко талантливый автор оказывается будто пригвожден клеймом «местечковости»: есть в этом некая дурная традиция: московский поэт, петербургский поэт, воронежский поэт, белгородский поэт и т.д. С одной стороны, отрадно, что поэт несет на себе печать не только большой, но и малой родины. А с другой… Правомерно ли было бы называть поэта В. Высоцкого московским поэтом? И разве местом прописки определяется принадлежность поэта своей стране?

Когда-то Иосиф Бродский сказал, что считает себя русским поэтом, живущим в Америке. Русским поэтом является В. Высоцкий. И русским – истинно преданным своей земле, своему языку был и остался в своих стихах белгородский поэт Николай Дмитриевич Гладких. Он родился на 15 лет позже В. Высоцкого, но по сути прошел через те же человеческие перипетии, непонимание, изолированность от официоза, а потому его поэтическое мироощущение, которое в определенной степени всегда определяется социокультурной атмосферой в стране, позволяет провести некую параллель между этими двумя поэтическими именами: Владимир Высоцкий и Николай Гладких. Есть в судьбах этих поэтов и чисто биографическое сходство. Николаю Гладких также был знаком воинский быт: он учился в Калининском суворовском училище, на отделении военных переводчиков Харьковского госуниверситета, а затем – в Лейпцигском университете, и до 1984 года жил в Германии. По признанию автора, как ни парадоксально, трудности ему создавало отличное знание иностранных языков и зарубежной литературы.

Он прожил недолгую жизнь (сорок восемь лет) и успел издать лишь одну книгу – «Царевна, спящая в груди». Второй сборник – «Когда от слова веет холодом» (2001 г.) – вышел уже после смерти поэта. Н. Гладких подготовил к печати шесть рукописей. Их названия стали заголовками разделов посмертного сборника и дают представление о творческих замыслах: «В предначертанном ритме сонета», «От музыки к ямбам», «Города и веси», «России сумерные дали», «С зимой наедине». Стихи Николая Гладких насыщены сложным философским подтекстом, религиозными мотивами и любовью к земле, на которой родился. В стихах Гладких отразилось «трепетное эхо» времени вселенских перемен, эпоха «несказочного века», как называл он современность [2]. При этом научное осмысление творчества Н. Гладких на сегодняшний день остается перспективой.

И в этой связи представляет интерес сопоставительный анализ концептуальных структур в творчестве двух разных и всё же онтологически схожих поэтов. Одним из таких концептов, значимых в поэтической картине мира в целом является концепт «Судьба».

«Судьба» – один из важнейших концептов русской культуры, запечатлённых в её ментальном коде.

В текстах центральный слой концепта представлен лексемами *рок, фортуна*. Рок – это не просто судьба, но *злая судьба*, и в стихах В. Высоцкого [3] он, как правило, персонифицирован: «*Пусть рок оказался живучей, / Он сделал что мог и что должен.*» («Марш аквалангистов»). Лексема *фортуна* выступает в различных проявлениях, прежде всего как синоним судьбы. Структура ядра (оно репрезентировано лексемой судьба) концепта «Судьба» также неоднородна. Очевидно, ядро концепта «Судьба» соединяет и нечто, и Бога, а периферия конкретизирует их, включая множество дополнительных представлений, наделяющих судьбу самостоятельным бытийным началом и сопутствующими признаками.

В поэзии В. Высоцкого слово *судьба* нередко встречается в окказиональных контекстах: «*Я ни в тыл не просился, / Ни судьбе под подол*» («Песня о погибшем лётчике») – здесь мы наблюдаем характерную персонификацию образов, чувств, а также характерное для поэзии В. Высоцкого поведение героя при встрече с судьбой; «*Бывал я там, где и другие были, /Все те, с кем резал пополам судьбу*» («Летела жизнь») – делить пополам судьбу с кем-либо означает «делить жизненный путь, радость и горе», при этом лирический герой В. Высоцкого идет ей наперекор, ломает её, борется с предопределённостью.

В произведениях Н. Гладких [4] прямые вербализации концепта «Судьба» единичны. Так, на 45 анализируемых нами текстов лексема судьба употреблена поэтом лишь дважды: «*И страны, и судьбы не меняя*» (Н. Гладких (*далее – Н.Г.*) «И голос, и маски, и свиту...»); «*Судьба же мне имя нашла / Давно. Приближался Никола*» (Н.Г. «Октябрьских созвездий весы»). Таким образом, ядерная зона концепта «Судьба», реализуемая посредством абстрактных существительных: *судьба, рок, жребий*, в поэтической картине мира Н. Гладких представлена единичными фактами. Думается, этому имеется объяснение. Границы жизненного пространства В. Высоцкого, проживавшего в столице, неоднократно бывавшего не только в различных уголках страны, но за её пределами, детерминируют его поэтический «панорамный» взгляд на человека и его судьбу, отсюда – более высокая частотность в его текстах абстрактных прямых вербализаций анализируемого концепта. В то же время поэтический мир Н. Гладких в большей степени соотнесен с пространством его малой родины: «*Как таинственно тихо / За чертой городов*» (Н.Г. «Терпкий чай с облепихой...»). И, возможно, именно эта нешумная жизнь провинции в первую очередь определила «точку вѝдения» его лирического героя – скорее, не «сверху», а «изнутри», чем объясняется малая употребительность «высоких» лексем *судьба, рок*. И если тема Судьбы, Рока является одной из философских доминант творчества В. Высоцкого, то в поэтической картине мира Н. Гладких философские вопросы бытия не превалируют над описанием моментов конкретной человеческой жизни.

Тем не менее, можно говорить и о реализации в творчестве двух поэтов общей поэтической традиции. Так, традиционно в поэтической картине мира концепт «Судьба» соотносится с представлением о жизненном *пути*: «*Там трассы судеб и мгновенный наш век –/ Отмечены в виде невидимых вех*» (В. Высоцкий (*далее – В.В.*) «О знаках зодиака») – в данном контексте *трасса* – дорога (дорога судьбы), состоящие из звёзд пути человеческих судеб: «*На чаше звёздных – подлинных – Весов / Седой Нептун судьбу решает нашу,/ И стая псов, голодных Гончих Псов, / Надсадно воя, гонит нас на Чашу*» (В.В. «Мы говорим не "штормы", а "шторма"...»).

Ср. у Н. Гладких: «*Октябрьских созвездий весы / Рассветные взвесили тяжбы... Чуть раньше, неделей хотя б,/ И я родился бы счастливым. / Но зыбкие чаши свои Расставил октябрь под купели*» (Н.Г. «Октябрьских созвездий весы»); «*Звёзды лазурны и редки / В южном краю небосклона.../Как соглядатай, коварен / Месяц. Но что здесь такого, / Если летит с наковал / В тёмную бездну подкова!*» (Н.Г. «Звезды лазурны и редки...»). Как видим, в данных контекстах оба поэта реализуют традиционную для русской картины мира мифологизированную связь судьбы с небесным предопределением, что позволяет нам рассматривать лексемы *звезда, подкова, чаша* как реализации периферии концепта «Судьба». Кроме этого, следует отметить, что в творчестве обоих поэтов находит отражение фольклорно-мифологическая картина мира. Это фольклорно-мифологическое начало неоднократно отмечалось исследователями в отношении творчества В. Высоцкого. Как видим, та же традиция прослеживается и поэзии Н. Гладких.

Концептуальное соответствие «Судьба» – «Путь» также уходит корнями в фольклорную картину мира. Отметим, что данное соответствие является характерным для поэтического мира В. Высоцкого: «*Вы на шаг неторопливый перейдите, мои кони! Хоть немного, но продлите **путь** к последнему приюту!*» (В.В. «Кони привередливые»); «*А клены длинные росли – / Считались колокольнями, / А люди шли, а люди **шли,/ Путями шли окольными**...*» (В.В. «Она на двор – он со двора»). Ср. в произведениях Н. Гладких: «*Уходящего века ровесник,/ Он ещё поживёт на земле... / И кого-то вот так же заставит / Удивиться **пути своему**»* (Н.Г. «Над холмами, над пустошью пожни...»); «*И нету нигде **проторённых путей**. / И я, помолившись и небу и Богу,/ **Вхожу в этот день**, как седой иудей / Заходит в пустую свою синагогу*» (Н.Г. «И медное солнце в большой синеве»); «***Стезя Моисея. Эпоха Давида***» (там же).

Традиционным для поэзии является и понятийное соответствие *судьба – чаша*: «*Только **чашу испить** не успеть на бегу,/ Даже если разлить – всё равно не смогу...*»; «*Если всё-таки **чашу испить** мне судьба. / Если музыка с песней не слишком груба, / Если вдруг докажу, даже с пеной у рта,/ Я уйду и скажу,/ что не всё суета*» (В.В. «Мне судьба – до последней черты, до креста...»); «*Пусть **чаша горькая** – я их не обману...*» (В.В. «Я бодрствую, но вещий сон мне снится…»).

Тот же поэтический образ присутствует и в поэзии Н. Гладких и даже даёт название одному из его стихотворений – «*Чаша бытия*».

При этом традиционный образ чаши судьбы в текстах В. Высоцкого и Н. Гладких конкретизируется, реализуя семантику «сосуд с алкоголем»: «*Чтоб вы сдохли, **выпивая**, / **Две судьбы мои** – / **Кривая да Нелегкая!**»* (В.В. «Две Судьбы»); «***Расплескалась судьба без остатка**...*» (В.В. «Я скольжу по коричневой плёнке»); «*Я как-то **влил стакан вина для храбрости в Фортуну**»* (В.В. «Песня о Судьбе») и т.д. Ср.: «*Из чаши бытия по-нищенски лакая, Я говорю себе: "Ещё не пробил час!" / Рождённый от отца, **умру от коньяка я**»* (Н.Г. «Чаша бытия»).

Совпадение образной направленности в данном случае вполне объяснимо сходством лирических героев как реализации авторского вѝдения мира.

Представление о судьбе как отмеренном времени человеческой жизни соотносит концепт «Судьба» с понятием смерти, концом жизненного пути, что, в свою очередь, актуализирует семантику предопределённости, ср.: «***В рожденье смерть проглядывает косо***» (В.В. «Мой Гамлет»); «*Зачем цыганки мне гадать затеяли?/ **День смерти уточнили мне они**...*/ *Ты эту дату, Боже, сохрани, – / Не отмечай в своем календаре*» (В.В. «Две просьбы»); «***Мы уходим. Чур, я первый! Мне лететь под небеса***» (Н.Г. «Городскою непогодой...»); «*Пей и смейся, **пока не упала, / Как на плаху, на грудь голова**» (Н.Г. «Всё сначала – подлог и забава...»).

Тем не менее, этой предопределенности поэты бросают вызов, что так же является характерным для русской традиции, в контексте которой смерти человека противостоит бессмертие поэтического слова и судьба утрачивает свое фатальное значение: «*Разбивается призрачный век / О воздушные звонкие рифы./ Не поверив в исход и побег,/ Остаются созвездья и мифы,/ Племя вдов и душевных калек./ Остаются поэты, сизифы*» (Н.Г. «Предрассветный побег тишины»).

Таким образом, даже первичный анализ показывает, что творчество Н. Гладких, как и поэзия В. Высоцкого, в полной мере вбирает в себя русскую поэтическую традицию и продолжает её. А потому изучение его поэтического наследия в контексте лингвокультурологической научной парадигмы представляется весьма перспективным.

Литература и источники

1. Евтюгина А.А. Фольклорные традиции и идиостиль В. Высоцкого // Теория текста: Лингвист. и стилист. аспекты. Тез. докл. и сообщ. науч. конф. 21-23 мая 1992 г. Екатеринбург: УрГУ; Ин-т рус. культуры, 1992. – С. 35.; Канчуков Е. Приближение к Высоцкому. – М. : Культура, 1997. – 368 с.; Кулагин А.В. Поэзия В. С. Высоцкого: Творческая эволюция. Изд. 2-е, испр. и доп. / Новиков В.И.. По живому следу: [Предисл.]. – М.: Вагант-Москва, 1997. – 196 с.; Рудник Н. Проблема трагического в поэзии В.С.Высоцкого. – Курск, 1995; Скобелев А.В. «Много неясного в странной стране...» II. Попытка избранного комментирования. Литературоведение. – Воронеж: «Эхо», 2009. – 248 с. и др.

2. Жихов А. Поэт несказочного века // Голос Белогорья. – 2012. – № 48 (372). (http://www.golosbel.ru/poet-neskazochnogo-veka)

3. Высоцкий В. Сочинения. В 2-х тт. Т.I. / Предисл. С. Высоцкого: Подгот. текста и коммент. А. Крылова. – М.: Художественная литература, 1991. – 639 с.

4. Гладких Н. Царевна, спящая в груди: лирика. – Белгород: Крестьянское дело, 1998. – 82 с.: ил.; Гладких Н. Когда от слова веет холодом: стихи . – Белгород : Крестьянское дело, 2001. – 96 с.

Борченко Н. А.
аспирантка НИУ «БелГУ»
Белгород, Россия

ТРАНСФОРМАЦИЯ ОБРАЗНОЙ КАРТИНЫ ПОЭТА В ПРОЦЕССЕ ПЕРЕВОДА (на материале перевода стихотворения Г.Гейне «Море блестело вдали…»)

Укорененность родного слова в системных связях словарного состава языка является стабилизирующим фактором в жизни языка и обеспечивает цельность и единство его лексической системы. В свете такого рода воззрений необходимым представляется анализ поэтического текста, где подвергаются анализу два текста: текст-оригинал и его переводной вариант.

При переводе поэтических произведений особенно заметно столкновение формы и содержания, и, поскольку воспроизвести в переводе и содержание и форму удается редко, перевод не обходится без «потерь». Как утверждает Ю. Найда, обычно ради содержания жертвуют формой [4: 116].

Изначально следует отметить, что ни один перевод никогда не передаст всей полноты оригинала. Художественный перевод допускает множество различных, с точки зрения художественной ценности, вариантов. Одна из причин множественности переводов кроется в различном понимании переводчиками текста-оригинала в силу того, что они (переводчики) обладают разными «информационными запасами» (термин Р.К. Миньяра-Белоручева). Как каждая отдельная языковая личность, переводчик может по-разному интерпретировать текстовую информацию. Поэтому следует отметить, что перевод художественного текста, и особенно поэтического, есть не перевод как таковой, а творческая переводческая интерпретация.

Под *переводческой интерпретацией* мы, вслед за другими исследователями, понимаем процесс творческого переосмысления текста-оригинала и результат этого процесса – переводной текст. Многие критики отмечают, что в процессе такой интерпретации поэтические произведения много теряют при переводе и что стихи «непереводимы» в принципе. Другие ученые придерживаются противоположной точки зрения, согласно которой поэзию можно сохранить, расцветить красками и осветить по-новому.

Для проверки нашей гипотезы мы используем подстрочный перевод текста-оригинала стихотворения Г.Гейне «Das Meer erglänzte weit hinaus…» и на основе сравнительно-сопоставительного анализа выявляем показатель точности и вольности переводного стихотворения, представленного известным переводчиком стихотворений В. Левиком.

Объектом нашего исследования являются оригинальный текст стихотворения Г. Гейне «Das Meer erglänzte weit hinaus...» в сравнении с известным переводом. *Предметом* исследования выступают лексические средства, участвующие в создании образа.

Целью работы стало выявление общего и различного в языковом решении образа в преломлении к картинам мира немецкого поэта и русскоязычного переводчика.

Таблица 1

Текст-оригинал	Подстрочный перевод
Das Meer erglänzte weit hinaus, Im letzten Abendscheine; Wir saβen am einsamen Fischerhaus, Wir saβen stumm und alleine.	Море блестело далеко снаружи, В последнем вечернем сиянии; Мы сидели одиноко (уединенно) в рыбацком доме, Мы сидели безмолвно и одиноко.
Der Nebel stieg, das Wasser schwoll, Die Möwe flog hin und wider; Aus deinen Augen, liebevoll, Fielen die Tränen nieder.	Туман поднимался, вода прибывала, Чайки летали туда и обратно; Из твоих глаз, полных любви, Падали слезы.
Ich sah sie fallen auf deine Hand, Und bin aufs Knie gesunken; Ich hab von deiner weiβen Hand Die Tränen fortgetrunken.	Я видел они падали на твою руку (кисть), И опустился на колено (senken*); Я с твоей белой руки Слёзы выпил (осушил).
Seit jener Stunde verzehrt sich mein Leib, Die Seele stirbt vor Sehnen; – Mich hat das unglücksel'ge Weib Vergiftet mit ihren Tränen.	С этого часа поглотила (изнурила) мое тело, Душа умерла от тоски; – Меня несчастная женщина (баба) Отравила своими слезами.

Перевод В. Левика:
14.
Сверкало зыбью золотой
В лучах заката море.
Одни, мы безмолвно сидели с тобой,

Одни на пустынном просторе.

Кружились чайки, рос прилив,
И мгла сырая встала.
Ты, слез любви не утаив,
Беззвучно зарыдала.

Я слезы увидел на пальцах твоих,
Я пал на колени с мольбами,
И слезы выпил я с пальцев твоих
Горячими губами.

И в сердце глубокую боль я унес,
Ничто ему больше не мило.
Мне горечь этих женских слез
Навеки все отравила.

В последней строфе вновь проявляются отличия оригинала от его переводческой интерпретации, обусловленной мастерством и этнокультурной спецификой переводчика. Так, две предпоследние строки переводятся буквально как *«С этого часа поглотила (изнурила) мое тело, Душа умерла от тоски».* В переводе В. Левика акцент сделан на образном выражении: *Ив сердце глубокую боль я унес, Ничто ему больше не мило.* П. Флоренский в своих трудах писал, что в индоевропейских языках слова, выражающие понятие сердца, указывают самым корнем своим на понятие серединности, центральности. Примером и доказательством этому могут служить метафоры с разными значениями: сердце бьется, сердце изнывает от тоски, сердце рвется на части, в сердце боль унес, каменное сердце и т.д. В своей работе «Душа и сердце как «духовные центры» человека» Маслова доказывает, что «сердце есть центр не только сознания, но и бессознательного, не только души, но и тела, центр греховности и святости, центр сосредоточения всех эмоций и чувств, центр мышления и воли; оно не только «орган чувств» и «орган желаний», но и «орган предчувствий», следовательно, сердце как бы абсолютный центр всего человеческого» [2,140].

В последних двух строчках имеются различия в культурной коннотации текстообразующих элементов. В тексте-оригинале мы читаем: *«Меня несчастная женщина (баба) Отравила своими слезами»,* а в тексте, представленном В. Левиком, мы видим, что *«Мне горечь этих женских слез Навеки все отравила».* В значении «женщина» автор мог бы употребить и другое, известное нам слово – die Frau, но Генрих Гейне намеренно использует das Weib, что, кроме рифмы несет на себе и смысловую нагрузку. Данная лексема – das Weib - наряду со значением «женщина», имеет смысл – «баба» и может нести в себе пренебрежительный оттенок. Ср.: Sei nicht solch Weib! – не будь такой бабой! [6, 288]. Для подтверждения нашей гипотезы, следует обратиться в толковый словарь немецкого языка: die Frau – 1. взрослое лицо женского пола: *молодая, глупая, эмансипированная, беременная женщина*; 2. замужняя женщина. В свою очередь, слово «das Weib»: 1. (устаревш.) женщина в своей родовой сущности противоположная мужчине: *красивая, великолепная, гордая, злая, слабая, нежная*; 2. (разг.) молодая женщина, как предмет сексуального вожделения [7: 606, 1904]. Таким образом, автор текста-оригинала, применив последний вариант – «баба», указывает нам на свое переменившееся отношение и некоторое отвращение к плакавшей перед ним женщине. Но Левик уходит от данного детерминизма, называя героиню «женщиной», то есть он «снимает» авторскую оценку, лишая стихотворение его лексико-семантической эквивалентности.

В поэтических текстах мы видим большое количество антропоморфных метафор, представленных глагольными конструкциями, где метафоризирующим выступает глагол, например:

– Der Nebel stieg (туман поднимался);

– Das Wasser schwoll (вода прибывала);

– Die Seele stirbt vor Sehnen (душа умерла от тоски);

– Das unglücksel'ge Weib vergiftet mit ihren Tränen (несчастная женщина отравила своими слезами).

И в переводном тексте В. Левика можно увидеть следующие метафоры:

– море сверкало;

– зыбью золотой;

– прилив рос;

– мгла сырая встала;

– горячие губы;

– унес в сердце боль

– горечь слез все отравила.

Лингвокультурологический анализ метафорических эпитетов осуществляется посредством применения методики интерпретации. Мы выделили антропоморфные (поднимался туман) метафоры. Семантический анализ типов метафор в русском и немецком языках позволил обнаружить высокую степень распространенности антропоморфных метафор, в основе которых лежат такие явления, как персонификация, олицетворение. Метафора способна уловить и указать на «ускользающие» смыслы, которые порой проблематично выразить вербально.

Поэт-переводчик Вильгельм Левик в своем стихотворном произведении уклонился от смысловой точности первоначального источника, представленного поэтом Генрихом Гейне, с целью обеспечения художественности перевода. Исследуя ученые статьи по когнитивной теории метафор (Н. Д. Арутюнова, А.Н. Баранов, В.И. Карасик и др.) следует, что художественный – в частности поэтический текст – помогает обозначить индивидуальную специфику метафорической картины мира конкретного автора и способов ее реализации в переводном тексте. И дает нам новые темы для размышлений об особенностях авторской концептуализации действительности.

Литература:
1. Райхштейн А.Д. Сопоставительный анализ немецкой и русской фразеологии. М.: Высшая школа, 1980. – 208 с.
2. Маслова В.А. Лингвокультурология. – М., 2001. – 202 с.
3. Миньяр-Белоручев Р.К. Общая теория перевода и устный перевод. – М.: Воениздат, 1980. – 237 с.
4. Найда Ю. К науке переводить // Вопросы теории перевода в зарубежной лингвистике: Сборник статей: Пер. с англ., нем., франц. Вступит. Статья и общая редакция перевода В.Н. Комиссарова. – М.: Международные отношения, 1978. – С.114-137.
5. Ожегов С.И., Шведова Н.Ю. Толковый словарь русского языка. М., 1999. – 944 с.
Словарь:
6. Немецко-русский, русско-немецкий словарь, – М.: Эксмо, 2005. – 672 с. – С.288.
7. DUDEN, Deutsches Universalwörterbuch, Mannheim. 2006, S. 2016.

Источники:
1. *Гейне Г.* Собрание сочинений. В 6-ти т. Т.1. – М.: Худ. литература, 1980. – 518 с. – С.127.
2. *Heine H. Buch der Lieder.* – Köln: Anaconda Verlag GmbH, 2005. – 192 s. – S.102.

М.Н. Сурова
аспирант, Белгородский государственный национальный
исследовательский университет, г. Белгород

ОСОБЕННОСТИ ПОЛИТИЧЕСКОГО ДИСКУРСА

Слово является главным средством воздействия на сознание не только индивида, но и общества в целом. В этой связи язык представляет собой «связующее звено политического общества, … инструмент поддержания необходимого информационного уровня общества» [2, 546]. Язык нужен политикам для того, чтобы информировать, давать указания, убеждать, проводить законодательные акты в жизнь.

Неслучайно интерес к языку политики не угасает уже на протяжении нескольких десятилетий. В настоящее время этим вопросом занимаются не только уже известные отрасли лингвистики (прагмалингвистика, когнитивная и коммуникативная лингвистика), но и другие науки (политология, культурология). Относительно новой дисциплиной является лингвополитология (политическая лингвистика или политологическая филология) [4, 32-43]. Попытка обобщить опыт российских исследователей впервые была предпринята А.П. Чудиновым [6].

Узловым понятием политической лингвистики является политический дискурс. Заметим, что это явление многоплановое и многоаспектное, которое пересекается с другими видами дискурсов: СМИ, научным, юридическим и др.

Термин «политический дискурс» в современной науке употребляется в двух значениях: широком и узком. Широкого определения придерживается А.Н. Баранов, который под политическим дискурсом подразумевает «совокупность дискурсивных практик, идентифицирующих участников политического дискурса как таковых или формирующих конкретную тематику политической коммуникации» [1, 246]. По мнению Е.И. Шейгал, это «любые речевые образования, содержание которых относится к сфере политики» [7, 23]. Узкое понимание политического дискурса находим в работах Т. Ван Дейка. Дискурс является политическим в том случае, когда он сопровождает политический акт в соответствующей обстановке.

Целевая установка политического дискурса требует от адресанта такой организации речевого поведения, которая обеспечивала бы привлечение на его сторону граждан сообщества, внушала бы правильность заданных действий и оценок. В этой сфере общения речевое поведение, как правило, подчиняется определенной стратегии, общее содержание которой сводится либо к утверждению, пропаганде, либо к критике, развенчиванию взглядов и поступков политических деятелей, представляющих ту ли иную партию или движение. В основе коммуникативных актов политического дискурса – «стремление воздействовать на собеседника, этим определяется их эксплицированная или имплицированная суггестивность, явно доминирующая над оценочностью» [3, 141].

Таким образом, политический дискурс относится к особому виду воздействующего дискурса, преимущественно обращенного к эмоциям, и считается областью внушения и манипуляций. Поэтому одной из главных проблем лингвистического исследования политической коммуникации является изучение механизмов воздействия на адресата (чаще всего массового, реже – группового или индивидуального), находящегося в условиях общения между противоборствующими сторонами, каждая из которых отстаивает свои интересы. Учитывая то, что работа воздействующих механизмов «запускается» выбранной стратегией, ученые весьма активно развивают коммуникативно-прагматический аспект использования языка в сфере политики, тем более что данное направление сегодня занимает важное место в российской лингвистике, ориентированной на изучение речи, ее структуры и других особенностей.

С точки зрения речевого воздействия, стратегию можно рассматривать только с помощью анализа тактик. О.С. Иссерс определяет понятие коммуникативной стратегии как «когнитивный план общения, посредством которого контролируется оптимальное решение коммуникативных задач говорящего в условиях недостатка информации о действиях партнера» [5: 14]. Для определения стратегии речевого воздействия необходимо учитывать не только коммуникативную цель, но и набор и типы тех тактик, которые используются для ее реализации. Речевые тактики, в нашем понимании, представляют собой выбор и последовательность речевых действий, характеризующихся своей задачей в рамках реализуемой коммуникативной стратегии.

В современной политической коммуникации, отличающейся непрекращающимся столкновением полярных интересов и усилившейся манипуляцией фактами и мнениями в целях завоевания доверия избирателя, используется широкий спектр коммуникативных стратегий, предназначенных для создания положительного или отрицательного отношения к субъектам деятельности, их взглядам и намерениям, результатам работы.

Заметим, что значительное влияние на избирателей оказывают СМИ. Необходимость производить впечатление на публику заставляет политиков разрабатывать речевые стратегии и тактики создания привлекательного имиджа. Если обратиться к недавним выступлениям кандидатов в президенты, то подобного рода «театральность» весьма характерна политической риторике.

Проанализируем в этом контексте выступления М.Д. Прохорова. Стратегия самопрезентации использована им весьма своеобразно.

М.Д. Прохоров противопоставляет своё политическое кредо прочим политическим силам, позиционируя себя как деятельного и сильного политика. Его речь прагматична и по-деловому конкретна, как это принято в бизнес-среде: предложения строятся так, чтобы прозрачно выразить текущую мысль, прямолинейно и без подтекста. О бизнес-коммуникации напоминает и оформление предвыборной программы М.Д. Прохорова на его сайте: сама идея «10 шагов», графическое структурирование текста «работают» на его политическую позицию. Казалось бы, выбрана верная стратегия. Но здесь же возникают противоречия. Для выступлений М.Д. Прохорова характерно обилие безличных предложений: *«нужно, чтобы»*, использование обобщающего местоимения: *мы, нам… –* и в результате имеет место констатация некоего долженствования, не подразумевающего участия действующего субъекта, например: *«Мы должны обеспечить людям любую медицинскую помощь на всей территории России, независимо от места их проживания. Нам нужно новое образование – с новым экзаменом вместо провалившегося ЕГЭ, со строгим отбором преподавателей. Наши школы должны выпускать людей с базовыми знаниями, а вузы – специалистов-профессионалов, которые были бы востребованы в новой России»* [8].

Подобная «канцелярская безличность» весьма характерна для политических выступлений. Таким образом, противопоставления не получилось. Парадокс и в том, что эта бессубъектность может сочетаться и с частым использованием местоимения «я», то есть с высказываниями от первого лица: *«я крупнейший налогоплательщик»*; *«я лично, как гражданин страны и как будущий президент, я его (Путина) в своей команде не вижу»* [9]; с «активными» формами: *«я отменю»*, *«я построю»*, *«я положу этому конец»*.

Стратегию скрытого манипулирования М.Д. Прохоров использует достаточно часто. Например: *«Кто же наши избиратели? Кто же те энергичные люди, которые хотят новой жизни?»* [10] Естественно, что каждый человек хочет быть «энергичным», все стремятся к «новой жизни».

Еще одним ярким представителем политической жизни нашей страны является В.В. Жириновский. Это настоящий стратег, мастер политической тактики. В своих высказываниях В.В. Жириновский прямолинеен, иногда категоричен. Рассмотрим два его предвыборных лозунга: *«Жириновский, или будет хуже»* [11], *«Жириновский, и будет лучше»* [12]. Союз *или* позволяет трактовать первое высказывание двояко: либо это предостережение, либо скрытая угроза. Во втором случае эта «полярность» отсутствует благодаря союзу *и*.

В.В. Жириновский в совершенстве владеет стратегией самопрезентации (тактика отождествления – *«Я такой, какой я есть. В этом моя прелесть»* [13]), дискредитации (тактики обвинения и оскорбления – «*Вы, артисты, как последние проститутки ложитесь под любого руководителя, за деньги!*» [13], «*Она не понимает этого, она законов не читает. У нее закон один – менять мужей каждые пять минут*» [13]), нападения («*Если вашему каналу Прохоров заплатил, чтобы в этой передаче он получил больше голосов...*» [13]), самозащиты («*Он давно все проплатил. И в Кремле, и народу*» [13]), формирования эмоционального настроя адресата. Причем В.В. Жириновский совмещает те или иные стратегии и тактики, продолжая отстаивать определенную позицию. Динамичность его языка обусловлена злободневностью отражаемых реалий и изменчивостью политической ситуации. Он один из немногих, кому удается, несмотря на грубые высказывания и агрессивные действия, оставаться на политической арене столь долго.

Отметим также, что лексическое манипулирование активно проявляет себя в политическом дискурсе либо через изменение значений слов, либо посредством выбора определенных слов для обозначения объектов. Многообразие материала для исследований и растущее количество научных публикаций по данной теме свидетельствуют о возрастающем интересе специалистов к политическому дискурсу, что убеждает нас в том, что исследование политического дискурса направленное на выявление содержательной связи между политикой и языком, является весьма перспективным и актуальным.

Литература

1. Баранов А.Н. Введение в прикладную лингвистику. – М.: Либроком, 2001. – 368 с.

2. Гаджиев К.С. Политическая философия. – М.: Экономика, 1999 . – 606 с.

3. Гудков Д.Б. Прецедентные феномены в текстах политического дискурса // Язык СМИ как объект междисциплинарных исследований. – М.: Изд-во МГУ, 2003. – С. 141-159.

4. Демьянков В.З. Политический дискурс как предмет политологической филологии // Политическая наука. Политический дискурс: История и современные исследования. – М., 2002. – №3. – С. 32-43.

5. Иссерс О.С. Коммуникативные стратегии и тактики русской речи. – М.: КомКнига, 2006. – 284 с.

6. Чудинов А.П. Политическая лингвистика. – М.: Флинта, 2012. – 256 с.

7. Шейгал Е.И. Семиотика политического дискурса. – М.: Гнозис, 2004. – 328 с.

8. http://mdp2012.ru/storage/b/2012/02/06/Listovka_dlja_agitacii.pdf

9. http://www.kommersant.ru/doc/1873538

10. http://md-prokhorov.livejournal.com/71278.html?thread=14585198

11. http://www.ldprspb.ru/upload/iblock/9ea/spec_net.01.30.2012105258 3af54.pdf
12. http://www.sostav.ru/news/2012/02/29/zhirinovsky/
13. http://poedinoktv.net/poedinok-s-vladimirom-solovevym-vladimir-zhirinovskij-protiv-mixaila-proxorova/

Егорова О. И.
кандидат филологических наук, преподаватель кафедры германской филологии, Сумский государственный университет;
Зинченко А. В.
студентка кафедры теории и практики перевода, Сумский государственный университет

КОЛИЧЕСТВО В ПЕРЕВОДЕ (НА МАТЕРИАЛЕ АНАЛИЗА КОНКРЕТНЫХ ПЕРЕВОДЧЕСКИХ РЕШЕНИЙ)

Бурное развитие международных отношений является предпосылкой включения в академическую программу подготовки профессионального переводчика спецкурсов по теории и практике перевода. Одним из приоритетных направлений такой деятельности является интеграция лингвополитологии и переводоведения.

Проблема достижения адекватности в переводе жанровых текстов политического дискурса обусловливает необходимость детерминирования переводческих действий, направленных на сохранение прагматического потенциала исходного текста. Специфика инаугурационной речи как жанра политического дискурса отмечена облигаторностью реализации влияния на политическое сознание реципиента, а основным требованием к переводам текстов такого типа является сбережение и «виртуальная» реализация определенного прагматического эффекта сообщения в тексте перевода. При этом, «виртуальность» прагматики такого сообщения определяется как направленность на «вторичного адресата», т.е. реципиента текста перевода в сравнении с «первичным адресатом» текста оригинала в акте непосредственной коммуникации.

Язык политических текстов не всегда отличается логичностью и аргументированностью изложения, а иногда является даже направленным на замалчивание разных фактов. Оперирование образами привычными и понятными адресату и адресанту объективирует установку близкого контакта, являющимся доминантным заданием говорящего. Кроме того, культурное и лингвистическое «единение» говорящего и слушателя позволяет адресанту влиять на подсознание реципиента.

Лингвистические методики политического манипулирования включают элементы языковой игры, включающей изменение семантики слов, различия в денотативном и коннотативном значениях языковых единиц, обращение к ассоциативной сфере ментальности реципиентов и т.д. В центре внимания предлагаемой статьи — анализ прагматического потенциала квантитативных единиц в исходном и переводном текстах первой инаугурационной речи Президента США Б. Обамы.

Процесс перевода условно разделяют на два этапа: восприятие переводчиком сообщения и, собственно, переводческие действия, направленные на адекватное воспроизведение текста на языке перевода [6, 74]. Задание переводчика в течение всего процесса заключается в обеспечении понимания исходного сообщения реципиентом перевода, учитывая, что пользователь текста перевода является представителем другой лингвистической группы и социальной культуры [5, 64].

Для создания адекватного перевода и донесения до иноязычного реципиента специфики оригинала используются как общеизвестные переводческие методы, так и прагматическая адаптация. Причины применения адаптивных переводческих стратегий обычно кроются не в языковой зоне, а в зоне культуры [2, 108]. Выполнение адекватного перевода инаугурационной речи актуализирует ряд переводческих стратегий, в основе которых лежит принцип сохранения или изменения компонентов исходного текста в сторону усиления или ослабления коммуникативного эффекта.

Переводческая стратегия, направленная на сохранение коммуникативного влияния инаугурационной речи, предусматривает использование ряда методов и трансформаций, наиболее частотным из которых является подбор соответствия, позволяющий сохранить образность, заложенную в текст оригинала, например: *Our health care is **too costly**, our schools **fail too many** ... — Здравоохранение **слишком дорого; много** недостатков в системе образования ..., **Less measurable**, but **no less profound**, is a **sapping** of confidence across our land ... — **Сложнее измеримым**, но **не менее значимым** фактором, **подорвавшим** оптимизм страны ...*

Инаугурационная речь является, прежде всего, апеллированием к определенному этносу, к определенной культуре, которая подчас может демонстрировать отличающиеся от других лингвокультур организацию, ход и оязыковление мышления. Культурные различия заключаются в количественном и комбинаторном выборе признаков в процессе концептуализации мира, а объяснение этого выбора требует обращения к истории, психологии, философии [3, 133]. Перед переводчиком стоит задание не просто передать сообщение как совокупность значений слов, но и способствовать адекватному восприятию и осмыслению этого сообщения представителями другой культуры.

Трансформационный перевод актуализирует задание сохранить коммуникативный эффект, либо же усилить его посредством подбора специфического соответствия в языке перевода [4, 142], воспринимаемого «естественно» любым представителем культуры языка перевода, например: *... the ability to **extend** opportunity to every willing heart ... — ... от нашей способности **увеличивать** возможности созидать для каждого желающего ..., ... a charter **expanded** by the blood of generations ... — ... хартию, **написанную** кровью поколений ...*

С целью адаптации текста инаугурационной речи Президента США и согласования «контекстов культур» иногда используется метод комплексной лексико-грамматической замены, обусловленный определенными расхождениями в типичных наборах лексических вербализаторов «ключевых концептов» и их морфологическом оформлении в контексте, например: ... *the still waters* of peace ... — ... *в спокойных водах*, когда мы находились в состоянии мира ..., We will harness the sun and the *winds* and the *soil* ... — *Мы будем использовать энергию солнца, ветра и почвы* ...

Именно национальная и культурная дифференциация осмысления окружающего мира носителей разных языков может стать причиной ослабления коммуникативного эффекта при переводе сообщения вследствие отсутствия полной эквивалентности исходного текста и текста перевода.

Осуществление адекватного перевода предусматривает нейтральность и непредвзятость переводчика. Считается ошибочной попытка исполнителя перевода заменить непонятные феномены в оригинале текста на знакомые и привычные, делающей возможной ослабление коммуникативного эффекта [1, 62]. В частности, прием исключения предусматривает опущение в тексте перевода семантически избыточных лексем в рамках контекста, что может привести к потере или неверной интерпретации интенций автора текста оригинала, например: ... *our system cannot tolerate too many big plans* ... — ... *наша система не справится с такими большими планами* ...

Казалось бы, исключение с целью избегания перегрузки приуменьшает образ множественности и амбициозности осуществляемых планов, которые предстоит выполнить новоизбранному лидеру страны. Однако, автор перевода удачно обращается к типичной для русской речи лексеме *такие*, объективирующей неопределенно-количественное значение.

Адгерентность понятий «пространство» и «время» в англоязычном сознании отличается употреблением общих вербализаторов, являющимся нетипичным русскоязычной картины мира, например: ... *worn-out dogmas that for far too long have strangled our politics*... — ... *устаревшие догмы, которые слишком долго душили нашу политику* ...

Переводческие трансформации, адаптируя текст оригинала для понимания иноязычным реципиентом, направлены не только на передачу лексических соответствий, но и на адекватное оформление синтаксического фрейма в тексте. Учитывая отличия в организации синтаксиса дистантных языков, при переводе возможно обращение к парцелляции.

Под парцелляцией подразумевается разделение синтаксической структуры оригинала на несколько структур в тексте перевода [4, 159]. Образ совместных стремлений народа к свершениям, актуализированный компаративной формой прилагательного в сочетании с квантитативом, сохраняет прагматику высказывания, несмотря на перераспределение предложения, например: *America as bigger than the sum* of our individual ambitions ... — *Они видели в Америке нечто большее, чем совокупность индивидуальных амбиций* ...

В другом примере из-за использованного приема слегка «блекнет» яркость образа исторических предшественников, отстраивающих страну до ее современного успешного состояния: ... *it has been the* **risk-takers***, the* **doers***, the* **makers** *of things* ... — ... *Это была дорога* **рискованных***,* **трудолюбивых***,* **создателей** ... Тем не менее, обращение со стороны переводчика к такому приему усматривается оправданным, поскольку прямые лексические соответствия единицам, употребленным в тексте оригинала, отсутствуют в языке перевода.

В определенных случаях реорганизация синтаксической структуры предложения предопределена естественными факторами, как например фактором дифференциации аналитических и синтетических языков, например: ... *a man* ... *can now stand before you to take a* **most** *sacred oath* ... — ... *человек* ... *может сейчас стоять перед вами и произносить* **священную** *клятву* ... , ... *the outcome of our revolution was* **most** *in doubt* ... — ... *когда исход революции был* **сомнителен** ... Такая грамматическая разнооформленность, впрочем, не является преградой для адекватности восприятия переводного сообщения.

Проанализированный перевод текста инаугурационной речи Б. Обамы с акцентом на воспроизведении квантитативных единиц доказывает, что адекватность в переводе делается возможной благодаря осознанию и сохранению в вербализированной форме концептуальных отличий между культурами, языки которых вовлечены в акт межкультурной коммуникации. Таким образом, переводчик вынужден каждый раз обращаться к адаптации текста посредством привлечения соответствующих комплексных лексических и грамматических трансформаций, направленных на адекватную трансляцию смысла и прагматики сообщения.

ЛИТЕРАТУРА

1. Бархударов Л. С. Язык и перевод (Вопросы общей и частной теории перевода) / Л. С. Бархударов. — М.: Междунар. отнош., 1975. — 235 с.
2. Демецкая В. В. Определение понятия адаптация в рамках теории коммуникации и переводоведения / В. В. Демецкая // Ученые записки Таврического нац. ун-та им. В.И. Вернадского. Сер. филология. — 2007. — Т. 20 (59). —№ 2. — С.107—111.
3. Карасик В. И. Языковой круг: личность, концепты, дискурс / В. И. Карасик. — Волгоград: Перемена, 2002. — 477 с.
4. Комиссаров В. Н. Теория перевода (лингвистические аспекты) / В. Н. Комиссаров. — М.: Высшая школа, 1990. — 249 с.
5. Паршин А. Теория и практика перевода [Электронный ресурс] / А. Паршин. — Режим доступа: http://www.alleng.ru/d/engl/engl28.html.
6. Швейцер А. Д. Теория перевода: Статус, проблемы, аспекты / А. Д. Швейцер. — М.: Наука, 1988. — 253 с.

Корнеева И. П.

доцент, кандидат философских наук, ФГАОУ НИУ «БелГУ»

Korneeva_i@bsu.edu.ru

О СОВРЕМЕННОМ РАСХОЖДЕНИИ ПОДХОДОВ К МОРАЛИ ЭТИКИ И РЕЛИГИИ

Этика и религия как духовные формы человеческого бытия, каждая по-своему, связаны с моралью.

Этика является наукой о морали. Она исследует сущность, законы, свойства, этапы развития морали. Она формулирует нормы, требования, принципы, идеалы, относящиеся к области должного в морали. Современные российские этики отмечают определенные изменения, происходящие с этической теорией, и связывают их с трансформацией самой морали. В морали выделяется утилитарное начало, а область применения принципов этики долга сокращается [3, 13-14]. Все больше мораль превращается в элемент успешно функционирующей системной организации общества, соединяется с профессионально-деловыми качествами людей. Она связывается с деятельностью социальных институтов. Отмеченные изменения отражаются на развитии этики как науки. В ней, по мнению Апресяна Р. Г.[1], выделяются сегодня философская и прикладная этики. Философская этика определяет мораль во всей совокупности ее проявлений. Прикладная создает особое систематизированное внутренне обоснованное теоретическое знание и практические разработки в виде консультирований, экспертиз, проектирований. Предмет прикладной этики - императивно-ценностное содержание конкретных отношений людей, осуществляющих различные виды деятельности, ее этос, этический режим, а также те социокультурные условия, в которых эта деятельность осуществляется, и те социальные институты, посредством которых обеспечивается действенность этического режима [Там же]. Прикладная этика направлена на обеспечение эффективности определенных видов общественной практики, она создается узкими специалистами соответствующих областей знания. В то же время понятия, принципы прикладной этики используются этиками-философами для обогащения новыми смыслами концепта морали философской этики. Так, понятие информированного согласия, возникшее в прикладной этике, прояснило понятие человеческого достоинства и связало его с идеями толерантности и ненасилия. Принцип нон-антропоцентризма экологической этики расширил философскую трактовку моральной ответственности и т.д.

Отмеченные этикой изменения в морали и самом этическом знании и теоретическом мышлении подтверждаются явлениями и тенденциями практически действующей морали. В обществе функционируют кодексы профессиональной этики людей различных видов и родов деятельности: библиотекаря, полицейского, социального работника, юриста, пожарного и др. Они приняты на съездах, конференциях, конгрессах тех или иных профессиональных союзов, сообществ и являются обязательными для них.

В области высшего образования в России вводятся курсы профессиональной этики. В трех вузах России готовят специалистов по прикладной этике. На философском факультете СПбГУ программа бакалавриата по направлению «Прикладная этика» [5] включает в себя изучение различных областей прикладного этического знания. Это этика бизнеса, этика политики и государственного управления, этика СМИ, профессиональная этика, этика современных научных исследований. Специалисты в области прикладной этики могут быть востребованы как эксперты, консультанты, менеджеры по работе с персоналом или по корпоративной этике и культуре.

Рассмотрим далее, как развивается и с какими проблемами сталкивается религия, понимая под ней форму духовной жизни человека, в которой на основе веры в божественный абсолют закладывается определенный тип мировоззрения и нравственных убеждений. Обратимся к российскому православию, отличающемуся верностью догматам первоначального христианства и его учению о праведной жизни.

Если современный протестантизм отходит от традиционных христианских норм, признавая однополые браки, рукоположение гомосексуалистов в церковные степени, то РПЦ в области гендерных отношений такие идеи отрицает. Русская церковь не приемлет суррогатное материнство, трансплантацию органов, искусственное оплодотворение, тем самым однозначно определяя свое решение проблем биоэтики. В общественно значимых дискуссиях по вопросам прав и свобод человека, экономики, экологии, образования Русская церковь исходит из чистоты христианского вероучения, его нравственных ценностей. Современные способы украшения человеческого тела (татуировки, пирсинги), по мнению российских священнослужителей, противоречат идее единстве тела, души и духа человека и содействуют его нравственной деградации и т.д.

Так же, как и этика, православие связывает себя с профессиональной моралью. РПЦ приняла этические кодексы православного врача, православного предпринимателя. Среди российских священнослужителей ведется дискуссия о необходимости принятия внутрицерковного кодекса священнослужителя.

Русская церковь использует современные технологии общения. В Интернете размещены сайты священников, позволяющие получить разъяснение по любому вопросу православной жизни. Существуют сайты монастырей, церквей. Возможны просмотры видеозаписей проповедей и служб. Стала применяться во время богослужений техника сурдоперевода.

Итак, в современном обществе развиваются такие формы духовной жизни, как этика и религия. В деле практического утверждения морали обе они выходят на прикладной уровень воздействия на человека. Этика и религия объединяются в культуре, по мнению Гусейнова А.А. [2, 16], в части нравственных запретов, тех нравственных норм Христа, что начинаются с частицы «не»: «Не убий!», «Не прелюбодействуй!» и др. Эти правила составляют, согласно Гусейнову А.А., нормативную часть этики. «...Человек обнаруживает свое нравственное качество не столько в том, что он делает, сколько в том, чего он не делает. Мы по-настоящему нравственны, ...когда мы воздерживаемся от дурного, когда мы блокируем в себе искушения и соблазны, которые сейчас на ставшем почти модным церковном языке именуются дьявольскими искушениями и соблазнами» [2, 16-17]. Эти же правила являются обязательными и в религии. Необходимость их выполнения религия связывает с концепцией человеческой греховности. Таким образом, мораль и религия совпадают в понимании того, как не надо поступать, что есть плохо. Они являются союзниками в деле запретов дурных поступков.

В то же время религия не развивается так интенсивно, как развивается наука. Она отличается избыточным консерватизмом. Человеческая цивилизация в своем развитии становится более свободной в выборе новых реалий общественной жизни, в применении к ним критериев добра и зла.

Но тем не менее не наука, а религия больше воздействует на духовный мир человека. Религия формирует особый тип целостности человека, в котором все уровни его бытия (биологический с подуровнями генетическим, телесным, биоэнергетическим, биополевым, психологический, мировоззренческий) объединяются на основе веры [4, 113]. Религиозная целостность человека устанавливает существование в нем сложной внутренней духовной жизни, превосходящей по своей силе внутреннюю работу над собой светского человека.

Список литературы

1. Апресян Р.Г. Философия морали и прикладная этика [Электронный ресурс]: Выступление на круглом столе «Философская этика: ее перпективы в современном мире», посвященном 10-летию ежегодника «Этическая мысль». URL: http://iph.ras.ru/uplfile/ethics/seminar/Apressyan_15_12_2010.html (дата обращения 15.12.2012).
2. Гусейнов А.А. Что я понимаю под негативной этикой? // Вестник Московского университета. Серия 7. Философия. 2009. №6. – С. 3-20.
3. Гусейнов А.А. Этика и мораль в современном мире // Этическая мысль: современные исследования. М.: Прогресс-Традиция, 2009. - С. 5-18.

4. Корнеева И.П. Многообразие религиозного развития современного общества и религиозная целостность человека. // Исторические, философские, политические и юридические науки, культорология и искусствоведение. Вопросы теории и практики. Научно-теоретический и прикладной журнал. Часть I. Тамбов: Грамота. 2012. №9. С. 112-114.

5. Санкт-Петербургский Государственный Университет. Философский Факультет. Образование. Прикладная этика. Образовательная программа «Прикладная этика» [Электронный ресурс]. URL: http://philosophy.spbu.ru/3116/6415 (дата обращения 27.01.2013).

Коган В.Е.
профессор, д-р хим. наук, кафедра общей и физической химии,
Национальный минерально-сырьевой университет «Горный»;
Шахпаронова Т.С.
доцент, канд. хим. наук, кафедра общей и физической химии,
Национальный минерально-сырьевой университет «Горный»

МИГРАЦИЯ НОСИТЕЛЕЙ ЗАРЯДА В ЛИТИЕВОВОЛЬФРАМОФОСФАТНЫХ СТЕКЛАХ

Получение стеклообразных материалов с различной природой проводимости представляет значительный интерес в аспекте расширения областей их практического применения. При этом можно в полной мере использовать преимущества стекольной технологии – дешевизну процесса, воспроизводимость свойств получаемого материала, возможность плавного изменения свойств при варьировании состава, высокие механические характеристики.

Изучение физико-химических свойств стекол, в частности миграции носителей заряда в стеклах с различной природой проводимости, в связи с их составом и строением с последующей разработкой новых составов стекол различного назначения является предметом наших многолетних исследований [1; 2]. В работах [3; 4] указывалось на общность характера концентрационной зависимости электрической проводимости стекол с двумя типами носителей электричества.

Как известно, Г. Гельгофф и М. Томас в 1925 г. впервые отметили минимум электрической проводимости в силикатном стекле при постепенном замещении оксида натрия на оксид калия (см., например, [5 – 7]). Это явление, по предложению Р.Л. Мюллера (см. [5; 6]), в отечественной литературе получило название полищелочного эффекта (ПЩЭ). Является ли ПЩЭ – предмет многочисленных и нередко крайне напряженных дискуссий – феноменом, свойственным лишь стеклам, носителями заряда в которых являются ионы щелочных металлов, или он является частным случаем более общего явления? Прошло ровно 60 лет с момента обнаружения ПЩЭ до момента выхода в свет публикации [3], в которой этот вопрос был впервые поставлен. Отвечая на этот вопрос на основании собственных исследований и имеющихся в литературе данных, В.Е. Коган в работах [3; 4] приходит к заключению о том, что ПЩЭ является частным случаем более общего явления, а именно, что смена типа носителя электрического тока в различных классах стекол, находящихся в твердом состоянии, или смена структурных фрагментов стекла, по которым протекает миграция носителя электрического тока, приводит к наличию минимума на зависимости электрической проводимости как функции отношения концентраций носителей электрического тока.

При исследовании электрического сопротивления как функции содержания Na_2O в стеклах состава $50\,\%\,WO_3 \cdot (50-x)\,\%\,P_2O_5 \cdot x\,\%\,Na_2O\,(\text{мол.\%})$

в работе [8] было установлено наличие максимума. Авторами было высказано предположение, что при введении Na_2O в вольфрамофосфатное стекло, характеризующееся электронной проводимостью, наблюдается рост ионной составляющей проводимости и падение ее электронной составляющей, причем первая играет главную роль в области правее максимума. Однако экспериментальные подтверждения высказанному предположению в работе отсутствуют, что не позволяет однозначно говорить о смене природы проводимости как причине наблюдаемого максимума электрического сопротивления. В этой же работе высказано утверждение о том, что понятие электрического сопротивления не имеет точного смысла для стекол, содержащих Li_2O, так как наблюдаемые в этом случае токи существенно нестационарны.

Целью настоящей работы являлось изучение концентрационной зависимости электрической проводимости стекол, в которых предположительно ожидалась смена электронного характера проводимости на катионный, с последующей оценкой участия ионов щелочного металла в процессе электропереноса. Для осуществления сформулированной цели и одновременной проверки справедливости утверждения о существенной нестационарности токов в литиевовольфрамофосфатных стеклах, которое могло являться результатом методологических неточностей при работе со столь сложными объектами, нами в качестве объекта исследования выбраны стекла системы $Li_2O - WO_3 - P_2O_5$ с постоянным соотношением концентраций (мол.%) WO_3 и P_2O_5, равным единице.

Химический анализ указал на соответствие синтетического и аналитического составов стекол с точностью до 1 % по массе.

Измерение электрической проводимости[1] проводилось на плоскопараллельных тонкошлифованных образцах формы дисков. Поверхность образцов и чистота поверхности соответствовали 8 классу.

Электрическая проводимость измерялась на постоянном токе в интервале температур от 20 до 250 °C. Измерения проводились в High Temperature Resistivity Chamber (Model TR-43c) посредством Electrometer TR-8651 (Япония), Digital Wheaston Bridge (Англия) и на мосте постоянного тока Р-4060. Температура опыта поддерживалась постоянной с точностью ±0,1 ãðàä, градиент температуры в рабочей зоне менее 0,1 ãðàä / ñì . С учетом большой методической сложности исследуемых объектов (низкое поверхностное электрическое сопротивление, возможность протекания электрохромных процессов при инжекции электронов [9] и др.) измерения проводились с примене-

---

[1] Измерялась объемная электрическая проводимость стекол, которая для дальнейшего анализа пересчитывалась на удельную объемную электрическую проводимость σ_V, Ñì · ñì $^{-1}$.

нием заземленных охранных колец (охранных электродов). В качестве измерительных электродов использовались как графит, так и, в ряде случаев, соединения с высокой ионной проводимостью, которые неспособны инжектировать в стекло электроны, что в соответствии с работой [9] приводит к возникновению центров окраски.

Напряжение, подаваемое на образцы, обеспечивало выполнение закона Ома. Погрешность измерения электрической проводимости не превышала 5 %.

Полученные результаты обрабатывались с использованием уравнения

$$\sigma_V = \sigma_0 \exp\left(-E_\sigma / 2kT\right), \qquad (1)$$

где σ_V – удельная объемная электрическая проводимость, $\text{См} \cdot \text{см}^{-1}$; σ_0 – предэкспоненциальный множитель, $\text{См} \cdot \text{см}^{-1}$; E_σ – энергия активации электрической проводимости, эВ; k – постоянная Больцмана, $эВ/\text{K}$; T – абсолютная температура, К.

Определение чисел переноса[1] ионов лития $\left(\eta_{Li^+}\right)$ проведено по методике Тубандта[2], являющейся частным случаем методики Гитторфа.

Во всех экспериментах использовали пакет из трех плоскопараллельных полированных образцов в виде дисков. Качество обработки поверхности отвечало $\nabla 14$, чистота поверхности – PI-10, величина общей ошибки поверхности не превышала двух интерференционных колец, что обеспечивало возникновение оптического контакта по всей поверхности образца.

С учетом отмечавшихся выше методических сложностей при проведении экспериментов применялись охранные кольца и шунтирующие сопротивления, а в процессе опыта постоянно контролировалось соблюдение законов Кирхгофа для разветвленных цепей. Это давало основание говорить о том, что количество электричества, зарегистрированное электролитическим интегратором Х603, соответствует истинному количеству электричества, прошедшего через объем пакета образцов, т. е. полностью исключалось шунтирующее действие поверхностной электрической проводимости на объемную. Стабилизированное с точностью $\pm 0,5\%$ напряжение снимали с прибора УИП-1 или ВС-22. Взвешивание образцов до и после электролиза производили на полумикроаналитических весах ВЛАО-100/1 с точностью $\pm 0,05$ мг.

---

[1] Речь идет об истинных числах переноса, так как в твердых электролитах, к которым относятся стекла, перенос матрицы невозможен.

[2] Для выборочных составов стекол проведены контрольные эксперименты по методике Гитторфа. Подробное рассмотрение методик Тубандта и Гитторфа, как и анализ применимости тех или иных методик при определении природы проводимости в различных классах твердых стекол приведен в [1].

Воспроизводимость экспериментов по определению чисел переноса (в том числе по различным методикам) не хуже $\pm 2\%$.

В отличие от работы [8], не только при комнатной температуре, лишь при которой в ней изучалось электрическое сопротивление, но и во всем исследованном температурном интервале наблюдаемые токи были стационарны. Исключение составило лишь стекло с содержанием Li_2O 40 ì î ë.%, для которого выше 130 $^o\tilde{N}$ стабильные результаты получить не удалось.

Для всех составов стекол, за исключением составов с содержанием Li_2O 30 и 33,3 мол.%, полученные экспериментальные точки хорошо ложились на прямую, отражающую зависимость $\lg \sigma_V = f(1/T)$. Для стекол с содержанием Li_2O 30 и 33,3 мол.% на указанной зависимости наблюдались перегибы при 147 и 160 ^{o}C соответственно. При этом для стекла с содержанием Li_2O 30 мол.% энергия активации электрической проводимости в низкотемпературной области [до точки перегиба на зависимости $\lg \sigma_V = f(1/T)$] составляла 1,29 эВ, а в высокотемпературной области – 0,53 эВ. Для стекла с содержанием Li_2O 33,3 мол.% эти величины соответственно составляли 1,23 и 0,25 эВ. Значение логарифма предэкспоненциального множителя в низкотемпературной области 2,25 и 2,3, а в высокотемпературной области $-2,35$ и $-3,35$ соответственно для стекол с содержанием Li_2O 30 и 33,3 мол.%.

Все вышеотмеченные исключения наиболее вероятно связаны с электрохромных эффектом, ярко выраженным для указанных составов и проявляющимся при высоких температурах в результате появления свободных электронов, не связанных с инжекцией таковых из катода.

С целью возможности получения сопоставимых результатов, связанных собственно с электрической проводимостью стекол и не подверженных влиянию дополнительных эффектов, в работе для исследованных составов стекол, характеризующихся перегибами на зависимости $\lg \sigma_V = f(1/T)$, использовались значения величин в низкотемпературной области.

Составы исследованных стекол и данные по электрической проводимости приведены в таблице.

Таблица

Данные по электрической проводимости исследованных стекол

Состав, мол.%			$-\lg\left(\sigma_V, \tilde{N}ì \cdot ìì^{-1}\right)$ при 25 ^{o}C	E_σ, эВ	$\lg\left(\sigma_0, \tilde{N}ì \cdot ìì^{-1}\right)$
Li_2O	WO_3	P_2O_5			
–	50,00	50,00	6,75	0,64	$-1,10$
10,00	45,00	45,00	9,40	1,37	2,05
20,00	40,00	40,00	11,25	1,49	1,35
23,00	38,50	38,50	10,00	1,45	2,25

25,00	37,50	37,50	9,70	1,47	2,65
27,00	36,50	36,50	9,05	1,29	1,85
30,00	35,00	35,00	8,65	1,29	2,25
33,30	33,35	33,35	8,00	1,23	2,30
40,00	30,00	30,00	6,95	0,94	1,00
50,00	25,00	25,00	5,85	0,32	−3,10

Как видно из таблицы и рисунка, для стекол системы $Li_2O - WO_3 - P_2O_5$ зависимость $\lg \sigma_V = f\left(\left[Li_2O\right]\right)$ характеризуется ярко выраженным экстремумом, глубина которого по сравнению с вольфрамофосфатным стеклом составляет 4,5 порядка. С характером зависимости $\lg \sigma_V = f\left(\left[Li_2O\right]\right)$ коррелирует характер зависимости $E_\sigma = f\left(\left[Li_2O\right]\right)$, для которой глубина экстремума составляет 0,85 эВ.

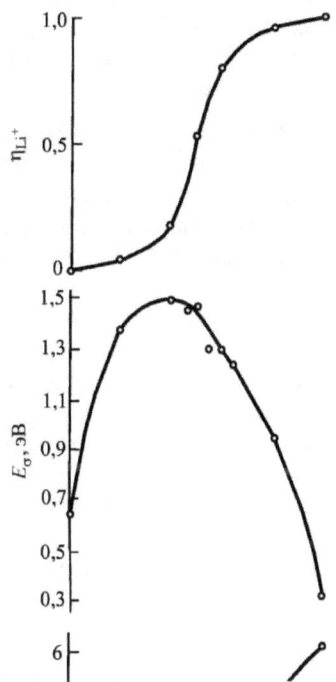

Рисунок. Концентрационная зависимость электрической проводимости, энергии ее активации и чисел переноса ионов лития в исследованных стеклах

схо

дя из того, что вольфрамофосфатное

стекло характеризу-

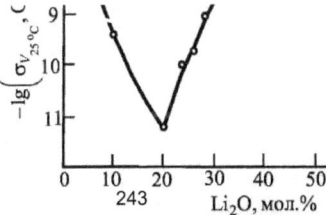

ется электронной природой проводимости, характер зависимости $\eta_{Li^+} = f\left([Li_2O]\right)$, приведенной на рисунке, однозначно экспериментально подтверждает, что вышеотмеченные экстремумы являются результатом смены природы проводимости от электронной к униполярной катионной (по литию).

Таким образом, проведенное исследование является экспериментальным подтверждением того, что смена электронного характера проводимости в стеклах, находящихся в твердом состоянии, на катионный приводит к эффекту, аналогичному полищелочному.

Литература

1. Коган В.Е. Миграция носителей заряда в стеклах с различной природой проводимости: дис. ... д-ра хим. наук: 02.00.04 / Вадим Ефимович Коган; ЛТИ им. Ленсовета. – СПб., 1991. – 441 с.

2. Шахпаронова Т.С. Спектроскопическое исследование стекол систем $(Na,K)_2 O - MnO - SiO_2$: дис. ... канд. хим. наук: 02.00.04 / Тамара Сергеевна Шахпаронова, ЛТИ им. Ленсовета. – СПб., 1991. – 162 с.

3. Коган В.Е. Явление минимума электрической проводимости в стеклах в свете транспортных процессов, протекающих в них // Механизмы релаксационных процессов в стеклообразных системах: Материалы II Всесоюзного семинара-совещания, Улан-Удэ, 9 – 13 июля 1985 г. – Улан-Удэ: БГПИ, 1985. – С. 19 – 22.

4. Коган В.Е. Об общности характера концентрационной зависимости электрической проводимости стекол с двумя типами носителей электричества // Тезисы докладов VIII Всесоюзного совещания по стеклообразному состоянию, Ленинград, 28 – 31 октября 1986 г. – Л.: Наука, 1986. – С. 241 – 242.

5. Мазурин О.В. Электрические свойства стекла. – Л.: Госкомиздат, 1962. – 162 с.

6. Мюллер Р.Л. Электропроводность стеклообразных веществ: Сб. трудов. – Л.: ЛГУ, 1968. – 251 с.

7. Чеботарева Т.Е. Инфракрасные спектры двущелочных силикатных стекол / Т.Е. Чеботарева, В.С. Молчанов, А.А. Пронкин // ЖПС. – 1966. – Т. 5, вып.2. – С. 241 – 250.

8. Электронно-ионные процессы в электрохромных стеклах / С.Л. Краевский [и др.] // Физика и химия стекла. – 1978. – Т. 4, № 3. – С. 326 – 330.

9. Электрохромный эффект в вольфрамофосфатных стеклах / Т.Ф. Евдокимова [и др.] // Физика и химия стекла. – 1978. – Т. 4, № 1. – С. 88 – 91.

Бигдан О.В.
Национальная академия аграрных наук Украины
e-mail: bigdanacademy@gmail.com
Ходаковская О.В.
к.е.н., с.н.с.,
Национальный научный центр «Институт аграрной экономики»
e-mail: iae_zem@ukr.net

НАУЧНЫЕ ПОДХОДЫ К РАСКРЫТИЮ СУЩНОСТИ ЭКОЛОГИЗАЦИИ АГРОПРОИЗВОДСТВА

Прошлый век и начало нынешнего характеризуются многочисленными положительными сдвигами, а именно бурным развитием науки и техники, внедрением новых подходов к реализации хозяйственной деятельности и др. Однако, такой мощный прогресс вперед, как оказалось, сопровождается и многочисленными негативными тенденциями, которые вызваны в первую очередь разбалансированием экономической и экологической составляющих. В результате, человечество столкнулось с угрозой для безопасных условий своего существования.

Учитывая это, необходимость в экологизации аграрного производства очевидна и требует немедленного поиска радикальных путей ее широкомасштабного внедрения.

Большой теоретический и прикладной вклад в развитие экономических аспектов экологизации агропроизводства сделали такие зарубежные ученые как Д. Гуле, Р. Энгель П. Ульрих, Д. Фритцше, К. Хоман и др. Исследованию обозначенной проблематики посвящены научные разработки таких украинских ученых как П.И. Гайдуцкого, А.И. Гуторова, И.К. Быстрякова, Б.М. Данилишина, С.И. Дорогунцова, Н.В. Зиновчук, Л.Е. Купинець, И.И. Лукинова, Л.Я. Новаковского, О.Л. Поповой, П.Т. Саблука, А.Я.Сохнича, А.Г.Тихонова, В.М. Трегобчука и др.. Несмотря на значительное внимание уделенное исследуемом вопросу, анализ литературных источников показал, что остаются не решенными еще ряд важных аспектов внедрения экономического механизма экологизации сельскохозяйственного производства, что обуславливает необходимость дальнейших наработок по этой проблематике.

Сейчас в законодательном плане только Закон Украины "Об охране окружающей природной среды" содержит нормы по экологизации производства. В частности в статье 3 сказано, что к основным принципам охраны окружающей природной среды принадлежит "экологизация материального производства на основе комплексности решений в вопросах охраны окружающей среды, использования и воспроизводства возобновляемых природных ресурсов, широкого внедрения новейших технологий" [1].

Первые попытки законодательного закрепления экологизации сельскохозяйственного производства сделано в проекте Закона Украины "О сельском хозяйстве", в котором указано, что "экологизация сельского хозяйства – система общегосударственных, отраслевых и региональных мероприятий, направленных на внедрение в практику сельскохозяйственного производства качественно новых, экологически безопасных видов техники, технологий и организации материального производства, способов и методов функционирования аграрных и агропромышленных комплексов с целью рационального использования природных ресурсов, их сохранения, воспроизводства и поддержания динамического экологического равновесия в окружающей среде"[2].

В отечественной и зарубежной литературе встречаются разные подходы к определению экологизации производства, обобщая которые можно выделить несколько общих признаков, в частности: 1) в подавляющем большинстве определений экологизация производства рассматривается как процесс, охватывающий совокупность последовательных действий, направленных на преобразование форм, методов, способов производства, которые гармонизированы с законами развития окружающей среды; 2) экологизация производства тесно связана с инновационной деятельностью и направлена на сохранение природного равновесия и улучшения качества жизни нынешнего и будущего поколений.

Следует отметить, что обеспечить экологизацию общественного производства без экологизации общественного сознания – невозможно. Именно на этом настаивают украинские ученые, отмечая, что «широкомасштабное внедрение экологизации аграрного производства требует, особенно на начальных этапах, направления основных усилий на экологизацию общественного сознания, и прежде всего, формирование экологической культуры молодого поколения». Учеными определено, что «между благосостоянием общества и окружающей средой существует прямая связь, а его состояние напрямую зависит от отношения к природе самих людей, что обуславливает необходимость коренного пересмотра форм взаимодействия человека и природы» [3, с. 15].

Сейчас чрезвычайной важности общегосударственного значение приобретает экологизация общественного развития. В научных публикациях проблемы экологизации общественного развития рассматриваются в рамках экономической, экологической, социальной и духовной сфер как процесс, обеспечивающий прогресс земной цивилизации в направлении к устойчивому экологически сбалансированному развитию [4, с. 58].

Исследовав различные подходы к раскрытию сущности "экологизации" можно утверждать, что экологизация сельскохозяйственного производства, в первую очередь, должна направляться на использование таких методов и способов хозяйствования, которые не приводят к развитию негативных экологобезопасных явлений в агроэкосистемах или предотвращают их возникновения. В этом должна заключаться основная миссия экологизации. Если процессы деградации окружающей среды уже имеют место, тогда необходимо разрабатывать комплексы мероприятий, включающие экологонаправленные организационные, технологические, управленческие и административные решения по их устранению, нейтрализации и обеспечивающее воспроизводство окружающей среды в целом или отдельных его составляющих. Значительно повысить эффективность экологизации сельскохозяйственного производства можно за счет внедрения новейших экологобезопасных, ресурсо- и энергосберегающих техник и технологий, инновационных разработок, достижений науки и техники с одновременной экологизацией образования, воспитания и общественного мышления в целом.

В этой связи основная задача экологизации сельскохозяйственного производства заключается в поддержании целостности агроэкосистем и обеспечении сбалансированного развития агросферы, что становится возможным при признании равенства трех ее составляющих – экономической, социальной и экономической. В частности, следует признать, что при деградации окружающей среды не вполне корректно говорить о повышении уровня экономического роста или возрастания уровня благополучия населения. Поскольку ухудшение качества и экологичности окружающей среды зачастую является причиной роста уровня заболеваемости людей, обусловливает возникновение и развитие различных природных катаклизмов и т.д..

Литература:

1. Закон Украины "Об охране окружающей природной среды" // Ведомости Верховной Рады Украины. – 1991. – № 41. – С.546.

2. Проект Закона Украины "О сельском хозяйстве" [Электронный ресурс]. – Режим доступа: http://www.minagro.gov.ua/page/?12503.

3. Гайдуцкий П.И. Экологизация общественного сознания и развитие агросферы / Гайдуцкий П.И., Ходаковская О.В. // Экономика АПК. – 2012. – № 11. – С.15-21.

4. Синякевич И. Экологизация развития: объективная необходимость, методы, приоритеты / И. Синякевич // Экономика Украины. – 2004. – № 1. – С. 57-63.

Алибаева М.М., Орынбекова Г.А.
кандидаты экономических наук, Семипалатинский государственный
университет имени Шакарима

ВЗАИМОВЫГОДНОЕ СОТРУДНИЧЕСТВО ПРИГРАНИЧНЫХ РЕГИОНОВ В УСЛОВИЯХ ИНТЕГРАЦИОННЫХ ПРОЦЕССОВ

В условиях глобализации мировой экономики становится очевидным, что для достижения стратегических целей социального и экономического развития Республики Казахстан актуальным представляется взаимовыгодное приграничное сотрудничество между сопредельными регионами соседствующих стран. Поэтому вопросы приграничного сотрудничества имеют для Казахстана большое значение, тем более, что из 14 областей страны 12 являются приграничными. Приграничное сотрудничество – один из наиболее крупномасштабных и эффективных факторов, способствующих выходу государств на реальную интеграцию в создании общего рынка товаров, услуг, капиталов и рабочей силы. Именно приграничное сотрудничество способно наполнить двусторонние отношения реальным содержанием. На пленарной сессии IX Форума межрегионального сотрудничества Казахстана и России Президент Республики Казахстан Н. Назарбаев отметил: «В XXI веке магистральным направлением нашего партнерства должна стать интеграция во всех трех элементах «треугольника знаний» - образовании, исследованиях и инновациях» [1].

В настоящее время на долю приграничных государств приходится около 40% всего товарооборота Казахстана, при этом численность населения, проживающих в приграничных районах составляет около 1/3 всего населения республики. В приграничных областях сосредоточен практически весь обрабатывающий сектор экономики. Приграничное сотрудничество в настоящее время осуществляется на основе подписанных многосторонних и двухсторонних документов [2, 200]

Одним из самых крупных приграничных регионов республики является Восточно-Казахстанская область, которая занимает территорию в 283,3 тыс. кв. км., граничит на севере с Алтайским краем Российской Федерации, на востоке и юго-востоке - с Китайской Народной Республикой. В приграничном сотрудничестве принимают активное участие органы власти субъектов РК и местного самоуправления на основе договоров с аналогичными территориальными органами власти соседних стран. Сферой сотрудничества являются транспорт и торговля, экология, образование, культура, информация, новые технологии.

SWOT- анализ, позволяющий выявить сильные и слабые стороны, возможности и угрозы приграничного сотрудничества в регионе представлен в таблице 1.

Таблица 1. SWOT- анализ приграничного сотрудничества регионов

Сильные стороны	Слабые стороны
Общность исторических судеб, географическое единство территории. Сходный тип экономики. Значительный ресурсный потенциал региона. Наличие земельных ресурсов для ведения сельскохозяйственного производства. Совместная работа в региональных международных организациях. Относительно развитая региональная транспортная инфраструктура. Большая емкость рынков сбыта. Наличие крупных промышленных предприятий в регионе. Благоприятные условия для развития туризма любого рода. Отсутствие географических (природных) барьеров приграничного сотрудничества. Наличие опыта партнерства региональной власти и бизнес - структур.	Низкая степень диверсификации отраслевой структуры промышленности. Технологическая отсталость АПК региона, низкая конкурентоспособность производимых товаров. Высокая степень износа основных производственных фондов. Низкий уровень инновационной активности предприятий. Различия в темпах экономического развития и предпринимательства. Низкая инвестиционная привлекательность несырьевых секторов экономики. Недостаточно развитая инфраструктура в секторе туризма, не соответствующая международным стандартам.
Возможности	**Угрозы**
Вовлечение промышленных предприятий в кооперационные связи с предприятиями в других приграничных регионах в производстве продукции с высокой добавленной стоимостью. Создание совместных предприятий, организация выставок, ярмарок. Развитие региональной инфраструктуры. Повышение роли сельского хозяйства в экономике регионов и возможности для его развития. Достаточно высокий потенциал для поддержки инновационных предприятий МСБ. Наличие образовательного комплекса, способного обеспечить потребности экономики в высококвалифицированных кадрах. Расширение государственно-частного партнерства. Развитие приграничных туристических продуктов и инфраструктуры.	Рост конкуренции со стороны других стран Финансовая и экономическая нестабильность в регионе Рост уровня безработицы. Конкурентное давление со стороны ВТО на российские предприятия. Риск «утечки мозгов» и оттока из региона квалифицированных специалистов. Усиление техногенного воздействия на природные комплексы, ухудшающего качество воздушного бассейна, лесных и водных ресурсов. Социальная напряженность и прочие негативные социальные явления.

Сегодня область успешно развивает приграничное сотрудничество со всеми соседними странами. 7,5 тысяч километров российскоказахстанской границы - сами по себе достаточно серьезный повод для строительства качественных взаимоотношений, которые имеют паритетный интерес двух государств. Среди регионов РФ одним из наиболее крупных торговых партнеров Восточно-Казахстанской области является Алтайский край, который имеет много общего с нашим регионом: большая территория, схожие природно-климатические условия, наличие природных ископаемых, удаленность от морских путей сообщения, огромный незадействованный потенциал сельского хозяйства в экономике регионов, перспективы развития машиностроения.

Анализ динамики и оценка характера развития приграничного со-трудничества между регионами убедительно показали значительные позитивные достижения в приграничной сфере. Одна треть товарооборота края приходится на Казахстан. На долю приграничных регионов приходится около 70 процентов товарооборота между странами. С каждым годом товарооборот неизменно растет благодаря инфраструктуре приграничного взаимодействия. В Восточном Казахстане действует более 250 совместных с РФ предприятий и шесть районов непосредственно граничат с Россией. Создание Таможенного союза и формирование Единого экономического пространства вывели приграничные контакты на качественно новый уровень. Так, по итогам прошлого года рост товарооборота Восточного Казахстана с Россией вырос в 3,4 раза и составил 1,3 млрд долларов США, при этом 41 процент приходится на долю Алтайского края.

Экономики Восточно-Казахстанской области и Алтайского края схожи по своей структуре, но имеют специфические черты по специализации. К основным статьям экспорта из области в Алтайский край относятся: продукция цветной металлургии, оборудование и инструмент для обработки грунта и бурения скальных пород, продовольственные товары (овощи, фрукты, пшеница). К крупным предприятиям-экспортерам относятся: ОАО «Каполиграф», ОАО «Семей комир», ОАО «Казцинк», ОАО УК «Конденсаторный завод». А из Алтайского края область получает: древесину и изделия из неё, ж/д вагоны, котельное оборудование и его части, пищевые продукты, шины резиновые, изделия из чёрных металлов др. Наиболее крупные предприятия импортеры области: ОАО «УМЗ», ОАО «Казцинк» ЗАО «Бипек Авто», филиал корпорации «Казахмыс», Востокказмедь». Количество предприятий, сотрудничающих с Алтайским краем, постоянно увеличивается.

Восточный Казахстан и Алтайский край это стратегические партнеры, которые ставят перед собой очень похожие цели: переход к «экономике знаний», кардинальное повышение конкурентоспособности экономики, которое выражается не только в высоких темпах экономического роста, но и в достойном уровне и качестве жизни населения. Единое экономическое пространство придаст новый импульс интеграции, сближению экономик этих регионов, росту благосостояния населения [3].

Наряду с позитивными факторами имеются и проблемы, которые негативно отражаются на темпах развития взаимовыгодного сотрудничества, это:

- различия в нормативно-правовых и организационных вопросах обоих государств, непосредственно связанных со статусом приграничных территорий;

- различия в уровне жизни, занятости и темпах экономического развития;

- неравномерная вовлеченность приграничных регионов двух стран в систему приграничного сотрудничества;

- слабая организация работы по уточнению направлений приграничного сотрудничества на основе много- и двусторонних переговоров с сопредельными государствами;

- отсутствие систематизации в разработке и реализации региональных целевых программ поддержки развития приграничных территорий, приграничной торговли и сотрудничества с сопредельными государствами в условиях формирования единого экономического пространства.

Несмотря на участие субъектов нашего региона в международных и внешнеэкономических связях, а также механизма их координации, все же следует отметить, что регулирование, осуществляемое в такой важной сфере как приграничное сотрудничество, носит схематичный характер. Нормативно-правовую базу, регулирующую основные сферы сотрудничества области с приграничными областями, составляют соглашения, которые предусматривают развитие взаимовыгодных торгово-экономических связей, создание совместных предприятий, организацию выставок, ярмарок, развитие региональной инфраструктуры, оздоровление окружающей среды, сотрудничество в областях здравоохранения, образования, науки и техники. Наряду с этим действуют соглашения, меморандумы между организациями, учреждениями различных отраслей экономики и социальной сферы. Развитию взаимовыгодного сотрудничества способствуют ежегодные Форумы межрегионального сотрудничества России и Казахстана, которые проводятся с 2003 года. Для более эффективного и долгосрочного сотрудничества, на наш взгляд, необходимо принятие программы по развитию приграничных территорий на государственном уровне.

Одним из основных приоритетов экономической интеграции Восточного Казахстана и Алтайского края является развитие АПК, темпы роста которого как в области, так и в крае не высоки. Во многом это связано с изношенностью материально-технической базы сельского хозяйства, неразвитостью инновационной экосреды. Диверсификацию экономики области следует начинать с сельского хозяйства. Это решит проблему не только продовольственной безопасности региона, но и повлечет за собой развитие таких отраслей как машиностроение, легкой, текстильной, пищевой и др. Лишь при создании благоприятных политических, экономических условий возникают предпосылки для широкого использования инновационного потенциала приграничных территорий. В связи с этим приграничные территории способны использовать преимущества своего положения для создания точек экономического роста вдоль линии границы: создание рабочих мест, сокращение безработицы, насыщение регионального рынка, снижение цен, повышение конкурентоспособности производства, наращивание валового регионального продукта и повышение уровня жизни населения [4, 81]

Таким образом, вышеизложенное позволяет сделать выводы, что приграничные территории в настоящее время имеют всевозрастающее значение для социально-экономического развития регионов. В перспективе они должны стать «локомотивами роста», и именно в них должны быть аккумулированы значительные материальные, финансовые и интеллектуальные ресурсы, способные обеспечить эффективное выстраивание стратегии приграничного сотрудничества. Это обеспечит формирование устойчивой предпринимательской и инновационной экосреды по всему периметру границ приграничной территории.

Литература (источники)

1. Форум безграничного сотрудничества. //Казахстанская Правда. № 32-33 (27306-27307) от 29.01.2013
2. Ибраева А.Н., Казбек Б.Е. Пути и перспективы межрегинального взаимодействия в Республике Казахстан: - Астана, 2010.-234 с.
3. thenews.kz 2012/05/30/1110344.html
4. Пермякова Е.С., Сычева И.Н. Приоритеты экономической интеграции Алтайского края РФ и ВКО РК. //Ползуновский альманах №3.-2011.С.78-82

Дженакова Е.В.
старший преподаватель кафедры информационного права
Уральской государственной юридической академии, г.
Екатеринбург
djencath@e1.ru

НЕКОТОРЫЕ АСПЕКТЫ ОПРЕДЕЛЕНИЯ ПОНЯТИЙ В ИНФОРМАЦИОННОМ ПРАВЕ

Экономическая стабильность страны и её привлекательность для иностранных инвесторов, предоставляемые возможности для ведения внешнеэкономической деятельности, развитие социальной сферы, совершенствование способов предоставления услуг, наращивание информационного потенциала государства, повышение информационной грамотности общества напрямую зависит от уровня информационно-технического развития и правового обеспечения информационной сферы: «в наше время невозможно представить успешную экономику без развитой системы информационных сетей, их активного использования производителями и потребителями» [6,4].

Развитие телекоммуникационных и информационных технологий характеризуется высокой положительной динамикой, на основе телекоммуникаций развиваются иные сферы жизнедеятельности, происходит активное внедрение телекоммуникаций в сферу образования, здравоохранения, социальную и хозяйственную области, управления и банковской деятельности [4,17].

Совершенно очевидно, что все пространство жизнедеятельности человека, и в особенности его информационно-телекоммуникационный сегмент, должно быть урегулировано нормами права. И одним из основных вопросов, определяющих правовое регулирование в информационной сфере, является вопрос формирования правовых понятий, определений и терминов.

Категории и понятия в информационном праве - это то, что сегодня определяет содержание правового регулирования в информационной сфере, формирует информационную культуру, определяет уровень информационной безопасности во всех сферах жизни общества.

Информационное право - одна из немногих отраслевых наук, категориальный строй которой содержит определенное количество понятий, генетически возникших в других, как правило, технических, областях знаний, но в результате решения практических, научных, исследовательских задач оказавшихся «внедренными» в сферу информационного права и именно там получивших строгое научное определение, закрепивших собственный правовой статус и «укоренившихся в понятийном строе науки». Так, например, информационное право включает в свой понятийный аппарат такие «неорганичные» юридической науке понятия как «информация», «информационные системы», «программы для ЭВМ», «базы данных», «сети», «информационные ресурсы» и т.д.

Эти понятия, существующие в категориальном строе других естественных, экономических, социальных наук, не имели и в них своего четкого, ясного, строгого определения, а стремительность появлений новых технико-технологических объектов вынуждала искать самые простые способы формирования понятийного аппарата в профессиональной и научной сфере.

Первый этап становления категорий представлял собой процесс вербального замещения некоего объекта реальности и «перевода» его в «идеальный предметный план». Естественно, как справедливо замечет Н.Н.Тарасов, «собственно научного значения такое наименование не имеет, так как «склеено» с самим действием, не выделено из него» [15,159].

Возникая и существуя в своих «родных» пространствах, они, наполняясь смыслом и содержанием, адаптируются к требованиям информационного права, получают свой объем [7,34], включаются в систему понятий науки. В качестве примера можно привести такие понятия, как «информация», «телекоммуникации», «компьютер», «информационно-телекоммуникационные сети», «информационные ресурсы» и др.

Кроме того, что немаловажно, наука информационного права создает и формирует такие понятия и обращает внимание ученых на такие явления, которые, являясь предметной областью именно информационного права, «втягиваются» в сферу научных интересов других областей знаний: и теории права, и гражданского права, уголовного, административного права и т.д. Ярким примером служат понятия киберпространства, информационного пространства или инфосферы, информационного ресурса, социальных сетей.

Задачи формирования категориального и понятийного аппарата в информационной сфере решаются такими видными учеными и признанными специалистами в области информационного права, как И.Л. Бачило, П.У. Кузнецов, проблемами терминологии в телекоммуникационной сфере занимаются Ю.В. Волков, Н.С. Мардер и другие [2; 5; 10; 13]. Но приходится отметить, что вопросов и нерешенных проблем больше, чем ответов и удовлетворительных решений.

Так, например. Н.С. Мардер пишет, что, несмотря на более чем столетнюю историю телекоммуникаций, многие понятия не имеют четких определений и носят расплывчатый характер [13,17-20]. Для сетевой сферы особенно характерна тенденция существенного изменения смысла ранее применявшихся терминов и установления отношения смыслового тождества между разными понятиями.

Ю.В. Волков сущность проблемы терминологии в области телекоммуникаций представляет в виде «непрерывного процесса формирования понятийного аппарата на фоне опережающего развития техники и технологий, отставания языковой практики, неадекватного отражения технических и технологических объектов в нормах права» [5,69].

Данная проблема, по мнению Ю.В. Волкова, имеет комплексный характер – наличествует три аспекта разрешения этого научного вопроса: технический, правовой и лингвистический [5,70-71].

Формирование языковой традиции в информационно-телекоммуникационной сфере сталкивается с практически непреодолимым препятствием – временем.

Процесс образования терминологического пространства требует достаточного количества времени, для того чтобы новое явление - информационно-телекоммуникационный объект - сначала получил своё «имя» в технико-технологическом пространстве, далее, перейдя в правовую область, его «имя» наполнилось юридическим смыслом и содержанием.

Этот переход должен осуществляться на основе новых, альтернативных методологических концепций в праве, отвечающих требованиям времени, достижениям научно-технического прогресса, развитию внутрироссийского и международного информационного обмена, с учетом интеграции российского внутреннего информационного рынка в международные информационные рынки.

Следующим шагом во времени, видимо, должна следовать работа над термином, в результате которой под влиянием научных достижений, технических, экономических, социальных перемен происходит корректировка и уточнение смысла, а также возможна замена одного термина другим.

Таким образом, проблема определения информационных объектов в информационно-телекоммуникационной сфере, придания им статуса правовых понятий и категорий, сложность содержания правовых методов, средств, инструментов познания, вызванная множественностью связей и взаимозависимостей в информационных объектах и определяет круг вопросов и задач формирования научных определений информационных объектов.

Процесс определения информационных объектов, придание им статуса правовых понятий и категорий, таким образом, включает в себя четыре основных аспекта:
- технический;
- лингвистический;

- методологический;
- правовой.

Технический аспект проблемы определения понятия заключается в стремительном развитии информационных технологий и появлении новых информационных объектов, не имеющих или не получивших точных, ясных определений в своих, «родных», областях человеческой деятельности, что вынуждает законодателя использовать «технократический подход к формированию нормативных документов» [10,20].

Кроме того, использование технических терминов в правовой сфере ставит сложный вопрос: как будут очерчены границы применения любого слова, какими условиями будет определяться необходимость использования конкретных терминов.

С точки зрения лингвистики, признаки, служащие условием применимости слова, в своей совокупности образую его сигнификат. В традиционной семантике значением слова в языке считается именно его сигнификат [1,3-69]. Ученые-лингвисты полагают наиболее точным способом определения значения слова задание списка признаков, которые должен иметь предмет, чтобы данное слово (словосочетание) было к нему применимо. Такое определение называется десигнативным (или сигнификативным) определением.

Применительно к техническим объектам использование методики сигнификативного определения сопровождается рядом трудностей, связанных, в первую очередь, с технологической сложностью предмета, предполагающей наличие достаточно большого числа существенных признаков, необходимых для указания границ применимости термина.

Во-вторых, когда речь идет о применимости технического термина в правовой области, возникают проблемы вычленения существенных признаков технического объекта, необходимых для определения именно правовых границ существования технического термина.

Методологический аспект: сложность содержания правовых методов, средств, инструментов познания, обусловленная множественностью связей и взаимозависимостей в информационных объектах предполагает появление методологических проблем формирования научных определений информационных объектов в праве.

Очевидно, что информация, информационные и информационно-технологические объекты на полных основаниях стали объектами различных отраслей российского права, однако приходится признать, что полного комплексного правового исследования многих информационных объектов в науке не проводилось. Одним из объяснений сложившейся ситуации служит несоответствие существующей правовой методологии темпам развития научно-технического прогресса и стремительности появления новых информационных объектов права.

Влияние на формирование понятия и его научного определения, а затем введения соответствующего термина, в первую очередь, оказывает природа происхождения объекта.

Сущность информационных объектов уникальна – природа информационно-телекоммуникационных объектов имеет двойственную структуру - техническую и информационную, но эти две составляющих существуют в единстве, они неразрывны, их познание должно происходить с позиций двух взаимосвязанных элементов: первоначального сигнала – сообщения (материальный объект), и отображенного его образа (концепта или сведения – идеальный объект) [11, 90; 14, 21].

Особенности явлений, как справедливо отмечает Р.Лукич, предполагают выбор специальных методов исследования - методов, применимых в области материальных явлений, а также методов, используемых в нематериальной сфере [12,34], а это означает, что «материальный предмет требует «материального» метода — чувственного распознания; применительно к «нематериальному» предмету чувственное наблюдение может использоваться только опосредованно для того, чтобы обеспечить «соприкосновение» этого предмета с «нематериальным» методом, с мысленным увязыванием содержащихся в предмете значений» [12,25].

Для познания такого уникального объекта, имеющего двойственную идеально-материальную природу, необходим и специфический набор методов, позволяющий изучать как отдельно сущностные составляющие, так и в совокупности, поэтому исследование правовой природы технико-технологического информационного объекта требует создания системы приемов, методов, способов, принципов познания естественного (материального) начала и информационной (идеальной) сущности информационно-телекоммуникационной сети.

Конвергенция техники, технологий, информации и права создает предпосылки для формирования новой методологической парадигмы, разработки «сверхмеждисциплинарных» методологий, имеющих «комплексный, междисциплинарный уровень» [11,244].

Отставание правовой методологии теоретик права Р. Лукич объяснял наличием преемственности правовой методологии, что означает, как пишет Р. Лукич, «что методы правовых наук на протяжении столетий существенным образом не менялись... Ученые, занимавшиеся правоведением, пренебрегали изучением используемых методов, и методология правовых наук развития не получила» [12,36].

Профессор П.У. Кузнецов, в свою очередь, отмечает, что замена догматической методологии как инструмента познания действительности методологическим доктринальным многообразием пока не привела к достойным по своей разработанности систем методов познания [11,247]. Также им высказывается опасение, что «в наметившихся процессах взаимообусловленности права и технико-технологического комплекса существует опасность влияния методологии техники на концептосферу (область человеческой деятельности, связанной с формированием новых знаний и связанного с ним правотворчества) права в сторону подмены правовых категорий техническими понятиями» [11,253-254].

С точки зрения методологии необходимо сначала изучить природу концептов, дать дефиниции, а «процесс разработки дефиниций концептов находит продолжение в их категоризации. На этом этапе речь больше не идет об изучении каждого юридического элемента в отдельности, но о его сравнении с другими элементами в целях установления между ними сходства или различий» [3,355].

Правовой аспект заключается в необходимости придать технико-технологическим объектам правовой вес, раскрыть их правовую сущность и природу, выделить правовые признаки, обозначить правовые границы существования информационно-технологических объектов.

Лингвистический аспект заключается в отставании языковой практики от достижений научно-технического прогресса, вынужденном заимствовании технико-технологических терминов из других языковых систем, их «орусифицировании», в результате которого зачастую теряется первоначальный смысл, формируется новое содержание понятия, обусловливающее создание образа совершенного другого информационного объекта.

Вопросы необходимости заимствования терминов и выражений, и проблемы, возникающие при формировании интернационального, межгосударственного правового языка, были рассмотрены Д.А.Керимовым в его работе, посвященной культуре и технике законотворчества.

Рассуждая о неизбежности привнесения новых, иностранных слов в национальную языковую правовую сферу, Д.А.Керимов выдвигает три непременных условия, при соблюдении которых использование «интернационального» правового языка будет оправдано.

Во-первых, указывает он, термины и выражения должны быть оптимальны и правильно обозначать соответствующие понятия; во-вторых, используемые выражения должны быть устоявшимися, прочно вошедшими в международный юридический лексикон, их употребление должно быть мотивировано; и, в-третьих, смысл введенных терминов и выражений должен расшифровываться и объясняться в самом законе [8,97].

Лексика информационного права достаточно сложна, насыщена специфическими терминами. Но, и в этом заключен парадокс, практически все термины информационной сферы приняли общеупотребительный характер. Однако кажущаяся простота, вызванная широким использованием этих терминов в обыденной жизни, порождает множество различных толкований, обусловленных и уровнем общих теоретических и специальных знаний, и владением специальной технической терминологией, и наличием определенных умений и навыков в применении информационных технологий в различных сферах деятельности, и, безусловно, общим уровнем информационной культуры.

Таким образом, решение задач стандартизации и унификации употребляемых информационных терминов определяется лингвистическими особенностями формирования названий технических объектов, обусловленными технологической природой таких объектов, а также методологическими аспектами проблемы определения информационных технико-технологических объектов в юридической науке.

Список литературы:

1. Апресян Ю.Д. Избранные труды. Том 1. Лексическая семантика. Синонимические средства языка. М.: Языки русской культуры, 1995. – 472 с.
2. Бачило И.Л. Информационное право: Учебник для вузов. М.: Высшее образование, Юрайт-Издат, 2009. - 454 с.
3. Бержель Ж.-Л. Общая теория права / Под. общ. ред. В.И. Даниленко / Пер. с фр. М.: Издательский дом NOTA BENE. 2000. - 576 с.
4. Волков Ю.В. Субъекты телекоммуникационного права: дис. ...канд. юрид.наук. Екатеринбург, 2006.
5. Волков Ю.В. Правовые подходы к решению проблемы терминологии в электросвязи // Вестник связи, 2006. № 4. С.69-71.
6. Гулемин А.Н. Интеграция информационного законодательства в условиях глобализации: дис. ...канд. юрид. наук. Екатеринбург, 2008.
7. Ивин А.А. Логика: учебное пособие для студентов ВУЗов / А.А.Ивин. – М.: ООО «Издательство Оникс»; ООО «Издательство «Мир и Образование», 2008. – 336 с.
8. Керимов Д.А. Культура и техника законотворчества / Д.А.Керимов. М.: Юридическая литература. 1991. - 160 с.
9. Кузнецов П.У. Информационные основания права: Монография. Екатеринбург: Издательский дом «Уральская государственная юридическая академия», 2005. – 204 с.
10. Кузнецов П.У. Правовая методология информационных процессов и информационной безопасности (вербальный подход): Монография. Екатеринбург: Издательский дом «Уральская государственная юридическая академия», 2001. – 169 с.
11. Кузнецов П.У. Теоретические основания информационного права: дис. ...д.ю.н. Екатеринбург. 2005.

12. Лукич Р. Методология права / Под общ. ред. Д.А. Керимова / Пер. с сербскохорватского. В.М. Кулистикова. М.: Прогресс, 1981. - 304 с.

13. Мардер Н.С. О терминологии в электросвязи // Вестник связи, 2005. № 3.

14. Стрельцов А. А. Обеспечение информационной безопасности России. Теоретические и методологические основы / Под ред. В. А. Садовничего, В. П. Шерстюка. М., 2002. – 296 с.

15. Тарасов Н.Н. Методологические проблемы юридической науки: Монография. Екатеринбург: Издательство Гуманитарного университета, 2001. – 263 с.

Папулова З. А.
соискатель кафедры гражданского процесса
Уральской государственной юридической академии (г. Екатеринбург),
адвокат
zoya.papulova@mail.ru

ФОРМЫ УСКОРЕНИЯ ГРАЖДАНСКОГО СУДОПРОИЗВОДСТВА В ПРОЦЕССУАЛЬНОМ ЗАКОНОДАТЕЛЬСТВЕ РОССИИ

В советский период развития гражданского судопроизводства законодательством предусматривалась лишь одна универсальная развернутая формула, отвечающая требованиям руководящей роли суда и стремлению к установлению объективной истины. Все остальные формы процесса не были восприняты, поскольку не позволяли установить все обстоятельства дела.

Однако в связи с изменением конституционных основ государства и переходом к рыночной экономике, стало очевидно, что принятые ранее приемы и формы рассмотрения дел не могут обеспечить надлежащий уровень качественного и вместе с тем скорого правосудия. Изменился и взгляд на оптимальную судебную процедуру достаточную для вынесения судебного решения.

Законодательством Российской Федерации предусматриваются три ускоренные формы, которые могут быть использованы при рассмотрении и разрешении гражданских дел, две из которых: заочное и приказное производство введены для судов общей юрисдикции, а одна - упрощенное производство существует в системе арбитражных судов.

На страницах монографической литературы и периодических печатных изданий нередко приводится критика существующего механизма, даются негативные оценки рассматриваемым институтам.

Однако в рамках настоящей статьи хочется отметить некоторые позитивные аспекты, положительно влияющие на общую характеристику отечественного гражданского судопроизводства.

Относительно заочного производства, необходимо отметить, что в 2011 г. на территории России вынесено 1 252 750 заочных решений, из них отменно судьями 39 203. Ответчикам, с нарушением 3-х дневного срока направлено 83 894 заочных решения. [4].

Анализ судебной практики и статистики показывает, что институт судебного приказа также крайне востребован. В 2010 г. в Свердловской области мировой юстицией рассмотрено 247 210 гражданских дел, из них по 130 508 вынесены судебные приказы. В течение 2011 г. было выдано 6 176 354 судебных приказов, из них отменено 421 013. [4]

Однако самые многочисленные дискуссии и обсуждения последнего времени касаются третьей ускоренной формы, предусмотренной законодательством России- упрощенного производства.

В 2003 г. в порядке упрощенного производства было рассмотрено 67 272 дел, в 2004 г.- 175 554, в 2005- 188 243. Однако уже в 2006 г. таких дел оказалось всего 73 119. В период с 2006 по 2010 г. использование этой процедуры резко сократилось до 8 506 дел в год, что от общего числа рассмотренных арбитражным судом дел составило 0,7%. [3]

Снижение использования данной процедуры, начиная с 2006 г., многими авторами объясняется внесением изменений в налоговое законодательство, нормы которого в действующей редакции позволяют налоговым органам самостоятельно взыскивать санкции.

Однако, основной проблемой, препятствовавшей активному использованию упрощенных процедур, являлась неудовлетворительная работа почты- от того, возражения ответчиков приходили в суд уже после вынесенного решения в упрощенной форме, что в большинстве случаев влекло за собой отмену акта и негативно сказывалось на качественных показателях работы судей.

В итоге арбитражные суда отказали от активного применения модели упрощенного производства, обращаясь в ней эпизодически при рассмотрении некоторых бесспорных дел. [2; 35]

Безусловно, что такая очевидная проблема и фактическое отсутствие в арбитражном процессе ускоренного производства, не могло не остаться без внимания Высшего Арбитражного Суда РФ, который в марте 2011 г. внес на рассмотрение Государственной Думы проект Федерального закона, посвященный внесению изменений в АПК РФ, касающихся упрощенного производства.

Данный закон был одобрен Государственной Думой и вступил в законную силу в сентябре 2012 г.

Многие идеи, высказанные в литературе ранее по вопросам реформирования упрощенного производства, были учтены при подготовке данной редакции:

- срок рассмотрения дела увеличен до двух месяцев;
- поднята планка исковых требований для юридических лиц до 300 000 руб., для индивидуальных предпринимателей до 100 000 руб.;
-ликвидированы ограничения по денежному выражению исковых требований, в случае соблюдения указанных в законе необходимых условий;
- учтены критические замечания относительно сроков на высылку сторонам изготовленного решения и сроков его обжалования;
- судебный процесс по вынесению решения в рамках упрощенного производства стал абсолютно письменным, происходящим без вызова сторон и без проведения судебного заседания;
- обширная категория дел закреплена законодателем как обязательно подлежащая рассмотрению в порядке упрощенного производства независимо от воли сторон и суда.

С первых дней вступления в силу упрощенное производство получило свое широкое распространение на практике. Так, к ноябрю 2012 г. в

Арбитражный суд Свердловской области поступило 3 705 заявлений по делам, рассматриваемым в упрощенном порядке, что составило 44% от всего объема принятых судом заявлений. [5]

Упрощенное производство- это первая попытка отечественного законодателя столь масштабно привнести в цивилистический процесс электронные способы обмена информации и вынесения судебного решения.

В отечественное законодательство впервые введена процессуальная конструкция, которая может быть названа прообразом процедуры осуществления электронного правосудия. [1; 129]

Кроме того, внесенные изменения- это первые серьезные шаги по закреплению ответственности за ненадлежащее исполнение процессуальных обязанностей в целях организации экономического правосудия на высоком профессиональном уровне, следуя мировым стандартам.

В качестве вывода к приведенным суждениям и статистическим показателям, необходимо отметить, что современное судопроизводство развитой страны не может обойтись без ускоренных форм, имеющих сокращенный порядок разрешения гражданских дел в зависимости от существа спора, суммы требований, а также сложности материального правоотношения, лежащего в его основе.

Существование данных ускоренных механизмов закономерно, естественно и оправдано, история нашего государства подтверждает верность данного вывода, ведь все эти формы существовали и в процессуальном законодательстве Российской империи. Однако после пережитого забвения, на закате Советского государства вновь получили свою заслуженно высокую оценку и были возвращены в процессуальное законодательство уже новой России.

Список использованной литературы:
1. Пономаренко В.А. Федеральный закон № 86-ФЗ - важный шаг на пути к электронному правосудию // Закон. 2012. № 10;
2. Решетникова И.В. Упрощенное производство. Как будут рассматриваться дела по новым правилам // Арбитражная практика. 2012. № 9.
3. Статистические данные Высшего Арбитражного суда РФ. Доступно: www.arbitr.ru
4. Статистические данные Судебного Департамента при Верховном Суде РФ. Доступно: www.cdep.ru/ index.php?id=79&item=951
5. Статистические данные Арбитражного Суда Свердловской области. Доступно: www.ekaterinburg.arbitr.ru/node/15835

Шупицкая О.Н.
кандидат юридических наук, доцент, Учреждение образования
«Гродненский государственный университет имени Янки Купалы»
shup89@hotmail.com

ЛИЧНЫЕ ПРАВА И СВОБОДЫ ГРАЖДАН КАК ЭЛЕМЕНТ КОНСТИТУЦИОННЫХ ПРАВ ЛИЧНОСТИ

В условиях современного государства возрастает роль и значение конституционных прав и свобод личности, к числу которых относятся личные права и свободы. Личные права и свободы – наиболее значимый и в то же время самый трудный для обеспечения реализации элемент конституционного правового положения индивида, а потому их исследование представляется актуальным.

Специфика гражданских прав и свобод заключается в том, что эти права и свободы присущи каждому человеку от рождения. В отличие от других видов прав и свобод они не связаны с понятием гражданства.

Вторая особенность состоит в том, что такие права и свободы необходимы для обеспечения охраны жизни, свободы, достоинства индивида. Ряд из них связан с индивидуальной, частной жизнью человека.

Личные права и свободы, как представляется, в особой степени нуждаются в регламентации их отраслевыми нормативными правовыми актами.

И, наконец, личные права и свободы неразрывно связаны с такими понятиями как равенство, свобода, неприкосновенность личности.

В разные эпохи в данные понятия вкладывалось различное содержание. Однако сами эти идеи всегда были и остаются притягательными для любого человека. Социальная ценность личных прав состоит, главным образом, в том, что они сами по себе, а также гарантии их реального осуществления определяют положение человека в обществе, а, следовательно, и уровень развития самого общества. Таким образом, меру свободы личности в обществе необходимо прямо проецировать на меру справедливости и свободы самого общества. Признанием этого явилось принятие Генеральной Ассамблеей ООН 10 декабря 1948 г. Всеобщей декларации прав человека, а также Международного пакта о гражданских и политических правах, принятого 16 декабря 1966 г. и вступившего в действие для СССР и для России в 1976 г.

Следует иметь в виду, что целостная нормативная правовая регламентация государством личных прав обусловлена не только соображениями гуманитарного или политического характера, но и экономическими причинами. Переход к экономике рыночного типа и связанная с ним свобода предпринимательской деятельности создают основу экономической свободы личности. Экономическая же свобода неизбежно порождает объективную потребность в свободе личной, духовной.

Личные неимущественные права в объективном смысле представляют собой комплексный правовой институт, включающий нормы различных отраслей права. Основу правового регулирования этих прав составляют нормы конституционного права, которые закрепляют в целом систему личных прав граждан, а также устанавливают правовые гарантии их реального осуществления.

Личные (гражданские) права призваны обеспечивать свободу и автономию индивида как члена гражданского общества, его юридическую защищенность от какого-либо незаконного внешнего вмешательства. Органическая основа и главное назначение гражданских прав состоят в том, чтобы обеспечить приоритет индивидуальных, внутренних ориентиров развития каждой личности.

Эта категория прав характеризуется тем, что государство признает свободу личности в определенной сфере отношений, которая отдана на усмотрение индивида и не может быть объектом притязаний государства. Она обеспечивает так называемую негативную свободу. Личные права, являясь атрибутом каждого индивида, призваны юридически защищать пространство действия частных интересов, гарантировать возможности индивидуального самоопределения и самореализации личности. На различных этапах возникновения этих прав они призваны были ограждать человека от незаконного вторжения государства в сферу личной свободы. Однако в дальнейшем для осуществления гражданских прав недостаточно было пассивной обязанности государства воздерживаться от вмешательства в сферу свободы личности. Выявилась потребность содействовать в осуществлении прав и свобод индивида. Это значит, что мало установить прямые запреты, оберегающие сферу личной свободы и частной жизни от противоправных и произвольных попыток ее ущемления, в том числе со стороны государства. Необходимы его активные действия для реализации прав и свобод человека.

Особое значение для реализации личных прав человека принадлежит правовым гарантиям, в особенности тем, которые закреплены в международно-правовых документах и конституциях, в частности, и в Конституции Республики Беларусь.

Если рассматривать блага индивидуальной свободы как критерий классификации личных прав и свобод, то следует согласиться со следующей их классификацией:

1) право на жизнь и право на честь и достоинство личности, которые обеспечивают такие абсолютные блага как неприкосновенность жизни и наивысшую ценность человеческой личности;

2) право на свободу и личную неприкосновенность, запрет рабства и работорговли, свободу передвижения по стране и выбора местожительства,

право покидать и возвращаться в свою страну. Эта группа личных прав обеспечивает блага личной свободы, возможность располагать самим собой;

3) право на личную неприкосновенность, право на свободу от пыток, жестокого и бесчеловечного обращения и наказание; свобода от произвольных арестов и задержаний. Эта группа прав гарантирует личную безопасность;

4) право на охрану частной жизни, свобода мысли, совести, религии, право неприкосновенности жилища, тайны переписки, телефонных переговоров и другой корреспонденции, право на охрану брака и семьи. Данные права обеспечивают блага личной (частной) и семейной жизни, гарантируют невмешательство в сферу личной жизни и духовной свободы;

5) право на признание правосубъектности; равенство перед законом и судом; право на равную защиту закона; равноправие женщин и мужчин; свобода от дискриминации людей по мотивам расы, национальности, пола, религиозных и политических убеждений; право на гражданство; права иностранцев и лиц без гражданства. Указанная группа прав обеспечивает возможности признания человека субъектом права и гарантии равноправия.

Существует и еще одна группа личных (гражданских) прав. Их своеобразие состоит в том, что они выступают в качестве условий и средств эффективной правовой защиты личных и иных прав человека. В сущности, это права-гарантии, обеспечивающие реальность многих прав человека. Однако многие относят их к числу личных прав, поскольку некоторые из них гарантируют личную безопасность человека. К числу указанных прав относятся право на справедливое и беспристрастное судебное разбирательство; презумпция невиновности; права обвиняемого, осужденного; права жертвы преступления и злоупотребления властью; запрет осуждения за совершение действия, которое по закону не было преступным в момент его совершения; запрет наложения наказания более тяжкого чем то, которое могло было быть наложено в момент совершения преступления.

Майшекина Э. С.
докторант PhD
Eldana_18@mail.ru

СРАВНИТЕЛЬНО-ПРАВОВОЙ АНАЛИЗ ФУНКЦИЙ ПРЕЗИДЕНТА РЕСПУБЛИКИ КАЗАХСТАН И ПРЕЗИДЕНТА РОССИЙСКОЙ ФЕДЕРАЦИИ

Характеризуя конституционный статус Президента необходимо помнить важную особенность его положения как главы государства. Он выполняет функцию "Президента всех казахстанцев и россиян" независимо от того, как проголосовало большинство избирателей в том или ином регионе. Парламент Республики Казахстан и Федеральное Собрание Российской Федерации представляет многонациональный народ двух государств в лице своих избирателей, т. е. население избирательных округов и регионов, и отсюда неизбежность известной несогласованности выражаемых депутатами парламента интересов. Но Президенты Республики Казахстан и Российской Федерации, получая свой мандат на прямых всеобщих выборах, представляет совокупные, т. е. общие, интересы всего народа. Президент Российской Федерации как глава федеративного государства вправе контролировать президентов республик и глав администраций других субъектов Российской Федерации такими же функциями и обладает президент Республики Казахстан но относительно глав областей. Они также вне интересов отдельных политических партий или каких-либо общественных объединений, это своеобразные правозащитники и "лобби" всего народа. Взаимодействие Президента и парламента должно обеспечить единство общегосударственных и региональных интересов.

Как и в других государствах, Президент Российской Федерации и президент Республики Казахстан обладают неприкосновенностью. Это означает, что до отставки Президента против него нельзя возбудить уголовное дело, принудительно доставить его в суд в качестве свидетеля и т. д. В статус Президента Российской Федерации и президента Республики Казахстан также входит право на штандарт (флаг), оригинал которого находится в их служебных кабинетах, а дубликат поднимается над резиденцией Президента как в столице, так и над другими резиденциями Президента во время его пребывания в них.

Первая из основных функций президента Российской Федерации и президента Республики Казахстан — быть гарантом Конституции Российской Федерации и Конституции Республики Казахстан, прав и свобод человека и гражданина. В силу этого они прежде всего должны обеспечивать положение, при котором все органы государства выполняют свои конституционные обязанности, не выходя за пределы своей компетенции. Для этого они должны обращаться к любому федеральному органу власти и органу власти субъекта Российской Федерации, а в Республике Казахстан органам центральной власти и органам местного самоуправления с предложением привести свои акты или действия в соответствие с Конституцией Российской Федерации и Конституцией Республики Казахстан. В Российской Федерации президент является гарантом Конституции Российской Федерации, а не конституций субъектов Российской Федерации, но поскольку последние должны соответствовать федеральной Конституции, то функцию Президента Российской Федерации следует понимать как гарантию всей системы конституционной законности в стране. В Республике Казахстан в связи с унитарной системой государственного устройства президент распространяет конституционную законность на всю страну. Президент не может оставаться безучастным, если хоть один орган государства нарушает или не соблюдает Конституции Российской Федерации и Конституции Республики Казахстан, а тем более когда при этом ущемляются или нарушаются права и свободы каких-либо групп населения. Президент не только вправе, но и обязан принять меры вплоть до применения самого широкого принуждения на законной основе, если на территории государства действуют организованные преступные банды или незаконные вооруженные формирования, от которых исходит прямая и реальная угроза территориальной целостности, безопасности государства и правам человека в мирное время. Функция гаранта требует от Президента постоянной заботы об эффективности судебной системы и осуществления целого ряда акций, прямо не сформулированных в его полномочиях, — естественно, не вторгаясь в прерогативы парламента.

Функция гаранта Конституции предполагает широкое право Президента действовать по своему усмотрению, исходя не только из буквы, но и духа Конституции и законов, восполняя пробелы в правовой системе и реагируя на непредвиденные Конституцией жизненные ситуации. Как гарант прав и свобод граждан Президент обязан разрабатывать и предлагать законы, а в случае их отсутствия и впредь до принятия федеральных законов в Российской Федерации принимать указы в защиту прав и свобод отдельных категорий граждан (пенсионеров, военнослужащих и др.), по борьбе с организованной преступностью и т.д. (За гражданами Российской Федерации Республики Казахстан закреплено конституционное право на судебное обжалование действий Президента).

Столь же широко сформулирована в Конституции Российской Федерации и Конституции Республики Казахстан функция Президента по охране суверенитета Российской Федерации и Республики Казахстан, ее независимости и государственной целостности. Ясно, что и здесь Президент должен действовать в пределах своих полномочий, установленных Конституцией, но и в этом случае не исключаются дискреционные полномочия, без которых цели общей функции не могут быть достигнуты.

Так, только сам Президент и в меру своего понимания должен определить нарушение или угрозу нарушения суверенитета, независимости и государственной целостности и предпринять соответствующие действия, которые могут быть поэтапными, если, конечно, речь не идет о внезапном ядерном нападении или других грубых формах внешней агрессии, когда требуются решительные действия, включая и применение силы.

Конституции Российской Федерации и Конституции Республики Казахстан указывают, что осуществление этой функции должно проходить в "установленном Конституцией Российской Федерации и Конституцией Республики Казахстан порядке" (например, путем введения военного или чрезвычайного положения, что предусмотрено ч. 2 ст. 87 и ст. 56 Конституции Российской Федерации и ст. 44 п 16 Конституции Республики Казахстан). Но в случаях, в отношении которых порядок действий Президента прямо Конституцией не предусмотрен, Президент обязан действовать, исходя из собственного понимания своих обязанностей как гаранта Конституции или прибегнув к толкованию Конституции с помощью Конституционного Суда (следует помнить, что в Российской Федерации другие органы государственной власти правом толкования Конституции Российской Федерации не обладают) и Конституционного Совета в Республике Казахстан [1]

Весьма сложной и ответственной является функция Президентов Российской Федерации и Республики Казахстан по обеспечению согласованного функционирования и взаимодействия органов государственной власти. Исходя из этой роли, Президенты Российской Федерации и Республики Казахстан вправе прибегать к согласительным процедурам и другим мерам преодоления кризисов и разрешения споров. Эта функция важна для взаимодействия органов государственной власти, как на федеральном и центральном уровне, так и на уровне отношений органов государственной власти Российской Федерации и Республики Казахстан к областям в Республике Казахстан и к субъектам Российской Федерации а также между различными субъектами Российской Федерации в России.

Конституции Российской Федерации и Конституции Республики Казахстан возлагают на Президента функцию определения основных направлений внутренней и внешней политики государства, оговаривая, однако, что эта функция должна осуществляться в соответствии с Конституциями Российской Федерации и Республики Казахстан, а также республиканскими законами в Республике Казахстан и федеральными законами в Российской Федерации .

Конституционные функции Президентов Российской Федерации и Республики Казахстан конкретизируются и дополняются Законами Российской Федерации "О безопасности" (в редакции от 24 декабря 1993 г.) и конституционном законе Республики Казахстан « О первом президенте в Республике Казахстан». Под безопасностью понимается состояние защищенности жизненно важных интересов личности, общества и государства от внутренних и внешних угроз. К основным объектам безопасности относятся: [2]

личность — ее права и свободы, общество — его материальные и духовные ценности, государство — его конституционный строй, суверенитет и территориальная целостность. Основным субъектом обеспечения безопасности является государство, а граждане, общественные и иные организации и объединения объявляются Законом субъектами безопасности.

В этом Законе закреплены некоторые функции и полномочия Президента Российской Федерации. Так, Президент Российской Федерации осуществляет общее руководство государственными органами обеспечения безопасности, возглавляет Совет Безопасности, контролирует и координирует деятельность государственных органов обеспечения безопасности, в пределах определенной законом компетенции принимает оперативные решения по обеспечению безопасности. Следовательно, именно Президент Российской Федерации напрямую (т. е. минуя Председателя Правительства) руководит перечисленными в Законе силами безопасности: Вооруженными Силами, Федеральной службой безопасности, органами внутренних дел, внешней разведкой, Федеральной службой охраны, обеспечивающей безопасность органов законодательной, исполнительной и судебной власти и их высших должностных лиц, налоговой службой, формированиями гражданской обороны, пограничными войсками, внутренними войсками, службой правительственной связи и информации, обеспечения безопасности средств связи и информации и др.

В Республике Казахстан соответствующие дополнительные функции предаются законом «о первом президенте Республики Казахстан» который расширяет систему защиты правового статуса президента Республики Казахстан и предоставляет более объемные функции исполнительной власти.

Литература:
1 Конституция РК: принята на Всенародном референдуме 30 августа I995 (с изменениями 2007года) Астана.,2011
2 Конституция : Российской Федерации от 25.12 I993 (с изменениями 2008года) Москва.,2008

Проценко В.В.

кандидат юридических наук, научный сотрудник отдела
проблем частного права НИИ частного права и предпринимательства
Национальной академии правовых наук Украины

ПРЕДСТАВИТЕЛЬСТВО: ПОНЯТИЕ И ЗНАЧЕНИЕ ПО ЗАКОНОДАТЕЛЬСТВУ УКРАИНЫ

Субъекты права, как правило, самостоятельно совершают действия, направленные на достижение определенных интересов, но на практике бывают обстоятельства, которые в силу определенных причин не позволяют им (субъектам) самостоятельно осуществить названные действия. Такие обстоятельства могут носить юридический либо фактический характер [1,115].

В случае существования юридического или фактического препятствия субъекты гражданского права могут осуществлять свои права посредством представительства, которое в Гражданском кодексе Украины (далее – ГК Украины) регулируется Главой 17 «Представительство».

Так, в соответствии со ст. 237 ГК Украины: «Представительство – это правоотношение, в котором одна сторона (представитель) обязана или имеет право совершить сделку от лица второй стороны, которую она представляет» [2]. При этом не является представителем лицо, которое хотя и действует в чужих интересах, но от собственного имени, а также лицо, уполномоченное на ведение переговоров относительно возможных в будущем сделок. Представительство может возникать на основании договора, закона, акта органа юридического лица и из других оснований, установленных актами гражданского законодательства.

По законодательству Украины представитель может быть уполномочен на совершение лишь тех сделок, право на совершение которых имеет лицо, которое он представляет. Сделка, совершенная представителем, создает, изменяет, прекращает гражданские права и обязанности лица, которое он представляет. Представитель не может совершать сделку, которая, соответственно ее содержанию, может быть содеяна лишь лично тем лицом, которое он представляет. Он не может совершать сделку от имени лица, которое он представляет, в своих интересах или в интересах другого лица, представителем которого он одновременно является, за исключением коммерческого представительства, а также относительно других лиц, установленных законом.

Следует отметить, что представитель обязан совершать сделки по предоставленным ему полномочиям лично. Он может передать свое полномочие частично или в полном объеме другому лицу, если это установлено договором или законом между лицом, которое представляют, и представителем, или если представитель был принужден к этому с целью охраны интересов лица, которое он представляет. Представитель, который передал свое полномочие другому лицу, должен сообщить об этом лицу, которое он представляет, и предоставить ему необходимые сведения о лице, которому переданы соответствующие полномочия (заместителю). Невыполнение этой обязанности возлагает на лицо, передавшее полномочия, ответственность за действия заместителя как за свои собственные. Сделка, совершенная заместителем, создает, изменяет, прекращает гражданские права и обязанности лица, которое он представляет.

Бывают случаи, когда сделки совершаются с превышением предоставленных полномочий, в таком случае сделка создает, изменяет, прекращает гражданские права и обязанности представляемого лица лишь в случае следующего одобрения сделки этим лицом. Сделка считается одобренной в случае, если представляемое лицо совершило действия, которые свидетельствуют о принятии ее (сделки) к выполнению. Последующее одобрение сделки представляемым создает, изменяет и прекращает гражданские права и обязанности с момента непосредственного совершения этой сделки.

Представительство можно разделить на три вида: 1) по закону; 2) коммерческое;
3) представительство по доверенности.

Как отмечено в ст. 242 ГК Украины, представителем по закону являются родители (усыновители) своих малолетних и несовершеннолетних детей; опекуны для малолетнего лица и физического лица, признанного недееспособным. Законным представителем в случаях, установленных законом, также может быть иное лицо [2].

Коммерческим представителем является лицо, которое постоянно и самостоятельно выступает представителем предпринимателей при заключении ими договоров в сфере предпринимательской деятельности. Коммерческое представительство одновременно нескольких сторон сделки допускается по согласию этих сторон и в других случаях, установленных законом. Полномочия коммерческого представителя могут быть подтверждены письменным договором между ним и лицом, которое он представляет, или доверенностью. Особенности коммерческого представительства в отдельных сферах предпринимательской деятельности устанавливаются законом.

Как уже отмечалось, представительство, которое основывается на договоре, может осуществляться по доверенности. Представительство по доверенности может основываться на акте органа юридического лица. Доверенностью является письменный документ, который выдается одним лицом другому лицу для представительства перед третьими лицами. Доверенность на совершение сделки представителем может быть предоставлена лицом, которое представляют (доверителем), непосредственно третьему лицу.

Что касается формы доверенности, то она должна отвечать форме, в которой соответственно закону, может совершаться сделка. Доверенность, которая выдается в порядке передоверия, подлежит нотариальному удостоверению, кроме случаев, когда доверенность выдана на получение заработной платы, стипендии, пенсии, алиментов, других платежей и почтовой корреспонденции (почтовых переводов, посылок и т.п.) и может быть удостоверена должностным лицом организации, в которой доверитель работает, учится, находится на стационарном лечении, или по месту его проживания. Доверенность военнослужащего или другого лица, которое находится на лечении в госпитале, санатории и другом военно-лечебном учреждении, может быть удостоверена начальником этого учреждения, его заместителем по медицинской части, старшим или очередным врачом. Доверенность военнослужащего, а в пунктах дислокации военной части, соединения, учреждения, военно-учебного заведения, где нет нотариуса или органа, который совершает нотариальные действия, а также доверенность рабочего, служащего, члена их семей и члена семьи военнослужащего может быть удостоверена командиром (начальником) этой части, соединения, заведения или учреждения. Доверенность лица, которое находится в месте лишения свободы (следственном изоляторе), может быть удостоверена начальником места лишения свободы. Доверенности, удостоверенные указанными должностными лицами, приравниваются к нотариально удостоверенным.

От имени юридического лица доверенность выдается его органом или другим лицом, уполномоченным на это его учредительными документами, и скрепляется печатью этого юридического лица.

Срок доверенности устанавливается в доверенности. Если срок доверенности не установлен, то она сохраняет действие до прекращения ее действия. Срок доверенности, выданной в порядке передоверия, не может превышать срока основной доверенности, на основании которой она выдана. Доверенность, в которой не указана дата ее свершения, является ничтожной.

Представительство по доверенности прекращается в случае:

1) окончания срока доверенности;

2) отмены доверенности лицом, которое ее выдало;

3) отказа представителя от совершения действий, определенных доверенностью;

4) прекращение существования юридического лица, которое выдало доверенность;

5) прекращение существования юридического лица, которому выдана доверенность;

6) смерти лица, выдавшего доверенность, объявление его умершим, признание его недееспособным или безвестно отсутствующим, ограничение его гражданской дееспособности. Однако в случае смерти лица, которое выдало доверенность, представитель сохраняет свои полномочия по доверенности для ведения неотложных дел или таких действий, невыполнение которых может привести к возникновению убытков;

7) смерти лица, которому выдана доверенность, объявление его умершим, признание его недееспособным или безвестно отсутствующим, ограничение его гражданской дееспособности.

С прекращением представительства по доверенности теряет действие передоверие. В случае прекращения представительства по доверенности представитель обязан немедленно возвратить доверенность.

Лицо, которое выдало доверенность, может в любое время отозвать доверенность или передоверие, за исключением случаев выдачи безотзывных доверенностей. Отказ от этого права является ничтожным. Лицо, которое выдало доверенность и со временем отменило ее, должно немедленно сообщить об этом представителю, а также известным ему третьим лицам, для представительства перед которыми была выдана доверенность. Права и обязанности относительно третьих лиц, которые возникли вследствие совершения сделки представителем до того, как он узнал или мог узнать об отмене доверенности, сохраняют действие для лица, которое выдало доверенность, и его правопреемников. Это правило не применяется, если третье лицо знало или могло знать, что действие доверенности прекратилось.

Представитель имеет право отказаться от совершения действий, которые были определены доверенностью. В таком случае представитель обязан немедленно сообщить лицу, которое он представляет, об отказе от совершения действий, которые были определены доверенностью. Он не может отказаться от совершения действий, которые были определены доверенностью, если эти действия были неотложными или направленными на предотвращение нанесения убытков лицу, которое он представляет, или другим лицам. Представитель отвечает перед лицом, которое выдало доверенность, за причиненные ему убытки в случае несоблюдения им ранее названных требований.

Обзор гражданского законодательства Украины в части регулирования отношений представительства показывает высокий уровень разработки названной тематики. Бесспорно, между Украиной и Российской Федерацией существуют некоторые различия в регуляторном подходе анализируемой темы, однако неизменным остается факт максимально эффективной работы законодателей обеих стран по усовершенствованию своего законодательства на благо граждан и субъектов предпринимательства в данном вопросе.

Литература:

1. Игнатьев В.П., Проценко В.В. Гражданское право. Общая часть: учебник. – Кишинев, 2010.

2. Цивільний кодекс України від 16.01.2003. № 435-IV із змінами на 2.12.12 р. // Відомості Верховної Ради України (ВВР). – 2003. – №№ 40-44. – ст. 356.

Толысбаева А. Д.

докторант phD Казахского гуманитарно-юридического инновационного университета, Казахстан, г.Семей

e-mai: t_aliya_79@mail.ru

ОСОБЕННОСТИ ЗАКОНОДАТЕЛЬНОЙ ФУНКЦИИ ПАРЛАМЕНТА В СТРАНАХ СНГ

Во всех цивилизованных странах парламенты выполняют три функции – представительскую, законодательную и надзорную. Они выполняют законодательную функцию, поскольку, наряду с рассмотрением собственных законопроектов, они уполномочены вносить поправки, одобрять или отклонять правительственные законопроекты. Эта функция тесно связана с представительской функцией, так в демократических государствах законодательные органы наделяются полномочиями через волеизъявление народа.

В большинстве законодательных органов с постоянными комитетами законопроекты официально вносятся в нижнюю палату, а затем передаются на рассмотрение в комитет, обладающий соответствующей юрисдикцией для рассмотрения данного законопроекта. В парламентах, основанных на вестминстерской системе, законопроекты остаются в нижней палате для второго чтения, обсуждения и "принципиального" голосования. После этого их передают в комитеты для доработки технических деталей и внесения поправок.

В государствах с президентской системой власти предложенные законопроекты сразу передаются в комитеты, а законопроекты, попадающие под юрисдикцию нескольких комитетов, могут направляться сразу нескольким комитетам.

В двухпалатных парламентах после принятия законопроекта одной из палат он передается в другую, где обычно рассматривается в том же порядке. Эта палата может принять предложенный законопроект полностью, внести в него поправки, дополнения или вообще отвергнуть [1, с. 260].

Для эффективного осуществления парламентом своей законодательной функции, парламентарии должны обладать определенными навыками для анализа законов и поправок с тем, чтобы иметь возможность интерпретировать изменения государственной политики и оценить предлагаемые нововведения. Парламентарии, и в особенности, члены комитетов, должны обладать навыками составления законопроектов и обзора законодательства. Комитеты также зачастую полагаются на опыт приглашенных экспертов для точной оценки сферы действия законопроекта и его последствий с различных точек зрения (напр. правовой, социальной, экономической и природоохранной).

Одним из основных компонентов программ поддержки парламентов обычно является развитие законотворческих возможностей законодательного органа. Подобные программы могут включать в себя развитие исследовательских служб парламента, развитие библиотечной и информационной систем, предоставление комитетам помощи экспертов, разработку университетских программ студенческих стажировок для помощи комитетам, а также развитие сотрудничества между законодательной властью и гражданским обществом.

Рассмотрим особенности законодательных функций парламента в странах СНГ.

Парламент Республики Казахстан является высшим представительным органом Республики потому, что народ Казахстана выбирает в него как непосредственно, так и косвенно своих представителей, делегирует им, объединенным в коллегиальное учреждение, законодательные полномочия. Как высший представительный орган народа Казахстана, Парламент осуществляет законодательные функции. В соответствии с п. 4 ст. 3 Конституции, государственная власть в Республике осуществляется на основе принципа разделения на законодательную, исполнительную и судебную ветви. Законодательной ветвью власти является Парламент. Представляя народ Казахстана, от имени народа и государства Парламент в пределах конституционных полномочий осуществляет законодательные полномочия. В Конституции 1995 года не сказано, что Парламент является единственным органом, принимающим законы. Законодательные функции может осуществлять народ посредством референдума, а в предусмотренных Конституцией случаях – Президент Республики [2, с. 230].

Таким образом, правовыми формами реализации компетенции Парламента Республики Казахстан являются принимаемые им акты, основные из которых – законы.

Закон характеризуется рядом черт. Он принимается только палатами Парламента и выражает волю народа Казахстана. Закон содержит правовые нормы и потому является нормативным актом. Он обязателен для исполнения и является юридической базой всех государственными органами, действующими на территории страны, органами местного самоуправления, общественными организациями и гражданами и обладает высшей юридической силой по сравнению с любыми актами государственных органов, кроме Конституции, которой закон не может противоречить [3, с.214].

Законы принимаются палатами Парламента в особом порядке, который реализуется в законодательном процессе, представляющим собой совокупность действий, посредством которых осуществляется законодательная деятельность парламента. В Казахстане законодательный процесс состоит из нескольких стадий. Вкратце перечислим их.

Первая стадия законодательного процесса - законодательная инициатива - сводится к внесению на рассмотрение Мажилиса законопроекта. Право на совершение такого рода действий называется правом законодательной инициативы.

Вторая стадия законодательного процесса – рассмотрение законопроекта Сенатом. На этой стадии законопроект может подвергаться изменению путем внесения замечаний и предложений, и в случае отклонения будет отправлен на доработку в Мажилис.

Третья стадия наступает, если законопроект принят и одобрен Сенатом. В этом случае проект направляется на подпись главе государства. Затем подписанный закон обнародуется и публикуется в органах прессы [4, с.50].

Факт внесения выработанного проекта в законотворческий орган имеет официальное юридическое значение. С этого момента прекращается первый этап процесса законотворчества - предварительное формирование государственной воли, и начинается новый этап - закрепление этой воли в нормах права. Правоотношения по выработке первоначального текста закона на этом этапе исчерпываются, но возникают новые, связанные с рассмотрением проекта в официальном порядке и вынесением решения.

Утверждение законопроекта является центральной стадией законотворческого процесса, так как именно на этом этапе происходит придание юридического значения правилам, находящимся в тексте законопроекта.

В Республики Узбекистан законодательная функция парламента регламентируется следующим образом.

Глава 18 Конституции Узбекистана – "Олий Мажлис Республики Узбекистан" – определяет правовой статус высшего законодательного органа государственной власти (парламент), его внутреннюю структуру и организационные вопросы его деятельности [5, с. 166].

Таким образом, в соответствии с Конституцией Республики Узбекистан Олий Мажлис является высшим государственным представительным органом, осуществляющим законодательную власть [6]. В этом качестве Олий Мажлис осуществляет принятие законов, представляет и взаимно гармонизирует различные интересы электората, проводит обсуждение и устанавливает политические приоритеты, осуществляет распределение ресурсов, оказывающих непосредственное влияние на жизнь граждан, контролирует деятельность исполнительных органов власти. Парламентские учреждения служат противовесом исполнительной власти и дают избирателям право участвовать в определении и реализации государственной политики страны. По сути, Олий Мажлис является главным форумом для обсуждения вопросов государственной политики, поиска компромиссов и выработки консенсуса. Срок полномочий Законодательной палаты и Сената Олий Мажлиса – пять лет.

Указанные выше палаты парламента имеют полномочия, относящиеся к совместному ведению, и полномочия, относящиеся к исключительному ведению каждой из палат.

Так к совместному ведению Законодательной палаты и Сената относятся: принятие Конституции, конституционных законов и законов, внесение в них изменений и дополнений; определение основных направлений внутренней и внешней политики Республики Узбекистан и принятие стратегических государственных программ; определение системы и полномочий органов законодательной, исполнительной и судебной властей государства; принятие Государственного бюджета Республики Узбекистан по представлению Кабинета Министров Республики Узбекистан и контроль за его исполнением; утверждение указов Президента по определенным наиболее важным вопросам; ратификация и денонсация международных договоров. Вопросы, относящиеся к совместному ведению палат, рассматриваются, как правило, вначале в Законодательной палате, а затем в Сенате Олий Мажлиса.

Одним из главных отличий Законодательной палаты Олий Мажлиса, определяющим ее роль в общем процессе осуществлении законодательной власти, является деятельность по выполнению целого комплекса работ, связанных с разработкой, обсуждением законопроектов и их принятием.

Федеральное Собрание — парламент Российской Федерации — является представительным и законодательным органом (статья 94 Конституции Российской Федерации). Указанная норма-дефиниция содержит характеристику парламента, которая позволяет раскрыть ее двуединую природу как представительного и законодательного органа. Оба признака связаны между собой, так как выборность позволяет осуществлять законодательную деятельность. Законодательная функция парламентов является наиболее важной и объемной. Благодаря ей в каждой стране достигается несколько целей: формируется, прежде всего, первичный слой правового регулирования, и верховенство закона приоб-ретает определяющий смысл в правовой системе. Законодательная деятельность парламента направлена на подготовку и принятие законов, издание которых порождается первоочередными потребностями общественного и государственного развития. Эффективности законодательной деятельности и устойчивости закона способствуют официально выделенные сферы законотворчества, которые определены в Конституции РФ [7, с. 29].

Таким образом, из проведенного исследования видно, что во всех рассмотренных странах СНГ законодательная функция парламента почти схожа, и ориентирована на международные стандарты. Тем не менее существуют некоторые проблемы

Актуальным вопросом в законодательстве практически всех стран

СНГ является отсутствие определения концепции законопроекта, что, по нашему мнению, существенно затрудняет законопроектную деятельность, поскольку именно концепция законопроекта представляет собой как бы основной фундамент будущего закона. Необходимо относительно строгая законодательная дефиниция понятия «концепция законопроекта». Также должны быть нормативно закреплены требования к структуре концепции законопроекта, чтобы она представляли собой совокупность элементов, расположенных в определенной последовательности, то есть, были «стандартизованы».

В юридической литературе активно дискутируется вопрос, должна ли готовиться концепция законопроекта при разработке каждого закона. На наш взгляд, ответ на этот вопрос должен быть положительным, при условии, что закон имеет собственный предмет правового регулирования. Кроме того, следует нормативно закрепить обязательность разработки концепций таких законопроектов. Если же в результате познания правовых потребностей общества возникает необходимость регулирования достаточно широкого спектра взаимосвязанных общественных отношений и оформились идеи создания нескольких законов, то для таких законопроектов представляется конструктивным разработка единой базовой концепции. Такая возможность, на наш взгляд, должна получить правовое оформление хотя бы в качестве рекомендательного характера [8, с.2].

Объективная действительность создает почву для возникновения многообразных, очень часто разнонаправленных и противоречивых интересов отдельной личности, различных социальных групп, государства. По этой причине обязательной составляющей современной законопроектной деятельности должно стать согласование интересов и выработка общей законодательной воли. На наш взгляд, для того, чтобы в разрабатываемом законопроекте были закреплены наиболее совпадающие общественные интересы, механизмы согласования интересов должны быть достаточно обстоятельно разработаны и нормативно закреплены. В специально-юридическом (формально-юридическом) аспекте согласование интересов может быть представлено как набор разнообразных тактических приемов применения, технико-юридических средств выражения согласованных интересов в конструированном законе.

Современная законопроектная деятельность осуществляется в условиях гласности, которая обеспечивает плюрализм мнений и позиций по содержанию законодательного регулирования. В связи с чем, концепция законопроекта на стадии воплощения ее в полновесный текст может оформиться в несколько вариантов законопроектов. Подготовка альтернативных проектов на одну и ту же тему - примечательная новелла современной законотворческой практики. Представляется конструктивным нормативное закрепление возможности, а по некоторым, наиболее общественно значимым вопросам, и обязательности разработки нескольких альтернативных законопроектов.

Рассмотренные выше законодательные полномочия парламентов СНГ во многом схожи с теми же полномочиями других стран, например, Франции, Германии, Российской Федерации. По большей части схожесть объясняется тем, что в основе конституционного строя многих государств и законодательства заложены основы римского права.

Таким образом, можно сделать выводы, что полномочия парламента стран СНГ в области законотворчества, в связи с обнаруженной схожестью с законодательными полномочиями парламентов зарубежных стран, во многом отвечают требованиям предъявляемым странам с развитой демократией.

Список использованных источников.

1.Конституционное право зарубежных стран: Учебник для вузов / Под общ. ред. чл.-корр. РАН, проф. М. В. Баглая, д. ю. н., проф. Ю. И. Лейбо и д. ю. н., проф. Л. М. Энтина. – М.: Норма, 2004. – 832 с.

2.Конституция Республики Казахстан. Научно-практический комментарий. – Алматы: Раритет, 2010. – 400 с.

3.Абдукаримова З. Парламент и парламентаризм./З. Абдукаримова.// Поиск: сер. Гуманитарная, 2002, 2, с. 213-216

4.Жусупов Б. Упорядочение законодательной деятельности - веление времени. // Юридическая газета. 2000, № 4, 19 января

5.Михалева Н.А. Конституционное право зарубежных стран СНГ: Учебное пособие. - М.: Юристъ, 1999. - 352 с.

6.Конституция Республики Узбекистан (принята 8 декабря 1992 года на одиннадцатой сессии Верховного Совета Республики Узбекистан двенадцатого созыва) - http://www.pravo.uz/resources/z_konst.php

7.Выстропова А.В. Парламентское право России: Учебное пособие. — Волгоград: Издательство ВолГУ, 2001. — 92 с.

8.Байгельди О. Законы должны отражать уровень демократизаций общества. //Юридическая газета. 2000, 16 (335), с.1-4